Fichte trifft Darwin, Luhmann und Derrida

Die Bestimmung des Menschen in differenztheoretischer Rekonstruktion und im Kontext der *Wissenschaftslehre nova methodo*

Fichte-Studien-Supplementa

Band 28

im Auftrage der
Internationalen Johann-Gottlieb-Fichte-Gesellschaft

in Zusammenarbeit mit dem Istituto Italiano
per gli Studi Filosofici

herausgegeben von

Helmut Girndt (Duisburg)
Wolfgang Janke (Wuppertal)
Wolfgang H. Schrader (†) (Siegen)
Hartmut Traub (Mülheim a. d. Ruhr)

Harald Münster

Fichte trifft Darwin, Luhmann und Derrida

Die Bestimmung des Menschen in differenztheoretischer Rekonstruktion und im Kontext der *Wissenschaftslehre nova methodo*

Rodopi

Amsterdam - New York, NY 2011

Fichte-Studien-Supplementa

Die Supplementa zu den *Fichte-Studien* präsentieren Forschungen zur Geschichte und Systematik der Transzendentalphilosophie. Es werden in diesem Rahmen umfangreichere Untersuchungen veröffentlicht, z.B. Monographien, Dissertationen und Habilitationsschriften, die dem Verständnis der Transzendentalphilosophie dienen oder ihre Erneuerung und Weiterentwicklung voranbringen können.

Zugl.: München, Univ., Diss 2010

Typographie und Satz: Christoph Asmuth (Berlin)

The paper on which this book is printed meets the requirements of "ISO 9706:1994, Information and documentation - Paper for documents - Requirements for permanence".

ISBN: 978-90-420-3434-1
E-Book ISBN: 978-94-012-0721-8

Printed in The Netherlands

Für meine Eltern

Inhaltsverzeichnis

»Der erste, der eine Frage über das Daseyn Gottes erhob, durchbrach die Gränzen, erschütterte die Menschheit in ihren tiefsten Grundpfeilern, und versetzte sie in einen Streit mit sich selbst, der noch nicht beigelegt ist, und der nur durch kühnes Vorschreiten bis zum höchsten Punkte, von welchem aus der spekulative und praktische vereinigt erscheinen, beigelegt werden kann.«

Johann Gottlieb Fichte in einem Brief an Friedrich Heinrich Jacobi vom 30. August 1795; GA III/2, 392)

Vorwort

Die vorliegende Arbeit ist die überarbeitete Fassung meiner Dissertation, die 2010 von der Philosophischen Fakultät der Ludwig-Maximilians-Universität München angenommen wurde.

Für die intensive Betreuung und Unterstützung dieser Arbeit danke ich besonders den Herren Professoren Dr. Günter Zöller und Dr. Wilhelm Lütterfelds.

Ferner bedanke ich mich bei Herrn Professor Dr. Helmut Girndt, Herrn Professor Dr. Wolfgang Janke sowie Herrn Dr. Hartmut Traub für die Aufnahme dieser Arbeit in die Supplementa-Reihe der Fichte-Studien. Herrn Professor Dr. Christoph Asmuth danke ich für für seine freundliche Hilfe bei Typographie und Satz.

Wertvolle Hinweise und Anregungen erhielt ich von Herrn Dr. Franz Bader, Herrn Professor Dr. John Caputo und Herrn Dr. Thomas Kisser, bei denen ich mich an dieser Stelle ausdrücklich bedanken möchte.

Ohne die immerwährende Unterstützung meiner Eltern und Brüder wäre die vorliegende Arbeit nie entstanden. Ich bin ihnen zu tiefstem Dank verpflichtet.

Einleitung

Die vorliegende Arbeit versteht sich nicht als eine vornehmlich philosophiehistorische Untersuchung. Ihr geht es vielmehr darum, die in Johann Gottlieb Fichtes *Bestimmung des Menschen* (1800) behandelten Theorien der Wirklichkeit differenztheoretisch zu rekonstruieren, d.h. mit Hilfe differenztheoretischer Ansätze neu zu lesen. Auf diese Weise soll die Leistungs- und Anschlussfähigkeit sowie schließlich die immerwährende Aktualität der Philosophie Fichtes dargelegt werden.

Unter »Differenztheorie« wird dabei allgemein jenes Verständnis von Theorie sowie die damit einhergehenden Konsequenzen aufgefasst, wonach eine Differenz bzw. Unterscheidung konstitutiv ist für Wirklichkeitsbezug überhaupt – so etwa die sog. »ontologische Differenz« von Sein und Seiendem für die Philosophie[1], die Differenz von Signifikant und Signifikat für die Linguistik[2] oder die Unterscheidung von System und Umwelt für die Soziologie[3].

Das erste Kapitel widmet sich zunächst dem historischen Kontext der ersten populären Schrift Fichtes, indem es das allgemeine Phänomen der Popularphilosophie um 1800 sowie Fichtes eigene Ansicht darüber näher beleuchtet. Ferner wird auf den sog. »Atheismusstreit« von 1798/1799 eingegangen, der Fichte schließlich zur Aufgabe seiner Professur in Jena und zum Umzug nach Berlin veranlasste, wo er – unter direktem Eindruck dieses Streitfalls – sogleich mit der Niederschrift der *Bestimmung des Menschen* begann.

Im anschließenden Hauptteil der Arbeit geht es dann darum, die in den drei Büchern der *Bestimmung des Menschen* vorgestellten »Denkarten«[4] zu rekonstruieren und sie zu Grundaussagen ausgewählter zeitge-

1 Siehe Martin Heidegger: Identität und Differenz.

2 Siehe Ferdinand de Saussure: Grundfragen der allgemeinen Sprachwissenschaft, S. 143ff.

3 Siehe Niklas Luhmann: Soziale Systeme, S. 22ff.

4 GA I/6, 259.

nössischer differenztheoretischer Theorien der Wirklichkeit, vor allem dem erkenntnistheoretischen Konstruktivismus Niklas Luhmanns sowie der Dekonstruktion Jacques Derridas und – mit Einschränkungen – der modernen Evolutionstheorie in der Folge Charles Darwins, in Beziehung zu setzen. Darüber hinaus soll auch die Kritik Fichtes im Anschluss an die Positionen des Ersten und Zweiten Buchs der *Bestimmung des Menschen* wiedergegeben sowie in einem Exkurs über die gegenwärtige Diskussion um das Leib-Seele-Problem fortgeführt und weitergedacht werden. Ähnliches gilt auch für den zweiten Exkurs der vorliegenden Arbeit, in dem zunächst im Ausgang von Fichtes Überlegungen zum Problem des Bösen der dem Theodizeeproblem zugrunde liegende Gottesbegriff herauspräpariert wird, um ihn anschließend mit dem im Dritten Buch der *Bestimmung des Menschen* ausgearbeiteten (in der praktischen Vernunft begründeten) Gottesbegriff zu konfrontieren und als defizitär zurückzuweisen.

Dabei beansprucht die vorliegende Arbeit in keiner Weise, ein vollständiger Kommentar zu den jeweils herangezogenen Theorien zu sein; die Anwendung der hinzugezogenen zeitgenössischen Theorien der Wirklichkeit soll sich vielmehr hauptsächlich an den in Fichtes Schrift dargelegten Grundannahmen orientieren und schließlich grundsätzliche inhaltliche wie strukturelle Übereinstimmungen bzw. Entsprechungen nachweisen.

Zu diesem Zweck ist es deshalb auch nötig, an einigen Stellen auf die esoterischen, d.h. wissenschaftlichen (besonders um 1800 entstandenen) Schriften bzw. Vorlesungen Fichtes zurückzugreifen, um ergänzende systematische Erläuterungen zu zentralen Begriffen sowie bestimmten Argumentations- bzw. Deduktionsgängen vornehmen zu können[5].

Darüber hinaus werden in einem abschließenden Rückblick Fichtes populärphilosophische Überlegungen in der *Bestimmung des Menschen* eigens und ausführlich mit den wissenschaftlichen Ausführungen in Fichtes (unmittelbar vor Abfassung der *Bestimmung* vorgetragenen) Vorlesungen über die *Wissenschaftslehre nova methodo* (1798/1799) in Verbin-

5 Vgl. Reinhard Lauth im Vorwort zur BdM in GA I/6: »*Die Absicht, allgemeinverständlich zu sprechen, hatte für Fichte allerdings nicht zur Folge, daß er seinen Gedanken in diesem Werk eine andere Begründung gab als in den wissenschaftlichen Bearbeitungen; nur wurden manche Begründungen ausgelassen und vor allem das angeführt, was zur Darlegung der ›Denkart, die eine durchgeführte Philosophie für das Leben erzeug[t]‹, notwendig erschien*« (S. 153).

dung gebracht und vor deren Hintergrund in die Arbeit Fichtes in Jena von 1794 bis 1799 eingeordnet.

Die vorliegende Arbeit stellt eine neue Lesart von Fichtes *Bestimmung des Menschen* vor, bei der die wesentlichen Aussagen der Philosophie Fichtes in kritischer sowie affirmativer Auseinandersetzung mit zeitgenössischen Theorien erneut nachvollzogen und überprüft werden sollen. Insofern ließe sie sich mit einem Neu- bzw. Warmstart (*reboot*) eines Betriebssystems in der elektronischen Datenverarbeitung vergleichen, bei dem alle wesentlichen Komponenten erneut getestet und schließlich initialisiert werden.

Auf diese Weise hofft die vorliegende Arbeit, die philosophische Tragweite der (inzwischen mehr als 200 Jahre alten) Überlegungen Fichtes aufzuzeigen und schließlich so die andauernde Bedeutung der Wissenschaftslehre für die Philosophie im 21. Jahrhundert und darüber hinaus darzulegen.

In diesem Sinne: Reboot Fichte.

1 Fichte gestern: Der historische Kontext der *Bestimmung des Menschen*

1.1 *Die Bestimmung des Menschen* und die Popularphilosophie

Johann Gottlieb Fichtes im Jahre 1800 erschienene Schrift *Die Bestimmung des Menschen* wird gemeinhin[1] als *populäres* Werk eingestuft. Dieser Befund wird von Fichte selbst bekräftigt, der sein Buch in der Vorrede ausdrücklich als »nicht für Philosophen von Profession bestimmt«[2] ansieht; stattdessen »sollte [es] verständlich seyn für alle Leser, die überhaupt ein Buch zu verstehen vermöchten«[3].

Damit trifft Fichte ein wesentliches Merkmal der sog. »*Popularphilosophie*«[4], die sich in der zweiten Hälfte des 18. Jahrhunderts bewusst von der Tradition der Leibniz-Wolffschen Schulphilosophie abgrenzt. So zeichnet sich laut Christian Garve, der neben Alexander Gottlieb Baumgarten, Christian August Crusius, Moses Mendelssohn sowie Christoph Friedrich Nicolai und Ernst Platner als einer ihrer Hauptvertreter auftritt[5], ein *populär* geschriebenes Buch vor allem dadurch aus, dass es »dem größern Publicum, und nicht bloß dem Gelehrten, verständlich ist und gefällt«[6] und »für die niedern Volksklassen bestimmt, und deren Fassung angemessen ist«[7]. Zu diesem Zwecke gelte es deshalb zunächst, klar und verständlich – in einem »höhern Grad von Deutlichkeit«[8] – zu schreiben, d.h.

1 Vgl. etwa Reinhard Lauth in seinem Vorwort zur BdM in der J. G. Fichte-Gesamtausgabe.

2 GA I/6, 189.

3 Ebd.

4 Zum Begriff und seiner geschichtlichen Entwicklung siehe besonders Helmut Holzhey: Art. Popularphilosophie im *Historischen Wörterbuch der Philosophie* sowie ausführlich Christoph Böhr: Philosophie für die Welt.

5 Vgl. Christoph Asmuth: Begreifen des Unbegreiflichen, S. 32.

6 Christian Garve: Von der Popularität des Vortrages, S. 1041.

7 Ebd.

8 Ebd., S. 1043.

nicht nur in einer grammatikalisch korrekten, sondern auch in einer von Zweideutigkeiten befreiten Sprache vorzutragen, ohne dabei jedoch in einen »Volks-Ton«[9] zu verfallen. Darüber hinaus sind für den populären Vortrag vor allem »Bilder und Beyspiele«[10] charakteristisch, da das Denken, so Garve, »leichter [wird], wenn die Imagination thätiger ist«[11]. Schließlich soll der Gedanken- bzw. Argumentationsgang des populären Textes vom Leser »durchschaut«[12], d.h. verstanden[13] werden, was laut Garve dann gelingt, wenn die Überlegungen (in irgendeiner Weise) auf die konkrete Lebenswelt des einzelnen Lesers Bezug nehmen, d.h. »mit den, jedermann vor Augen liegenden, Erfahrungen in Verbindung zu bringen«[14] sind.

Insofern kommt es vor allem darauf an, dass man bei den Lesern »keine Kenntnisse voraussetzt, die sie nicht haben können«[15], was den Ge-

9 Ebd., S. 1051.
10 Ebd., S. 1047.
11 Ebd.
12 Ebd., S. 1042.
13 Angesichts des grundsätzlichen Anspruches Garves an eine populäre Schrift, »verstanden [zu] werde[n]« (Von der Popularität des Vortrages, S. 1042), die als *allgemeines* Postulat jegliche Konversation (sei sie mündlich oder schriftlich) betrifft, lassen sich Garves Ausführungen vor dem Hintergrund der sog. »*Konversationsmaximen*« [*maxims of conversation*] nachvollziehen, die Herbert Paul Grice im Anschluss an Immanuel Kants vier logische Funktionen des Verstandes (KrV A 70) formuliert hat:
(1) Maxime der *Quantität*: »Mache deinen Beitrag so informativ wie (für die gegebenen Gesprächszwecke) nötig« (Logik und Konversation, S. 249).
(2) Maxime der *Qualität*: »Versuche deinen Beitrag so zu machen, daß er wahr ist.« (ebd.)
(3) Maxime der *Relation*: »Sei relevant.« (ebd.)
(4) Maxime der *Modalität*: »Sei klar [perspicuous]« bzw. »Vermeide Mehrdeutigkeit« (Ebd., S. 250).
Demnach würde jedoch die Maxime der Modalität der Forderung Garves nach »Aufhellung durch Bilder« zumindest entgegenstehen, da Metaphern einer Redeweise angehören, die – um die klassische Definition Quintilians aufzugreifen – »von ihrer natürlichen und ursprünglichen Bedeutung auf eine andere übertragen ist, um der Rede zum Schmuck zu dienen« (Institutionis oratoriae libri IX 1,4) und somit *per se* mehrdeutig sind. Siehe dazu auch Heinz Ludwig Arnold/Heinrich Detering: Grundzüge der Literaturwissenschaft, S. 261–266.
14 Christian Garve: Von der Popularität des Vortrages, S. 1048.
15 Ebd., S. 1050.

brauch dichterischer und wissenschaftlicher Bezeichnungen und Wendungen verbietet. Unter diesen (genannten) Bedingungen ist der populäre Vortrag für Garve »der vollkommenste«[16], wenngleich er einschränkend hinzufügt: »wo er möglich ist«[17]; denn Garve ist sich sehr wohl bewusst, dass es Wissenschaften gibt, die eine populäre Darstellungsweise erheblich erschweren, wenn nicht sogar unmöglich machen. So sind in der Mathematik oder Physik Vorkenntnisse elementarer Grundsätze (etwa der Algebra, Geometrie oder Mechanik[18]) unerlässlich, da in ihnen »Ideen *combiniert* werden«[19], so dass »immer eine Idee aus der andern [entspringt], und der nachfolgende Satz [...] nur durch den vorhergehenden verständlich wird«[20]. Im Gegensatz dazu eignet sich der populäre Vortragsstil vor allem für Wissenschaften wie die Philosophie, »insbesondere die Seelenlehre und Moral«[21], in der »nur über Erfahrungen *reflectiert* wird«[22].

Christian Garves programmatische Ausführungen sind jedoch nicht ohne Widerspruch geblieben. So nimmt Garve selbst gegen Ende seiner Abhandlung *Von der Popularität des Vortrages* (1793) auf »verschiedene Schriftsteller aus der Kantischen Schule«[23] Bezug, die bereits »seit einiger Zeit«[24] seinem Konzept der »Populär-Philosophie« nur unzureichende gedankliche Gründlichkeit und Tiefe vorwerfen.

Wenngleich durchaus zur Kantischen Schule zugehörig, scheint Fichte auf den ersten Blick nicht unmittelbar zu jenen Kritikern zu zählen, da er nicht nur selbst zahlreiche populäre Schriften verfasst hat, neben der *Bestimmung des Menschen* vor allem der *Sonnenklare Bericht* (1801), die *Grundzüge des gegenwärtigen Zeitalters* (1804/1805) sowie *Über das Wesen*

16 Ebd., S. 1053. – Deshalb hat Garve bereits zuvor eine Ablösung der Unterscheidung von populären Schriften und für Gelehrte verfassten Texten zugunsten der wertenden Distinktion von gut geschriebenen und schlecht geschriebenen Büchern befürwortet. Siehe Christian Garve: Von der Popularität des Vortrages, S. 1045.

17 Ebd.

18 Christian Garve: Von der Popularität des Vortrages, S. 1056.

19 Ebd., S. 1055 (Hervorhebung Garves).

20 Ebd., S. 1054.

21 Ebd., S. 1055 (Hervorhebung Garves).

22 Ebd.

23 Ebd., S. 1060.

24 Ebd.

des Gelehrten (1805), die *Anweisung zum seligen Leben* (1806) und die *Reden an die deutsche Nation* (1808), sondern sein philosophisches Tun immer auch auf öffentliche Wirksamkeit abzielte[25]; so bekennt Fichte schon früh in einem Brief an seine zukünftige Frau Johanna: »Ich will nicht blos *denken*; ich will *handeln* [...]. Ich habe nur eine Leidenschaft, nur ein Bedürfnis, nur ein volles Gefühl meiner Selbst, das: außer mir zu würken.«[26]

Bei näherer Betrachtung zeichnet sich jedoch eine ambivalente Haltung Fichtes gegenüber dem Populären in der Philosophie ab. Dabei gilt es – Hartmut Traub zufolge – zunächst, einen nicht-systematischen Gebrauch des Ausdrucks »*populär*« von einem systematischen Gebrauch desselben bei Fichte zu unterscheiden[27]: Im ersten, nicht-systematischen Sinn meint »*populär*« all jene Schriften, die »allgemein fasslich, nicht schulmäßig, für ein größeres Publikum ohne besondere wissenschaftlich-philosophischen Kenntnisse verständlich«[28] sind. In einem nicht-systematischen Sinn findet sich bei Fichte die Verwendung von »*populär*« jedoch auch in seinen wissenschaftlich-philosophischen Schriften, wie Traub betont: »Hier wird nun der Ausdruck ›populär‹ in polemischer Absicht gebraucht und bedeutet soviel wie oberflächlich, unreflektiert, ungenau, nicht gründlich.«[29]

In diesem Kontext einer negativen Etikettierung von »*populär*« ist auch Fichtes grundsätzlicher Vorbehalt gegenüber der Popularphilosophie und ihren Grundsätzen anzusiedeln, wie sie etwa bei Garve formuliert sind; demnach ist laut Fichte »[e]ine Philosophie, die an allen Enden, wo sie nicht weiter fortkommen kann, sich auf eine Tathsache des Bewusstseyns beruft, [...] um weniges gründlicher, als die verrufene Popular-Philosophie«[30]. Gerade weil es für die Popularphilosophie laut Garve

25 Vgl. Peter Oesterreich/Hartmut Traub: Der ganze Fichte, S. 243.

26 GA III/1, 72f. (Hervorhebungen Fichtes). – Vgl. auch GA III/1, 375: »Ich habe große, glühende Projekte [...]. Mein Stolz ist der, meinen Platz in der Menschheit durch Thaten zu bezahlen, an meine Existenz in die Ewigkeit hinaus für die Menschheit, und die ganze Geisterwelt Folgen zu knüpfen: ob *ich*'s that, braucht keiner zu wissen, wenn es nur geschieht« (Hervorhebung Fichtes).

27 Hartmut Traub: Johann Gottlieb Fichtes Populärphilosophie 1804–1806, S. 18–24.

28 Ebd., S. 19.

29 Ebd.

30 GA I/2, 396.

nicht notwendig ist, »bis auf die ersten Gründe aller Erkenntnisse«[31] zurückzugehen, um überhaupt etwas erkennen zu können, muss sie sich auf unbegründete *facta bruta*, d.h. Tatsachen des Bewusstseins berufen[32] und verlässt so den Boden transzendentalphilosophischen Denkens[33]. So betont auch Johann Christoph Greiling im Rahmen der Debatte um die Popularphilosophie, dass das transzendentalphilosophische Denken im Gegensatz zum »gemeinen« Denken, dem sog. »*Alltagsverstand*«, »seinen Gegenstand selbst hervorbringen [muß]: [es] hat kein Gedachtes ohne durch sein Denken«[34].

Philosophie ist deshalb für Fichte nicht »*angebohren*«[35], sondern muss vielmehr »*gelernt* werden«[36], wenngleich dies jedoch »auf die gemeinfasslichste Weise«[37], d.h. mittels populärer Schriften geschehen kann. Dazu bedarf es jedoch laut Fichte »einer Freiheit des Geistes, eines Talents, und eines Fleißes, wie sie nur bei wenigen anzutreffen sind«[38].

Insofern besteht für Fichte weder ein Einschlussverhältnis von wissenschaftlicher, d.i. transzendentaler Philosophie und Popularphilosophie, wonach Popularphilosophie letztlich wissenschaftliche Philosophie einschließt, wie etwa Garve meint, noch ein Ausschlussverhältnis, infolgedessen Popularphilosophie und wissenschaftliche Philosophie sich kategorisch ausschließen. Stattdessen liegt zwischen wissenschaftlicher Philosophie und Popularphilosophie ein »wechselseitiges Ergänzungsverhältnis«[39] vor, wie Hartmut Traub vorschlägt, das schließlich den systematischen Gebrauch des Ausdrucks »*populär*« markiert:

31 Christian Garve: Von der Popularität des Vortrages, S. 1062.

32 Dies legt auch Garves rhetorische Frage nahe: »Ist es etwa überhaupt nicht möglich, irgend etwas zu erkennen, so lange man nicht jene ersten Gründe entdeckt hat?« (Ebd., S. 1062).

33 Vgl. GA I/2, 363f. und 396.

34 Johann Christoph Greiling: Ueber die Popularität in der Philosophie, S. 289. – Greiling zieht daraus schließlich die Konsequenz einer prinzipiellen Unvereinbarkeit von Transzendentalphilosophie (im Sinne Kants) und Popularphilosophie, die bereits Kant selbst in der Vorrede zur zweiten Auflage der KrV (B xxxixff.) angedeutet hat.

35 GA I/7, 188 (Hervorhebung Fichtes).

36 Ebd.

37 Ebd., 187.

38 Ebd., 185.

39 Hartmut Traub: Johann Gottlieb Fichtes Populärphilosophie 1804–1806, S. 23.

»Durch dieses wechselseitige Ergänzungsverhältnis gelingt nun, was beiden Verfahren von sich her nicht möglich ist, nämlich ›grenzüberschreitend‹ einerseits den Resultaten wissenschaftlicher Philosophie, unter Rückgriff auf populär-philosophische Verfahren, einen Einfluß auf vor- oder außerwissenschaftliche Bewußtseins- und Lebensformen, und andererseits der populären Philosophie, unter Rückgriff auf das wissenschaftlich-philosophische Verfahren, eine beweiskräftige Basis ihres Vorgehens zu verschaffen. Anders ausgedrückt: In der Aufgabe der populären Philosophie ist der Mangel der wissenschaftlichen Philosophie, d.h. ihre eingeschränkte Mitteilbarkeit, und in der Aufgabe der wissenschaftlichen Philosophie ist der Mangel der Populärphilosophie, d.h. die Unbeweisbarkeit ihrer Voraussetzungen, aufgehoben.«[40]

Fichtes *populäres* Engagement ist jedoch für ihn persönlich nicht ohne Konsequenzen geblieben und verwickelt ihn schließlich in einen Streitfall, der unter dem Namen »*Atheismusstreit*« in die Geistesgeschichte eingegangen ist.

1.2 *Die Bestimmung des Menschen* und der sog. »Atheismusstreit«

Nachdem Fichte bereits im Wintersemester 1794/1795 sowohl mit dem Senat der Universität in Jena aneinandergeraten war, weil er seine öffentlichen Vorlesungen auf den Sonntag verlegt hatte, als auch mit Studenten in Konflikt geriet, da er sich gegen die Existenz von geheimen studentischen Verbindungen aussprach[41], entspann sich gegen Ende des Jahres 1798 eine Affäre, die für Fichte weitreichende Konsequenzen haben sollte.

40 Ebd., S. 23 – Im Unterschied dazu schränkt Reinhard Lauth das Element des *Populären* bei Fichte im Hinblick auf seine systematische Bedeutung dahingehend ein, dass Fichtes populäre Schriften vornehmlich eine »Applikation allgemeiner und spezieller Wissenschaftslehre [...] auf die gegebenen Fakten« (J. G. Fichtes Gesamtidee der Philosophie, S. 280) leisten: »Wird die empirisch angewendete Wissenschaft dem nichtwissenschaftlichen Menschen vermittelt, so wird die theoretische Mitteilung populär. *Hier erst ist der systematische Ort des Populären*, das so oft mit dem Angewandt-Philosophischen durcheinandergeworfen wurde« (Ebd., S. 281).

41 Siehe GA I/5, 328 sowie FG 1, S. 172–178 und S. 195.

Im Sommer bzw. Frühherbst des Jahres 1798[42] erreichte Fichte der Aufsatz *Entwickelung des Begriffs der Religion* Karl Friedrich Forbergs mit der Bitte um Publikation im *Philosophischen Journal einer Gesellschaft Teutscher Gelehrter*, das Fichte zusammen mit Friedrich Immanuel Niethammer herausgab. Kuno Fischer zufolge war Forberg einer »der bedeutendsten Schüler Reinholds«[43] und zugleich einer »der ersten und empfänglichsten Zuhörer Fichtes«[44]; er war bis 1797 Privatdozent in Jena und anschließend Konrektor in Saalfeld[45].

In seinem Artikel verteidigt Forberg die These, dass »Religion [...] nichts anders als ein praktischer Glaube an eine moralische WeltRegierung [ist]«[46], wonach »auf das endliche Gelingen des Guten gerechnet ist«[47]. Dabei ist jener *Glaube* jedoch weder in der Erfahrung noch in der Spekulation begründet; denn es genügt laut Forberg nur ein Blick auf das Weltgeschehen (damals wie heute), um zu erkennen, »daß die böse Sache so oft über die gute triumphirt«[48]. Doch auch die Spekulation in Form der theoretischen Vernunft (im Sinne Immanuel Kants[49]) ist nicht in der Lage, die Existenz Gottes als »eines moralischen Weltregenten«[50] zu beweisen, wie das Scheitern der Gottesbeweise belegt: Im Anschluss an Kants Kritik des ontologischen Gottesbeweises[51], der letztlich allen (aus spekulativer Vernunft) möglichen Gottesbeweisen zugrunde liegt[52], stellt Forberg fest, dass »der bloße Begriffe eines allervollkommensten Wesens

42 Siehe GA I/5, 321.
43 Kuno Fischer: J.G. Fichte und seine Vorgänger, S. 284.
44 Ebd.
45 Siehe Wilhelm G. Jacobs: Johann Gottlieb Fichte, S. 65.
46 Karl Friedrich Forberg: Entwickelung des Begriffs der Religion, S. 21.
47 Ebd., S. 22.
48 Ebd., S. 23.
49 Siehe KpV A 29.
50 Karl Friedrich Forberg: Entwickelung des Begriffs der Religion, S. 23.
51 KrV B 620–631.
52 »So liegt demnach dem physikotheologischen Beweise der kosmologische, diesem aber der ontologische Beweis, vom Dasein eines einigen Urwesens als höchsten Wesens, zum Grunde, und da außer diesen dreien Wegen keiner mehr der spekulativen Vernunft offen ist, so ist der ontologische Beweis, aus lauter reinen Vernunftbegriffen, der einzige mögliche, wenn überall nur ein Beweis von einem so weit über allen empirischen Verstandesgebrauch erhabenen Satze möglich ist« (KrV B 658).

[...] das Dasein desselben schon in sich [schließt]«[53], da – um mit Kant zu sprechen – »Sein« kein »reales Prädikat«[54] ist, das »zu dem Begriffe eines Dinges hinzukommen könne«[55].

Weil also Gott als »moralische Weltregierung« weder empirisch noch mittels der theoretischen Vernunft begründet werden kann, bleibt nach Forberg nur noch »das Gewissen übrig, um auf die Aussprüche desselben eine Religion zu gründen«[56]. Denn Forberg zufolge trägt gerade das »gute Herzen«, d.h. der gute Wille, in sich den »*Wunsch* [...], *daß das Gute in der Welt die Oberhand erhalten möge*«[57]. Er begründet diese Ansicht mit dem tief in der menschlichen Natur wurzelnden Wunsch, dass das, was man als wahr und richtig erkannt hat, auch von allen anderen Menschen als solches angesehen wird: »Jeder wünscht, daß seine Ueberzeugungen herrschend und allgemeingeltend werden möchten.«[58] Forberg macht also die »Idee einer künftigen möglichen Übereinstimmung aller Menschen in allen Urtheilen«[59] geltend, die sich als *Ideal* auch im Bereich der Ethik findet. Demnach haben alle moralisch handelnden Menschen »die Idee einer allgemeinen Verbreitung von Gerechtigkeit und Wohlwollen, vor Augen«[60]. Angesichts der skeptischen Nachfrage, ob nicht der innere Wunsch einer »Vereinigung aller guten Menschen zu Einem Endzweck«[61], nämlich der Alleinherrschaft des Guten in der Welt, »eine bloße und leere Schimäre«[62] sei, gibt Forberg zu bedenken: »Es ist wahr, du kannst von dem Allem nicht scientifisch beweisen, daß es so seyn müsse, aber genug, dein Herz sagt dir, du sollst so handeln, *als ob* es so wäre, und wenn du so handelst, so zeigst du eben dadurch, daß du Religion hast!«[63] Wenngleich der moralisch handelnde Mensch also nicht *weiß*, ob der sich selbst gegebene Zweck des Guten möglich oder unmöglich sei,

53 Karl Friedrich Forberg: Entwickelung des Begriffs der Religion, S. 23.
54 KrV B 626.
55 Ebd.
56 Karl Friedrich Forberg: Entwickelung des Begriffs der Religion, S. 26.
57 Ebd., S. 27 (Hervorhebungen Forbergs).
58 Ebd., S. 28.
59 Ebd., S. 30.
60 Ebd.
61 Ebd., S. 32.
62 Ebd., S. 33.
63 Ebd., S. 36 (Hervorhebungen Forbergs).

so *glaubt* er doch daran. »Religion«, so Forberg, »ist demnach keine gleichgültige Sache, mit der man es halten kann, wie man will, sondern sie ist *Pflicht*. Es ist Pflicht zu glauben an eine solche Ordnung der Dinge in der Welt, wo man auf das endliche Gelingen aller guten Plane rechnen kann«[64].

Obschon Forbergs Ausführungen über den praktischen Glauben an Gott an die religionsphilosophische Position Kants erinnern[65], werden bei näherer Betrachtung erhebliche Differenzen offenkundig. So lassen sich bereits hinter Forbergs (unmittelbar an das letztgenannte Zitat sich anschließender und diesem widersprechender) Aussage, dass »es [...] *nicht Pflicht, zu glauben* [ist], daß eine moralische WeltRegierung [...] existirt, sondern es ist bloß und allein dies *Pflicht, zu handeln, als ob man es glaubte*«[66], die Konturen eines Skeptizismus erkennen, demzufolge der Glaube nicht mehr als »eine besondere Art des Führwahrhaltens«[67] darstellt. Forbergs skeptische Haltung offenbart sich jedoch vollends, wenn er am Ende seines Artikels zum besseren Verständnis seiner Ausführungen prägnante »*verfängliche Fragen*«[68] stellt, um diese schließlich selbst zu beantworten. Demnach »ist und bleibt [es] ungewiß«[69], ob Gott existiert und keinem Menschen zuzumuten, an Gott zu glauben. Schließlich läßt Forberg offen, ob sein Begriff eines praktischen Glaubens überhaupt »*mehr ein spielender als ein ernsthaft philosophischer Begriff*«[70] ist.

Aus diesem Grunde befürchteten die Herausgeber Fichte und Niethammer »Missverständnisse des Inhalts und Tons des Forbergschen Artikels«[71], so dass sie beschlossen, »die Abhandlung nicht ohne begleitende

64 Ebd., S. 37f. (Hervorhebungen Forbergs).

65 Man denke etwa an Kants Ausführungen über das Dasein Gottes als ein Postulat der reinen praktischen Vernunft, wonach es »moralisch notwendig [ist], das Dasein Gottes anzunehmen« (KpV A 226). Kant fügt jedoch hinzu, dass »diese moralische Notwendigkeit subjektiv, d.i. Bedürfnis, und nicht objektiv, d.i. selbst Pflicht sei«, so dass er von einem Bedürfnis »in praktischer Absicht, *Glaube*, und zwar reiner *Vernunftglaube*« (Ebd., A 227) spricht.

66 Karl Friedrich Forberg: Entwickelung des Begriffs der Religion, S. 38 (Hervorhebungen Forbergs).

67 Ebd., S. 41 (Hervorhebungen Forbergs).

68 Ebd.

69 Ebd.

70 Ebd., S. 46 (Hervorhebungen Forbergs).

71 GA I/5, 324.

Anmerkungen abdrucken zu lassen, und theilten [ihren] Entschluß dem Verfasser mit«[72]. Da Forberg jedoch keinen Kommentar Fichtes unter seinem Text zuließ, fasste Fichte, was er »in Noten sagen wollte, in einem eignen Aufsatz zusammen«[73], den er Forbergs Artikel voranstellte. Mit der Veröffentlichung seines Aufsatzes *Ueber den Grund unsers Glaubens an eine göttliche WeltRegierung* verband Fichte zugleich jedoch die Absicht, die religionsphilosophischen Konsequenzen seiner Überlegungen über die Wissenschaftslehre der letzten Jahre »dem größern und philosophischen Publicum zur Prüfung, und gemeinschaftlichen Berathung vorzulegen«[74].

Wie auch Forberg verbindet Fichte Gott mit »einer moralischen Welt-Ordnung«[75], die weder empirisch belegt noch mit Hilfe der theoretischen Vernunft bewiesen werden kann, sondern allein in der praktischen Vernunft (im Sinne Kants) begründet ist. Ihrzufolge, so Fichte, »finde [ich] mich frei von allem Einflusse der SinnenWelt, absolut thätig in mir selbst, und durch mich selbst; sonach, als eine über alles Sinnliche erhabene Macht. Diese Freiheit aber ist nicht unbestimmt; sie hat ihren Zweck: nur erhält sie denselben nicht von außen her, sondern sie setzt sich ihn durch sich selbst«[76] – im Sittengesetz. Dieser moralische Anspruch ist nun laut Fichte »das erste, unmittelbarste. Dies bedarf keiner weitern Erklärung, Rechtfertigung, Autorisation; es ist für sich bekannt und für sich wahr. Es wird durch keine andere Wahrheit begründet, und bestimmt; sondern alle andere Wahrheit wird vielmehr durch diese bestimmt«[77]. Erst der moralische Sollensanspruch gibt uns ein Kriterium der Richtigkeit und Wahrheit an die Hand, dem auch die theoretische Vernunft unterliegt; denn jede Überzeugung ist letztlich *praktisch*: »Ich soll mich überzeugen«[78]. Jegliches sittliche Wollen setzt jedoch implizit voraus, »daß jede wahrhaft

72 Ebd., 172.

73 GA III/3, 328.

74 GA I/5, 347; vgl. auch ebd., 327ff. – Im Folgenden sollen lediglich die zentralen Aussagen des Fichteschen Aufsatzes kurz wiedergegeben werden. Eine ausführliche Behandlung samt systematischer Einordnung der Religionsphilosophie Fichtes wird später im Zusammenhang mit der Behandlung des Dritten Buches der BdM erfolgen.

75 GA I/5, 351.

76 Siehe dazu bereits SL: Ebd., 130ff.

77 Ebd., 352.

gute Handlung gelingt, jede böse sicher mislingt, und daß denen, die nur das gute recht lieben, alle Dinge zum Bessten dienen müssen«[79]. Insofern ist nach Fichte »alles ethische Wollen und Handeln [...] in seiner Wurzel von einem unreflektierten *Glauben* an seine effektive *Sinnhaftigkeit* getragen«[80], wie Joachim Widmann bemerkt; wobei jedoch »[d]ie ethische Tat [...] nicht dadurch zu sinngemäßem Erfolg [kommt], daß das Individuum dies glaubend erhofft, sondern allein dadurch, daß die geglaubte außerindividuell wirkende Macht effektiv *existiert*«[81], in Form einer moralischen Weltordnung, um mit Fichte zu sprechen: »Dies ist der wahre Glaube; diese moralische Ordnung ist das *Göttliche*, das wir annehmen. Er wird construirt durch das Rechtthun. Dieses ist das einzig mögliche Glaubens-Bekenntniß: frölich, und unbefangen vollbringen, was jedes Mal die Pflicht gebeut, ohne Zweifeln, und Klügeln über die Folgen. Dadurch wird dieses Göttliche uns lebendig, und wirklich; jede unsrer Handlungen wird in der Voraussetzung desselben vollzogen, und alle Folgen derselben werden nur in ihm aufbehalten.«[82]

Dieser Glaube ist für Fichte somit »das Element aller Gewissheit [...], selbst [der]jenige[n] Gewissheit, welche[] alles mein Denken begleitet und ohne deren tiefes Gefühl ich nicht einmal auf das Speculiren ausgehen könnte«[83]. Dementsprechend ist er Fichte zufolge als »der Punkt«[84] anzusehen, »der Denken und Wollen in eins vereinigt« und nicht bloß als eine besondere Art des Führwahrhaltens, d.h. eine »willkürliche Annahme, die

78 Heinrich Rickert: Fichtes Atheismusstreit und die Kantische Philosophie, S. 20. – In den Worten René Descartes: »Judicium est opus voluntatis« (Correspondance. Mai 1647-Février 1650, S. 159), da jedes theoretische Urteil für sich immer schon Wahrheit *beansprucht*.

79 GA I/5, 356.

80 Joachim Widmann: Johann Gottlieb Fichte, S. 236.

81 Ebd., S. 237. – Genau hier liegt der Unterschied der Positionen Forbergs und Fichtes: Während Forberg Gottes Existenz lediglich in einem Akt des Führwahrhaltens »glaubend erhofft« und insofern geradewegs in einen »Skepticismus« (GA I/6, 47) gerät, ist es für Fichte »ein Misverständniß, zu sagen: es sey zweifelhaft, ob ein Gott sey, oder nicht. Es ist gar nicht zweifelhaft, sondern das gewisseste, was es giebt, ja der Grund aller andern Gewissheit, das einzige absolut gültige objective, daß es eine moralische WeltOrdnung giebt« (GA I/5, 356).

82 GA I/5, 354 (Hervorhebung Fichtes).

83 Ebd., 351f.

84 Ebd., 352.

der Mensch machen könne, oder auch nicht«[85], zu verstehen, wie Forberg dies tat[86].

Am 2. November 1798 wurde schließlich das erste bis vierte Heft des Achten Bandes des *Philosophischen Journals* von seinem Verleger Christian Ernst Gabler als »erschienen und bereits an alle gute Buchhandlungen versandt«[87] angekündigt. Wenige Tage zuvor, am 29. Oktober, hatte sich das Dresdner Oberkonsistorium jedoch bereits mit einer Anzeige gegen den Artikel Forbergs an den Kurfürsten von Sachsen, Friedrich August, gewandt[88]. Demnach enthalte der Aufsatz »Aeußerungen [...], die, wir wollen nicht sagen, mit der Offenbarung, sondern selbst mit der natürlichen Religion unverträglich sind, und dem Atheismus auf eine Art zu Statten kommen, wie er noch nie vertheidigt und befördert worden ist«[89]. Das Oberkonsistorium schlug daher die Beschlagnahmung sowie ein Verkaufsverbot des entsprechenden Bandes des *Philosophischen Journals* vor; außerdem sollten die betreffenden akademischen Lehrer, d.h. Fichte und Niethammer, welche »die gefährlichen Grundsätze [...] am lautesten gelehrt, und am eifrigsten verbreitet«[90] haben, bestraft werden.

Der Anstoß zur Anzeige des Oberkonsistoriums ist dabei wohl durch die anonyme Flugschrift *Schreiben eines Vaters an seinen studierenden*

85 Ebd., 348.

86 Für Heinrich Rickert besteht der Unterschied zwischen Fichtes und Forbergs Ansichten abschließend somit darin, dass Fichte zufolge »auch die theoretische Gewißheit des Intellekts auf einem Glauben und damit auf einem Willen zum Glauben beruht. Es gibt also ebenso wie nach Forberg für unsere Überzeugungen *nicht zwei Fundamente*, das Wissen *und* den Willen, aber es gibt sie hier deshalb nicht, weil der Wille die Grundlage *auch für unser Wissen ist*. Dadurch kommt dann Einheit in unsere Weltanschauung, denn dadurch kann der aus unserer moralischen Bestimmung gewonnene Glaube für die Bildung unserer Überzeugungen dem ›bloßen Wissen‹, wie man jetzt sagen könnte, *übergeordnet* werden. Das Recht des Glaubens *vor* allem Wissen ist außer Frage gestellt, und die Versöhnung von Erkenntnis und Religion wird so im Prinzip erreicht« (Fichtes Atheismusstreit und die Kantische Philosophie, S. 22).

87 Zitiert nach GA I/5, 331.

88 Zum weiteren Verlauf des sog. »Atheismusstreits« siehe vor allem die detaillierten Ausführungen in GA I/5, 331ff sowie GA I/6, 3ff., Wilhelm G. Jacobs: Johann Gottlieb Fichte, S. 65ff. und Kuno Fischer: J.G. Fichte und seine Vorgänger, S. 285ff.

89 Zitiert nach GA I/5, 331.

90 Zitiert nach ebd., 332.

Sohn über den Fichtischen und Forbergischen Atheismus gegeben worden[91], in welcher der Verfasser[92] ausführlich die »Ungereimtheiten und Lächerlichkeiten der Fichtischen sogenannten Philosophie«[93] entlarvt und eindringlich vor den »*atheistischen* Grundsätzen«[94] warnt, wie sie in den Artikeln Forbergs und Fichtes vertreten werden: »Es ist hart jemand des Atheismus zu beschuldigen, und man hat ehedem sogar gezweifelt, ob es wirklich *theoretische* Atheisten gebe. Aber Herr *Fichte* und *Forberg* sagen es laut, daß sie keinen Gott glauben, und erklären den Glauben an eine Gottheit in dem gewöhnlichen Verstande für Unsinn.«[95]

Aufgrund atheistischer Äußerungen in den Aufsätzen Fichtes und Forbergs im ersten Heft des Achten Bandes des *Philosophischen Journals* verfügte der kursächsische Konferenzminister Friedrich Ludwig von Wurmb am 8. November 1798 die Beschlagnahmung des betreffenden Journals. Die Anordnung kam am 18. November dem Oberkonsistorium zu und wurde schließlich am 26. November vom Präses der Leipziger Bücherkommission im Leipziger Rathaus öffentlich bekannt gemacht. Kurze Zeit später, am 10. Dezember, wendet sich Fichte in einem Brief an den Verleger Johann Friedrich Cotta, um eine Erwiderung auf den Vorwurf des Atheismus zu veröffentlichen. Die Flugschrift entstand in den Weihnachtsferien[96] und sollte, so Fichte, »plan und für *jeden fasslich* zeige[n], worüber eigentlich der Streit ist, und bei dieser Gelegenheit überhaupt ein paar allgemeinverständliche Worte über die Eigenheiten meines philosophischen Systems sage[n]«[97]. Sie wurde am 9. Januar 1799 unter dem Titel *Fichtes Appellation an das Publikum über die ihm beigemessenen atheistischen Äußerungen – eine Schrift, die man zuerst zu lesen bittet, ehe man sie konfisziert* in der *Allgemeinen Literatur-Zeitung* angekündigt und schließlich ab 15. Januar ausgeliefert.

91 Vgl. GA I/6, 18.

92 Reinhard Lauth vermutet im Vorwort zu GA I/6 den Autor als »Parteigänger Nicolaischer Positionen«, da Argumente und Absichten denen Christoph Friedrich Nicolais sehr ähnlich seien und teilweise sogar bis in den Wortlaut verfolgt werden können. Siehe GA I/6, 20ff.

93 Werner Röhr: Appellation an das Publikum …, S. 43.

94 Ebd.

95 Ebd., S. 42.

96 Siehe GA I/5, 379.

97 GA III/3, 165.

In der Einleitung wird deutlich, wie nahe Fichte die Beschuldigung des Atheismus geht, die ihn nicht nur philosophisch diskreditiert, sondern auch seine »bürgerliche Existenz«[98] als Hochschulprofessor gefährdet; so sei das stille Hinnehmen des Atheismusvorwurfs für Fichte »selbst eine der ärgsten Gottlosigkeiten. Wer mir sagt, du glaubst keinen Gott, sagt mir: du bist zu dem, was die Menschheit eigentlich auszeichnet, und ihren wahren Unterscheidungs=Charakter bildet, unfähig; Du bist nicht mehr als ein Thier«[99]. Fichte stellt aber zugleich klar, dass seine Sache »die gute Sache«[100] und das erlassene Verbot »die Folge eines durchdachten, und langsam und bedächtig ausgeführten Plans«[101] sei. Angesichts der Tatsache, dass er im verbotenen Aufsatz sein »Grundsätze über Religion blos angedeutet«[102] habe und er selbst die Notwendigkeit einräumt, diese »noch tiefer [zu] begründen, noch eingreifender an[zu]wenden«[103], diene »jener vorgebliche Atheismus«[104] laut Fichte »nur [als] Vorwand«[105], um zu zeigen, »worauf die neuere Philosophie hinauslaufe, auf puren Atheismus«[106].

Im ersten Teil der *Appellation* gibt Fichte für das nun »gemischte[] Publikum«[107] eine kurze Zusammenfassung des »verrufenen Aufsatze[s]«[108], die schließlich in der These mündet, dass »Moralität und Religion [...] absolut Eins [sind]; beides ein Ergreifen des Uebersinnlichen, das Erste durch Thun, das Zweite durch Glauben«[109]; denn, so Fichte weiter: »Religion ohne Moralität ist Aberglaube, die den Unglückseligen mit einer falschen Hoffnung betrügt, und ihn zu aller Besserung unfähig macht. Vorgebliche Moralität ohne Religion mag wohl ein äußerer ehrbarer Lebenswandel seyn, da man das, was recht ist, thut und das Böse meidet, aus

98 GA I/5, 417.
99 Ebd., 416.
100 Ebd., 418.
101 Ebd., 417.
102 Ebd., 421.
103 Ebd.
104 Ebd.
105 Ebd.
106 Ebd.
107 Ebd., 423.
108 Ebd., 427.
109 Ebd., 428.

Furcht vor den Folgen in der Sinnenwelt; nimmermehr aber das Gute liebt und es um sein selbst willen vollzieht.«[110]

Im abschließenden zweiten Teil geht Fichte dann seine Gegner und deren Gottesbild direkt an: »Was *sie* Gott nennen ist *mir* ein Götze.«[111] Seine Kritiker sitzen nämlich laut Fichte dem Irrtum auf, Gott *personal*, d.h. als »besonder[e] *Substanz*«[112] zu denken[113]: Im Geiste des sog. »*kosmologischen Gottesbeweises*«[114] schließen sie von der Existenz der Welt auf einen personalen Schöpfer derselben. Die Welt ist deshalb gleichsam *für* den Menschen geschaffen und Gott insofern »der Geber alles Genusses, der Austheiler alles Glücks und Unglücks an die endlichen Wesen, dies ist sein Grund=Charakter«[115]. Dabei, so Fichte, setzen seine Gegner *dogmatisch* die »Existenz der Sinnenwelt«[116] voraus und argumentieren entweder zirkulär, indem sie das, was bewiesen werden soll, nämlich Gott, *immer schon* voraussetzen, um damit das Vorhandensein der Welt zu beweisen, oder aber sie argumentieren widersprüchlich, indem sie in der Vorstellung einer *creatio ex nihilo* »aus Nichts nicht nur Etwas und Viel, sondern Alles entstehen« lassen[117]. Jener »Dogmatismus in der Spekulation«[118] entspricht dabei laut Fichte einem »Eudämonismus in der Sittenlehre«[119], wonach der Endzweck menschlichen Handelns im Glück (grch. *eudaimonia*) zu sehen ist[120]. Dementsprechend erschöpft sich die Religion eines solchen »System[s] der Abgötterei und des Götzendienstes«[121], um mit Fichte zu sprechen, in der bloßen »Erfüllung gewisser Ceremonien, Hersagen gewisser Formulare, Glauben an unverständliche Sätze«[122].

110 Ebd., 428f.

111 Ebd., 437 (Hervorhebungen Fichtes).

112 Ebd., 434 (Hervorhebung Fichtes).

113 Zur Fichteschen Kritik einer personalen Gottesvorstellung siehe ausführlich Falk Wagner: Der Gedanke der Persönlichkeit Gottes bei Fichte und Hegel, S. 20–112 sowie Günter Zöller: Ex aliquo nihil.

114 Siehe KrV B 632ff.

115 GA I/5, 436.

116 Ebd., 433.

117 Vgl. zu dieser Paradoxie bereits Augustinus: Bekenntnisse XI, 5,7.

118 GA I/5, 435.

119 Ebd.

120 Vgl. etwa Aristoteles: Nikomachische Ethik I 2.

121 GA I/5, 437.

122 Ebd., 438.

Fichte kommt es in seinen Ausführungen jedoch vor allem darauf an, den Disput als einen *philosophischen Streitfall*[123] darzustellen, der allein dem Maßstab der Wahrheit und Falschheit verpflichtet ist, indem Gründe für oder gegen eine Position gegeben werden (im Sinne des sokratischen *logon didonai*[124]). Er macht seinen Kritikern aus diesem Grunde »einen Vorschlag zur Güte: Daß ich bey ihnen unrecht habe, das versteht sich, und hierüber eben will ich vor der Hand nicht weiter mit ihnen rechten. Aber es wird denn doch wohl auch bey ihnen einen Unterschied in meiner Schuld machen, ob meine Behauptungen nur so frech, und kühn, und gleichsam ihnen zum Trotze hingeworfen worden; oder ob sich Gründe dafür und einiges scheinbare zu ihrem Vortheile anführen läßt«[125].

Im Vertrauen auf den »Großmuth«[126] seiner Gegner schlug Fichte deshalb vor, die Angelegenheit auf sich beruhen zu lassen und hoffte, wenigstens in der Öffentlichkeit Zuspruch zu finden. Fichtes Hoffnung auf Unterstützung durch das Publikum sollte sich bald erfüllen[127]; so erschienen *unmittelbar* nach der Veröffentlichung vier Rezensionen der *Appellation*, von denen drei[128] Fichte nicht nur »eine zweifellose Religiosität des Herzens«[129] zusprachen, sondern auch die von Fichte eingeforderte Freiheit der Wissenschaft, wonach »alle Verhandlungen der Gelehrten unter sich außer dem Gerichtsbezirke der Regierungen liegen«[130], nachdrücklich un-

123 Vgl. Wilhelm G. Jacobs: Johann Gottlieb Fichte, S. 70. – So spricht Fichte in einem Brief an Friedrich Schiller von einem »*Rechtshandel*[], in dem man nun einen *philosophischen Dispüt* verwandelt hat« (GA III/3, 177; Hervorhebungen Fichtes). Fichte besteht dagegen auf der Autonomie der Wissenschaft als »Funktionssystem der Gesellschaft« (Nuklas Luhmann: Die Wissenschaft der Gesellschaft, S. 7), das – um mit Luhmann zu sprechen – seine Autopoiesis durch die Orientierung aller seiner Operationen am Code wahr/unwahr gewährleistet (Die Wissenschaft der Gesellschaft, S. 194ff.).

124 Siehe z.B. Platon: Laches, 187d–188a.

125 GA I/5, 446.

126 Ebd., 449.

127 Siehe Wilhelm G. Jacobs: Johann Gottlieb Fichte, S. 71. – Für die zahlreichen positiven Rückmeldungen auf Fichtes *Appellation* siehe auch die Zusammenstellung von Briefen aus der damaligen Zeit in Werner Röhr: Appellation an das Publikum ..., S. 127–178.

128 Siehe GA I/5, 392ff.

129 Ebd., 393.

130 Ebd.

terstützen. Zugleich machen die Rezensionen jedoch auch darauf aufmerksam, dass »der Nichtphilosoph diese kritisch gereinigte ›*Art und Weise*, die Gottheit zu denken‹, ganz mißverstehen [könne]«[131] und sie vor allem darin »den sachlichen Grund der Anklage«[132] sehen. Dazu trug sicherlich auch Fichtes polemischer Tonfall bei, der bereits im Untertitel der *Appellation*: *Eine Schrift, die man erst zu lesen bittet, ehe man sie konfisziert* zum Ausdruck kommt und den etwa Friedrich Schiller in seinem Antwortschreiben auf die Sendung der *Appellation* vom 26. Januar 1799 kritisierte: »Was meine besondere Meinung betrifft, so hätte ich allerdings gewünscht, daß Sie Ihr Glaubensbekenntniß über die Religion in einer besondern Schrift ruhig und selbst ohne die geringste Empfindlichkeit gegen das Sächsische Consistorium abgelegt hätten.«[133]

Kurz zuvor, am 18. Januar, hatte Fichte seine *Appellation* auch an Friedrich Heinrich Jacobi gesandt; denn Fichte sah in Jacobi einen wichtigen Mitstreiter, von dessen Unterstützung als bedeutende intellektuelle Persönlichkeit des öffentlichen Lebens sich Fichte Rehabilitierung erhoffte[134]: »Habe ich bei Abfassung dieser Schrift [der *Appellation*; H.M.] an irgend einen Mann oft und lebhaft gedacht, habe ich gewünscht, daß sie Einem gefallen möchte, so waren Sie es, Verehrungswürdiger.«[135] Fichte sah sich in philosophischen Fragen (weitestgehend) einig und hatte dies Jacobi bereits in einem Brief vom 26. April 1796 versichert: »Ja, theurer edler Mann, wir stimmen ganz überein.«[136]

So war Jacobi in einigen grundlegenden Aussagen der Wissenschaftslehre Fichtes »vorangegangen«[137], wie Reinhard Lauth betont; dies betrifft sowohl Jacobis Kritik an der Konzeption vom *Ding an sich* bei Kant als auch Jacobis Begriff des »*Glaubens*«: In der Beilage *Ueber den Transcen-*

131 Ebd., 394.

132 Ebd.

133 GA III/3, 184. – In gleicher Weise kritisiert auch Johann Kasper Lavater in einem Brief an Fichte dessen polemische Ausdrucksweise. Siehe GA III/3, 188ff.

134 Zum besonderen Verhältnis Fichtes zu Jacobi siehe vor allem Reinhard Lauth: Fichtes Verhältnis zu Jacobi unter besonderer Berücksichtigung der Rolle Friedrich Schlegels in dieser Sache.

135 GA III/3, 176.

136 Ebd., 18. – Ebenso auch in der *Appellation*: Siehe GA I/5, 447f.

137 Reinhard Lauth: Fichtes Verhältnis zu Jacobi unter besonderer Berücksichtigung der Rolle Friedrich Schlegels in dieser Sache, S. 171.

dentalen Idealismus zu seiner Schrift *David Hume über den Glauben oder Idealismus und Realismus* aus dem Jahre 1787 wirft Jacobi der Philosophie Kants vor, »mit sich selbst in wahrhaft *unaussprechliche* Widersprüche gerathen«[138] zu sein. So läutet Kant mit seiner *Kritik der reinen Vernunft* (1781) einerseits die sog. »*kopernikanische Wende*« in der Philosophie ein[139], wonach die Gegenstände der objektiven Erkenntnis nicht an sich existieren, sondern vom Erkenntnissubjekt mittels der reinen Anschauungsformen Raum und Zeit sowie den reinen Verstandesbegriffen (*Kategorien*) zur Erscheinung gebracht werden[140]. Die Objekte der (äußerlichen) Gegenstandswelt können nicht länger als »Dinge an sich« (*Noumena*) bezeichnet werden, sondern vielmehr als Erscheinungen (*Phaenomena*). Insofern ist laut Kant das *Ding an sich* unerkennbar und fungiert vielmehr als »ein uns unbekannter Grund der Erscheinungen«[141]. Andrerseits behauptet er aber auch, dass das *Ding an sich* existiere und sogar kausal wirksam sei: »Das sinnliche Anschauungsvermögen ist eigentlich nur eine Rezeptivität, auf gewisse Weise mit Vorstellungen affiziert zu werden, deren Verhältnis zu einander eine reine Anschauung des Raumes und der Zeit ist (lauter Formen unserer Sinnlichkeit), und welche, so fern sie in diesem Verhältnisse (dem Raume und der Zeit) nach Gesetzen der Einheit der Erfahrung verknüpft und bestimmbar sind, Gegenstände heißen. Die nichtsinnliche Ursache dieser Vorstellungen ist uns gänzlich unbekannt, und diese können wir daher nicht als Objekt anschauen; denn dergleichen Gegenstand würde weder im Raume, noch der Zeit (als bloßen Bedingungen der sinnlichen Vorstellung) vorgestellt werden müssen, ohne welche Bedingungen wir uns gar keine Anschauung denken können. Indessen können wir die bloß intelligibele Ursache, der Erscheinungen überhaupt, das transzendentale Objekt nennen, bloß, damit wir etwas haben, was der Sinnlichkeit als einer Rezeptivität korrespondiert. Diesem transzendentalen Objekt können wir allen Umfang und Zusammenhang

138 Friedrich Heinrich Jacobi: David Hume über den Glauben, S. 112 (Hervorhebung Jacobis).

139 Siehe KrV B xvif.

140 »Ohne Sinnlichkeit würde uns kein Gegenstand gegeben, und ohne Verstand keiner gedacht werden. Gedanken ohne Inhalt sind leer, Anschauungen ohne Begriffe sind blind« (KrV B 75). – Siehe dazu auch Günter Zöller: Theoretische Gegenstandsbeziehung bei Kant, vor allem S.13–181.

141 KrV A 379.

unserer möglichen Wahrnehmungen zuschreiben, und sagen: daß es vor aller Erfahrung an sich selbst gegeben sei.«[142]

Für Jacobi widerspricht sich Kant folglich, »wenn er von den Gegenständen sagt, dass sie *Eindrücke* auf die Sinne machen, dadurch Empfindungen *erregen*, und auf diese Weise Vorstellungen *zuwege bringen*: denn nach dem Kantischen Lehrbegriff kann der empirische Gegenstand, der immer nur Erscheinung ist, nicht ausser uns vorhanden, und noch etwas anders als eine Vorstellung seyn: von dem *transcendentalen Gegenstande* [d.h. dem Ding an sich; H.M.] aber wissen wir nach diesem Lehrbegriffe nicht das geringste.«[143]

Fichte übernimmt diese Kritik Jacobis für sein Denken, wie er in der *Zweiten Einleitung in die WissenschaftsLehre* von 1797 deutlich macht: »[...] [D]ie Entdeckung, daß Kant von einem vom Ich verschiedenen Etwas nichts wisse, ist nichts weniger, als neu. Seit zehn Jahren konnte jedermann den gründlichsten und vollständigsten Beweis davon gedruckt lesen. Er steht in *Jacobi's Idealismus und Realismus; ein Gespräch* (Breslau 1787) in der Beilage [...] *Jacobi* hat daselbst die entscheidendsten, und in die Augen springendsten Aeußerungen Kants über diesen Punkt, mit den eigenen Worten desselben, angeführt und zusammengestellt. Ich [...] verweise die Leser um so lieber an das angeführte Buch selbst, da das ganze Buch, so wie alle philosophischen Schriften *Jacobi's* wohl auch noch jetzt eine dem Zeitalter erspriesliche Lectüre seyn möchten.«[144]

Von noch größerer Bedeutung für die Entwicklung der Wissenschaftslehre[145] ist jedoch die Paradoxie, die am Grunde von Kants *Kritik der reinen Vernunft* lauert, sowie ihre Auflösung in Jacobis Konzeption des

142 Ebd., B 522f.

143 Friedrich Heinrich Jacobi: David Hume über den Glauben, S. 108 (Hervorhebungen Jacobis).

144 GA I/4, 235 (zitiert aufgrund von Reinhard Lauth: Fichtes Verhältnis zu Jacobi unter besonderer Berücksichtigung der Rolle Friedrich Schlegels in dieser Sache, S. 169). – Reinhard Lauth verweist auch auf Fichtes *Vergleichung des vom Hrn. Prof. Schmid aufgestellten Systems mit der Wissenschaftslehre* (1796), in der Fichte explizit auf Jacobis kritische Untersuchungen zu Kant aufmerksam macht. Siehe Reinhard Lauth: Fichtes Verhältnis zu Jacobi unter besonderer Berücksichtigung der Rolle Friedrich Schlegels in dieser Sache, S. 169, Fn. 30.

145 So Reinhard Lauth: Fichtes Verhältnis zu Jacobi unter besonderer Berücksichtigung der Rolle Friedrich Schlegels in dieser Sache, S. 170f.

Glaubens; so musste Jacobi, wie er selbst gesteht, »verschiedene Jahre hintereinander die Critik der reinen Vernunft immer wieder von vorne anfangen [...], weil ich unaufhörlich darüber irre wurde, dass ich *ohne* jene Voraussetzung in das System nicht hineinkommen, und *mit* jener Voraussetzung darinn nicht bleiben konnte«[146]. Jacobi verweist damit (am Beispiel Kants) auf ein grundsätzliches Problem, das sich jeglicher philosophischer Theoriebildung stellt, die sich als Theorie der Wirklichkeit begreift: Mit welchem Recht (*quid iuris*) sprechen wir überhaupt »von Gegenständen, welche Eindrücke auf unsere Sinne machen, und auf diese Weise Vorstellungen erregen«[147]? Laut Jacobi kann die gesuchte Voraussetzung nicht »mit einem [theoretischen; H.M.] Lehrbegriffe« (wie etwa dem *Ding an sich* im Falle Kants) wiedergegeben werden; vielmehr können »wir die Gegenstände unserer Vorstellung nicht ohne Zuhilfenahme praktischer Momente erstellen«[148], wie Reinhard Lauth hervorhebt: »Der Anstoß zur theoretischen Tätigkeit erfolgt aus dem Praktischen, von einem Gefühl her.«[149] Mit Fichte gesprochen wird aber »etwas, das lediglich durch die Beziehung eines Gefühls möglich wird, ohne daß das Ich seiner Anschauung desselben sich bewußt wird, noch bewußt werden kann, und das daher gefühlt zu seyn scheint, [...] geglaubt«[150]. Dementsprechend spricht Jacobi in seiner Schrift *Ueber die Lehre des Spinoza in Briefen an den Herrn Moses Mendelssohn* (1785) auch von einem »*Glauben*«, der als »Begriffe einer unmittelbaren Gewißheit«[151] dem Wissen von der Wirklichkeit immer schon zugrunde liegt: »Durch den Glauben wissen wir, daß wir einen Körper haben, und daß außer uns andre Körper und andre

146 Friedrich Heinrich Jacobi: David Hume über den Glauben, S. 109 (Hervorhebungen Jacobis).

147 Ebd., S. 111. – Siehe zu diesem Problem ausführlicher Thomas Kisser: Wie kann eine allgemeine Theorie der Wirklichkeit ihre eigene Wahrheit zeigen?, vor allem S. 133–136.

148 Reinhard Lauth: Fichtes Verhältnis zu Jacobi unter besonderer Berücksichtigung der Rolle Friedrich Schlegels in dieser Sache, S. 170.

149 Ebd.

150 GA I/2, 429.

151 Friedrich Heinrich Jacobi: Über die Lehre des Spinoza in Briefen an den Herrn Moses Mendelssohn, S. 115. – Siehe dazu Günter Zöller: »Das Element aller Gewissheit«, S. 27.

denkende Wesen vorhanden sind.«[152] Mit den Worten Fichtes: »An Realität überhaupt, sowohl die des Ich, als des Nicht-Ich findet lediglich *ein Glaube* statt.«[153]

Jacobis ausführliches Antwortschreiben an Fichte ist folglich in einem freundschaftlichen, in Teilen sogar überschwänglichen Ton verfasst[154] und von einem kritischen Verständnis für Fichtes System getragen[155]. So spricht er im *Vorbericht* Fichte entschieden vom Vorwurf des Atheismus frei[156], um anschließend jedoch den Vorbehalt zu äußern, Fichte habe sich und seine Philosophie »ganz ohne Noth [...] in ein übles Gerücht gebracht«[157] als er in seinem Artikel *Ueber den Grund unsers Glaubens an eine göttliche WeltRegierung* glauben machen wollte, Transzendentalphilosophie sei theistisch. Stattdessen, so Jacobi, dürfe die Einsicht der kritischen Philosophie, »[d]aß sie von Gott nichts wiße«[158], ihr nicht zum Vorwurf gemacht werden, »da es allgemein anerkannt ist: Gott könne nicht *gewußt*, sondern nur *geglaubt* werden«[159].

Im Folgenden geht es Jacobi jedoch vor allem darum, die Unterschiede zwischen seinem Denken und Fichtes Philosophie deutlich zu machen, damit »so rein wie möglich heraus käme, was unter uns nur Missverstand, und was wirklich entgegengesetzte Denkungsart ist«[160]. Zu diesem Zwecke benutzt Jacobi »die grellsten Farben«[161] und »zeichnet hart«[162], wofür die Metapher des Strickstrumpfs zur Erklärung der Wissenschaftslehre exemplarisch ist: Nach dem Gleichnis vom Strickstrumpf sind alle wirklichen Dinge, z.B. »Blumen, Sonne, Mond und Sterne«[163] nichts »als ein Product der, zwischen dem Ich des Fadens und dem Nicht-Ich der Drähte schwe-

152 Friedrich Heinrich Jacobi: Über die Lehre des Spinoza in Briefen an den Herrn Moses Mendelssohn, S. 116.
153 GA I/2, 429.
154 Siehe etwa Friedrich Heinrich Jacobi: Jacobi an Fichte, S. 196 sowie S. 198.
155 Vgl. Werner Röhr: Appellation an das Publikum ..., S. 551.
156 Siehe Friedrich Heinrich Jacobi: Jacobi an Fichte, S. 192.
157 Ebd., S. 193 (Hervorhebungen Jacobis).
158 Ebd.
159 Ebd.
160 Ebd., S. 224.
161 Ebd.
162 Ebd.
163 Ebd., S. 204.

benden productiven Einbildungskraft der Finger.«[164] Insofern sind alle »Figuren«[165] des Strumpfes, d.h. die Gegenstände in der Welt, »aus dem *Standpunkt der Wahrheit* betrachtet, der Alleinige nackte Faden«; so dass als »Resultat des Fichtischen Idealismus«[166], der sich letztlich in einem bloßen Solipsismus – im wahrsten Sinne des Wortes – selbst erschöpft, die »Realität der Gegenständlichkeit aufgehoben«[167] wird, wie Klaus Hammacher meint: Die Wirklichkeit *ist* letztlich nichts als der Faden selbst, »[e]r allein und rein ist jenes Alles, und es ist in Allem jenen nichts außer ihm; Er ist es ganz und gar«[168]. Was somit bleibt ist laut Jacobi »ein reales Nichts; ein Nichts der Realität«[169] – die Wissenschaftslehre als »Nihilismus«[170], in der folglich auch Gott Nichts ist, denn Jacobi zufolge hat man allein folgende Wahl: »[D]as *Nichts* oder einen *Gott*. Das Nichts erwählend macht er *sich* zu Gott; das heißt: er macht zu Gott ein *Gespenst*; denn es ist unmöglich, wenn kein Gott ist, daß nicht der Mensch und alles was ihn umgiebt blos *Gespenst* sey. Ich wiederhole: Gott ist, und *außer* mir, ein *lebendiges, für sich bestehendes Wesen*, oder ICH bin Gott. Es giebt kein drittes.«[171]

Jacobis Antwortschreiben, das später auf Wunsch Fichtes[172] sogar veröffentlicht wurde, lieferte den Kritikern Fichtes trotz seiner differenzierten und im Prinzip für Fichte Partei ergreifenden Haltung weitere Argumente[173] (etwa den Vorwurf des Nihilismus). Darüber hinaus trieb Fichte die bereits in seiner *Appellation* geübte Polemik in seiner *Verantwortungsschrift* vom 18. März 1799 auf die Spitze: Nachdem Fichte und Niethammer am 10. Januar vom Jenaer Prorektor aufgefordert wurden, sich gegenüber der Universität zu verantworten, teilten sich die beiden Her-

164 Klaus Hammacher weist darauf hin, dass Jacobi in einem Brief an Dohm noch deutlicher von »bloße[n] Handlungen des Fadens« spricht. Siehe Klaus Hammacher: Jacobis Brief »An Fichte« (1799), S. 74.
165 Friedrich Heinrich Jacobi: Jacobi an Fichte, S. 204.
166 Friedrich Heinrich Jacobi: Jacobi an Fichte, S. 203.
167 Klaus Hammacher: Jacobis Brief »An Fichte« (1799), S. 75.
168 Ebd., S. 204.
169 Ebd., S. 207.
170 Ebd., S. 215.
171 Ebd., S. 220 (Hervorhebungen Jacobis).
172 Siehe GA III/3, 362.
173 Vgl. Werner Röhr: Appellation an das Publikum ..., S. 551.

ausgeber des *Philosophischen Journals* die Arbeit, indem Fichte sich als Autor verteidigte und Niethammer im Namen der Editoren sprach[174].

Fichte geht in seiner Rechtfertigungsschrift zunächst der grundsätzlichen Frage nach, ob »denn alles Gedruckte mit der Christlichen Religion, und überhaupt mit der Religion übereinstimmen [müsse]«[175] und kommt zu dem Schluss, dass von »jeher alle Gelehrte der Meinung zugethan gewesen, daß alles, selbst das heilloseste, ketzerischste, atheistische, vor das gelehrte Publicum gebracht werden dürfe, und sogar solle«[176]. Darüber hinaus appelliert Fichte noch einmal an die Unabhängigkeit der Wissenschaft, in der allein Gründe ausschlaggebend sind: »Ueberhaupt – die Souveränität gilt nur für die Verwaltung der äußern Macht, keineswegs aber für das Räsonnement«[177]. So ist der Vorwurf des Atheismus »*Resultat eines Räsonnements*, aber der Staat *räsonnirt* nie, er *decretirt*«, wie Fichte klarstellt. Anschließend bestreitet Fichte zum wiederholten Male vehement, im angeklagten Artikel Atheismus gelehrt zu haben[178].

Im zweiten Teil seiner *Verantwortungsschrift* äußert Fichte dann den Verdacht, dass die Anklage gegen ihn und Niethammer womöglich durch die anonyme Flugschrift *Schreiben eines Vaters an seinen studierenden Sohn über den Fichtischen und Forbergischen Atheismus* veranlasst wurde und beschuldigt (fälschlicherweise[179]) Johann Gottfried Gruner, Professor der Medizin und Botanik in Jena, der Verfasserschaft. Letzten Endes sieht Fichte die eigentliche »Triebfeder«[180] für die Anklage jedoch in seiner demokratischen Gesinnung, wie er im abschließenden dritten Teil seiner Rechtfertigung erklärt: »*Ich bin Ihnen ein Democrat, ein Jakobiner*; dies ist's. Von einem solchen glaubt man jeden Greuel ohne weitere Prüfung. Gegen ein solchen kann man gar keine Ungerechtigkeit begehen. Hat er auch diesesmal nicht verdient, was ihm wiederfährt, so hat er es ein andermal verdient. Recht geschieht ihm auf jeden Fall; und es ist politisch, die das wenigste Aufsehen erregende, die *populärste* Anklage zu ergreifen, um seiner habhaft zu werden. Daß ich ihnen *das* bin, dieser sträfliche De-

174 Siehe GA I, 6, 29 sowie Wilhelm G. Jacobs: Johann Gottlieb Fichte, S. 77.
175 GA I/6, 31.
176 Ebd., 33.
177 Ebd., 41 (Hervorhebungen Fichtes).
178 Siehe ebd., 42–54.
179 Siehe Werner Röhr: Appellation an das Publikum ..., S. 557, Anm. 144.
180 GA I/6, 72 (Hervorhebungen Fichtes).

mocrat und Jacobiner, und daß ich ihnen deswegen unaussprechlich verhaßt bin, ist notorisch«[181].

Im Unterschied zu Niethammer, der in seiner Darstellung sachlich bleibt[182], geht Fichte somit in den letzten beiden Teilen seiner Verantwortungsschrift weit über das Ziel einer Verteidigung hinaus und klagt selbst an. So erklärt er in einem Brief an Christian Gottlob Voigt, Geheimer Rat in Weimar, dass er den Verweis durch den Kurfürsten nicht »demüthig hinnehmen werde«[183]: »Ich *darf* das nicht; ich *kann* es nicht. – Ich darf nicht. Mein Benehmen in dieser ganzen Sache vom Anfang an bis hieher ist meiner innigsten Ueberzeugung nach nicht nur tadellos, sondern preiswürdig; und es ist verächtlich, das preiswürdige – sey es an andern, oder an uns selbst – öffentlich schelten zu lassen.«[184]

Zusammen mit der Anklage wegen Atheismus sowie »Verführung der Jugend«[185] erinnert Fichtes offensive Reaktion auf die Beschuldigung insofern an den Prozess des Sokrates, der 399 v. Chr. in Athen stattfand. Auch damals wurde ein bekannter Philosoph angeklagt, weil er angeblich »die Jugend verderbe und die Götter, welcher der Staat annimmt, nicht anneh-me«[186] und reagierte – zur Empörung der Autoritäten – mit der Forderung nach einer Belohnung für sein verdienstvolles Verhalten, nämlich der Speisung im Prytaneion[187]. Im Unterschied zu Sokrates kam Fichte je-

181 So hieß es in der Anzeige des Dresdner Oberkonsistoriums vom 29. Oktober 1798: »Es war *schon längst unser innigster Wunsch, und unser eifrigstes Bestreben dahin gerichtet*, Maaßregeln ausfindig zu machen, wodurch dem Unheil, das durch anstößige Schriften, und vorzüglich durch solche, welche sich mit Gegenständen der Religion überhaupt, und des Christenthums insbesondere beschäftigen, in unsern Tagen gestiftet wird, wirksamer gesteuert werden könnte, als durch die Confiscation derselben in den Staaten Ew: Churfürstl. Durchl. geschehen kann. Dieser Wunsch wird immer lebhafter, je öfter sich jetzt Schriftsteller von mancherley Art, und insonderheit die Anhänger der kritischen Philosophie Aeußerungen erlauben, die, wir wollen nicht sagen, mit der Offenbarung, sondern selbst mit der natürlichen Religion unverträglich sind, und dem Atheismus auf eine Art zu Statten kommen, wie er noch nie vertheidigt und befördert worden ist« (GA I/6, 17; Hervorhebungen H.M.).

182 Vgl. Wilhelm G. Jacobs: Johann Gottlieb Fichte, S. 77.

183 GA III/3, 285.

184 Ebd.

185 Werner Röhr: Appellation an das Publikum …, S. 40.

186 Platon: Apologie des Sokrates, 24b.

187 Siehe Platon: Apologie des Sokrates, 36d.

doch mit dem Leben davon: Aufgrund der Entscheidung des Weimarer Hofes wurde er zum 1. Juli 1799 entlassen[188], worauf er Jena verließ. Am 3. Juli kam er (allein) in Berlin an[189] und bereits zwei Wochen später schrieb er an seine Frau in Jena: »Ich arbeite an der *Bestimmung des Menschen.*«[190]

Fichtes erste populäre Schrift erschien schließlich zum Jahreswechsel 1799/1800 in einer ersten Auflage[191] in der Vossischen Buchhandlung zu Berlin, der noch zwei weitere folgten[192]. Die *Bestimmung des Menschen* enthält neben der kurzen, einleitenden *Vorrede* drei Bücher, die jeweils mit *Zweifel, Wissen* und *Glaube* überschrieben sind. Ihrer literarischen Form nach besteht sie aus einer »Aufeinanderfolge von Monolog, Dialog und erneutem Monolog«[193]. Nach der Taxonomie Vittorio Hösles für den philosophischen Dialog ließe sich die *Bestimmung des Menschen* somit als »eine Mischform zwischen dem zweiten und dritten Subgenre der Intersubjektivität«[194] auffassen, wonach der Gesprächspartner des Erzählers sowohl in der zweiten Person angesprochen wird als auch selbst zu Wort kommt, d.h. in der ersten Person redet[195].

Wenngleich Fichte dem Leser in der Vorrede versichert, dass man in der *Bestimmung des Menschen* nichts finden werde, »was nicht schon in andern Schriften desselben Verfassers vorgetragen wäre«[196], so gibt er im Dritten Buch dennoch »Winke [...] – die denn doch Nichts mehr als Win-

188 Siehe Wilhelm G. Jacobs: Johann Gottlieb Fichte, S. 80 sowie FG 2, S. 90f. – Für die juristischen Hintergründe von Fichtes Entlassung siehe Peter Landau: Der rechtsgeschichtliche Kontext des Atheismusstreits sowie Martin Ohst: Der theologie- und kirchengeschichtliche Hintergrund des Atheismusstreits.

189 So Kuno Fischer: J.G. Fichte und seine Vorgänger, S. 303. – Für Fichtes Gründe, nach Berlin zu gehen, siehe Ilse Kammerlander: Johanna Fichte, S. 74f.

190 GA I/6, 148.

191 Siehe ebd., 147. – Im Anschluss an die J. G. Fichte-Gesamtausgabe wird für die vorliegende Arbeit die erste Auflage als Textgrundlage verwendet.

192 Bei einer Auflage handelt es sich wohl um einen unerlaubten Nachdruck, die andere wurde von Fichte selbst veranlasst und erschien 1801. Siehe GA I/6, 147.

193 Ebd., 162.

194 Vittorio Hösle: Der philosophische Dialog, S. 265.

195 Siehe Vittorio Hösle: Der philosophische Dialog, S. 28.

196 GA I/6, 189.

ke seyn sollen«[197], wie es in einem Briefentwurf an Schelling heißt, »über eine Ausweitung der Transzendentalphilosophie in ihren Prinzipien«[198].

1.3 Zusammenfassung

Angesichts der Forderung Fichtes in der *Vorrede*, der Leser selbst solle »während des Lesens mit sich selbst reden, hin und her überlegen, Resultate ziehen, Entschließungen fassen, wie sein Repräsentant im Buche, und durch eigne Arbeit und Nachdenken, rein aus sich selbst diejenige Denkart entwickeln, und sie in sich aufbauen, deren bloßes Bild ihm im Buche vorgelegt wird«[199], zeichnet sich ein Problem ab, das im Rahmen der Debatte um die angemessene Vermittlung von philosophischen Ideen nicht nur die Popularphilosophie oder die Transzendentalphilosophie im Besonderen, sondern die Philosophie sowie die Wissenschaften im Allgemeinen betrifft.

Es ist dies ein *pädagogisches* Problem bzw. das Problem jeglicher Pädagogik, im Sinne von Bildung (sei sie philosophischer oder sonstiger Natur), wie Kant in seiner Vorlesung *Über Pädagogik* (1803) deutlich macht: »Eines der größten Probleme der Erziehung ist, wie man die Unterwerfung unter den gesetzlichen Zwang mit der Fähigkeit, sich seiner Freiheit zu bedienen, vereinigen könne. Denn Zwang ist nötig! Wie kultiviere ich die Freiheit bei dem Zwange? Ich soll meinen Zögling gewöhnen, einen Zwang seiner Freiheit zu dulden, und soll ihn selbst zugleich anführen, seine Freiheit gut zu gebrauchen. Ohne dies ist alles bloßer Mechanism, und der der Erziehung Entlassene weiß sich seiner Freiheit nicht zu bedienen. Er muß früh den unvermeidlichen Widerstand der Gesellschaft fühlen, um die Schwierigkeit, sich selbst zu erhalten, zu entbehren, und zu erwerben, um unabhängig zu sein, kennen zu lernen.«[200]

Jede Form von Erziehung bzw. Bildung (grch. *paideia*) unterliegt demnach dem Paradox, mittels Zwang (sei es durch äußere Impulse, z.B. Lehrer oder Eltern, oder durch inneren Antrieb, d.h. Gründe oder Argumen-

197 Ebd., 153.

198 Ebd.

199 Ebd., 189f.

200 Immanuel Kant: Über Pädagogik, A 32. – Zur Paradoxie der Erziehung siehe auch Dirk Baecker: Die Universität als Algorithmus.

te) zur Freiheit bzw. Einsicht zu gelangen. So will Fichtes *Sonnenklarer Bericht* »die Leser zum Verstehen [...] zwingen«, wie es im Untertitel heißt, und in der *Bestimmung des Menschen* soll das einsichtige Ich, das »im Buche redet, [...], sein Leser [...] werden«[201]. Es wird vom Leser insofern eine – mit Reinhard Lauth gesprochen – »Autodetermination zur Philosophie«[202], d.h. eine »Selbstbestimmung zur Freiheit«[203], gefordert. Die Beantwortung der Frage nach dem *Grund* dieser Selbstbestimmung wird schließlich die *Bestimmung* des Menschen ausmachen, von der der Titel spricht[204].

Zugleich ist die *Bestimmung des Menschen* jedoch auch als Antwort auf den Atheismusstreit entstanden[205]; als solche muss sie auch den Nihilismusvorwurf Jacobis entkräften und stellt sich der grundlegenden Anfrage an jede philosophische Theorie, wonach man immer schon an etwas glauben muß, »um etwas anderes beweisen zu können, [...] also alles Beweisen eines Ausgangspunktes bedarf, der nicht selbst (in diesem und durch dieses System) bewiesen ist«[206] – mit Jacobi gefragt: Wie »kommt« man in ein philosophisches Denksystem »hinein« und kann in ihm bleiben[207]?

Insofern bilden die Debatte um die Popularphilosophie sowie die Diskussion über den sog. »Atheismusstreit« zentrale Bezugspunkte für das Verständnis von Fichtes *Bestimmung des Menschen.* Im Folgenden wird deutlich werden, dass die Antwort auf die Frage nach der Selbstbegründung philosophischer Theoriebildung aufs Engste mit der Klärung der Paradoxie von Bildung als Selbstbestimmung zur Freiheit zusammenhängt. Auf dem Weg dorthin gilt es jedoch zunächst, der Schrift Fichtes Schritt für Schritt auf ihrem Argumentationsgang zu folgen.

201 GA I/6, 189. – Hösle wirft Fichte deshalb vor, er übersehe, »daß der Autonomiewille der Moderne empfindlich reagiert, wenn er mit dem performativ widersprüchlichen Wunsch eines anderen konfrontiert wird, ihn zur Autonomie – selbstredend wie der andere sie versteht – zu zwingen« (Der philosophische Dialog, S. 266f.).

202 Reinhard Lauth: J.G. Fichtes Gesamtidee der Philosophie, S. 256.

203 Ebd.

204 Dabei ist der Ausdruck »*Bestimmung*« bei Fichte in einer dreifachen Bedeutung zu verstehen, wie Reinhard Lauth betont: »[E]s geht um Definition, Determination und Destination« (Einleitung, S. XXII).

205 Siehe GA I/6, 151.

206 Eduard Zwierlein: Blaise Pascal, S. 50.

207 Friedrich Heinrich Jacobi: David Hume über den Glauben, S. 109.

2 Fichte heute: Differenztheoretische Rekonstruktion der Theorien der Wirklichkeit sowie ihrer Kritik in der *Bestimmung des Menschen*

2.1 Erstes Buch: Zweifel

Die Bestimmung des Menschen nimmt ihren Ausgang von einem Willen zum Wissen: »Ich will *wissen*. Mit derselben Sicherheit, mit welcher ich darauf rechne, daß dieser Boden mich tragen wird, wenn ich darauf trete, daß dieses Feuer mich verbrennen würde, wenn ich mich ihm näherte, will ich darauf rechnen können, was ich selbst bin, und was ich seyn werde. Und sollte man etwa dies nicht können, so will ich wenigstens das wissen, daß man es nicht kann: Und selbst diesem Ausgange der Untersuchung will ich mich unterwerfen, wenn er sich mir als Wahrheit entdeckt.«[1]

Wie bereits bei Aristoteles (im Anschluss an Platon[2]) das *Thaumazein*[3] steht somit auch für Fichte zunächst das Staunen über die eigene Existenz sowie die objektive Realität in all ihrer Vielfalt am Beginn der Reflexion über Wirklichkeit.

1 GA I/6, 192 (Hervorhebung Fichtes). – Insofern ist mit diesem Unternehmen auch ein stark emanzipatorischer Antrieb verbunden, wie er etwa für die Aufklärung charakteristisch ist. Denn im Anschluss an Kants *Beantwortung der Frage: Was ist Aufklärung?* (1784) ließe sich das Vorhaben des Ich in der BdM als Entscheidung auffassen, »sich seines Verstandes ohne Leitung eines anderen zu bedienen«; demnach könnte über der BdM durchaus der »Wahlspruch der Aufklärung« (A 481) stehen: »Sapere aude! Habe Mut dich deines *eigenen* Verstandes zu bedienen!«

2 Siehe Platon: Theaitetos, 155d.

3 Aristoteles: Metaphysik I 2, 982b 12–17.

2.1.1 Nach Aristoteles: Wirklichkeit als »System«

Diese wird im Ersten Buch zunächst als »Natur«[4] verstanden, die das Ich mit Hilfe von empirischen Beobachtungen (Sinnesdaten) sowie logischen Schlussfolgerungen erfasst: »Ich ergreife die forteilende Natur in ihrem Fluge, und halte sie einen Augenblick an, fasse den gegenwärtigen Moment fest ins Auge, und denke nach über ihn! – über diese Natur, an welcher bisher meine Denkkraft entwickelt, und für die Schlüsse, die auf ihrem Gebiete gelten, gebildet wurde.«[5]

Zu diesem Zweck errichtet das Ich ein »Lehrgebäude«[6], welches das »Princip der Thätigkeit, des Entstehens und Werdens«[7] der Natur zum Gegenstand hat, und macht sich so zum Sprecher einer allgemeinen Theorie der Wirklichkeit. Angesichts der zahlreichen Gegenstände (Dinge, Pflanzen, Tiere, Menschen), die »als für sich bestehende und gegenseitig voneinander geschiedene Ganze«[8] eine »*bestimmte Anzahl* von Eigenschaften […] in *einem bestimmten Grade*«[9] aufweisen, kommt das Ich zu einer ersten, zentralen Aussage über die Wirklichkeit: »*Alles was da ist, ist durchgängig bestimmt; es ist was es ist, und schlechthin nichts anderes.*«[10]

Damit wird implizit das Prinzip der Identität »Jedes Ding ist sich selbst gleich«, wie wir es bereits bei Aristoteles finden[11], formuliert und in Anspruch genommen. Ferner liegt der durchgängigen Bestimmung der Dinge im Sinne von: »Alles was da ist, *ist* etwas, oder es *ist* dieses etwas *nicht*; ist gefärbt oder nicht gefärbt; hat eine gewisse Farbe, oder hat diese Farbe nicht; ist schmackhaft, oder nicht schmackhaft; ist fühlbar, oder nicht fühlbar«[12], das Prinzip vom ausgeschlossenen Dritten zugrunde; demnach »kann es zwischen den beiden Gliedern des Widerspruchs [ebensowenig]

4 GA I/6, 192.
5 Ebd., 192f.
6 Ebd., 205 und 209.
7 Ebd., 196.
8 Ebd., 193 (Hervorhebungen Fichtes).
9 Ebd.
10 Ebd.
11 Siehe Aristoteles: Metaphysik IV 3, 1005b 19.
12 GA I/6, 193 (Hervorhebungen Fichtes).

etwas geben, sondern man muß notwendig jeweils Eines von Einem entweder bejahen oder verneinen«[13].

Im weiteren Verlauf wird die durchgängige Bestimmung der Dinge jedoch nicht als kontingent, »sondern streng gesetzlich«[14] aufgefasst: »Was da ist in der Natur, ist nothwendig so, wie es ist, und es ist schlechthin unmöglich, daß es anders sey. Ich trete ein in eine geschlossene Kette der Erscheinungen, da jedes Glied durch sein vorhergehendes bestimmt wird, und sein nachfolgendes bestimmt.«[15]

Dies hat zur Folge, dass die Gegenstände der Wirklichkeit »nicht durch sich selbst, sondern durch etwas außer ihnen liegendes, Daseyn und Wirklichkeit«[16] haben; denn als Glieder in einer »Kette der strengen Naturnothwendigkeit«[17] sind alle Dinge der Natur lediglich »Ausdruck eines bloßen Leidens«[18]: »Beschaffenheiten eines Beschaffenen, Formen eines Geformten«[19]. Insofern greifen die bisherigen Überlegungen auf das Prinzip vom zureichenden Grund zurück, wonach sich »keine Tatsache als wahr oder existierend, keine Aussage als wahr herausstellen kann, ohne daß es einen zureichenden Grund gäbe, warum es sich so und nicht anders verhält«[20], und setzen so ein »*Substrat*«[21] voraus, das den »*Grund dieses Leidens*« darstellt und insofern das allgemeine Prinzip der Wirklichkeit ausmacht. Dieses besteht in der Einen (Natur-)Kraft, die als »wir-

13 Aristoteles: Metaphysik IV 6, 1011b 39ff.

14 GA I/6, 194.

15 Ebd., 194f. – Siehe auch GA I/6, 198: »Aber *jeder Momente dieser Dauer* ist bestimmt durch *alle abgelaufenen Momente*, und wird bestimmen alle *künftigen Momente*« (Hervorhebungen Fichtes).

16 Ebd., 195.

17 Ebd., 199.

18 Ebd., 196.

19 Ebd., 195. – Einen solchen Determinismus vertrat Fichte selbst noch in seinen *Aphorismen über Religion und Deismus* aus dem Jahre 1790, wo er u.a. zu folgenden Ergebnissen kommt: »[J]ede Veränderung in dieser Welt wird durch eine zureichende Ursache nothwendig so bestimmt, wie sie ist. – Die erste Ursache jeder Veränderung ist der Ur=Gedanke der Gottheit. [...] Auch jedes denkende und empfindende Wesen also muß nothwendig so exitiren, wie es existirt. – Weder sein Handeln, noch sein Leiden kann ohne Widerspruch anders seyn, als es ist« (GA II/1, 290).

20 Gottfried Wilhelm Leibniz: Die Prinzipien der Philosophie oder die Monadologie, § 32, S. 453.

21 GA I/6, 196 (Hervorhebungen Fichtes).

kende Kraft«[22] jede Wirkung bestimmt, indem sie in Form der »drei Grundkräfte«[23] der Bildungs-, der Bewegungs- sowie der Denkkraft »durch alle möglichen Gestalten«[24] hindurchgeht, so dass »alle Gegenstände in der Natur [...] nichts anderes, als jene Kräfte selbst in einer gewissen Bestimmung [sind]«[25]. Die Vielfalt der Einen Natur lässt sich somit begreifen als eine interne Ausdifferenzierung der Einen Kraft in »mehrere Kräfte, – die nach ihren innern Gesetzen sich entwickeln«[26] und auf diese Weise die übergeordneten Gattungen der Pflanzen, Tiere und Menschen begründen. So kann der Theoriesprecher schließlich auch von sich sagen: »Ich bin eine besondere Bestimmung der bildenden Kraft, wie die Pflanze; eine besondere Bestimmung der eigenthümlichen Bewegungskraft, wie das Thier; und überdies noch eine Bestimmung der Denkkraft: und die Vereinigung dieser drei Grundkräfte zu Einer Kraft, zu Einer harmonischen Entwicklung, macht das unterscheidende Kennzeichen meiner Gattung aus; so wie es die Unterscheidung der Pflanzengattung ausmacht, lediglich Bestimmung der bildenden Kraft zu seyn.«[27]

Der bisherige Gedankengang lässt sich noch einmal ausführlich am Beispiel der Entwicklung einer Blume zusammenfassen: »Es ist hier eine Blume dem Boden entwachsen, und ich schließe daraus auf eine bildende Kraft in der Natur. Eine solche bildende Kraft ist für mich überhaupt da lediglich, inwiefern es für mich diese Blume und andere, und Pflanzen überhaupt, und Thiere giebt; ich kann diese Kraft nur durch ihre Wirkung beschreiben, und sie ist für mich schlechthin nichts weiter, als – das – eine solche Wirkung hervorbringende; das – Blumen und Pflanzen und Thiere, und überhaupt organische Gestalten erzeugende. Ich werde ferner behaupten, es habe an diesem Platze eine Blume, und diese bestimmte Blume entsprießen können, lediglich in wiefern alle Umstände sich vereinigten, um dieselbe möglich zu machen. Durch diese Vereinigung, aller Umstände für ihre Möglichkeit aber ist mir die Wirklichkeit der Blume noch keinesweges erklärt; und ich bin genöthigt, noch eine besondere, durch sich selbst wirkende, ursprüngliche Naturkraft anzunehmen; und

22 Ebd., 197.
23 Ebd., 200.
24 Ebd., 197.
25 Ebd.
26 Ebd.
27 Ebd., 200.

zwar bestimmt eine Blumenhervorbringende; denn eine andre Naturkraft würde vielleicht unter denselben Umständen ganz etwas ander[e]s hervorgebracht haben.«[28]

Obschon das Ich (als Theoriesprecher) in den eben zitierten Zeilen gleichsam außerhalb dieses notwendigen Zusammenhangs erscheinen mag, so begreift es sich doch selbst als Teil der skizzierten natürlichen Ordnung, d.h. als bloße Stelle innerhalb des ganzen funktionalen Zusammenhangs: »Ich selbst mit allem, was ich mein nenne, bin ein Glied in dieser Kette der strengen Naturnothwendigkeit. Es war eine Zeit, – so sagen mir andere, die in dieser Zeit lebten, und ich selbst bin durch Folgerungen genöthigt, eine solche Zeit, deren ich nicht unmittelbar mir bewußt bin, anzunehmen – es war eine Zeit, in der ich noch nicht war, und ein Moment, in welchem ich entstand. [...] Ich bin nicht durch mich selbst entstanden. Es wäre die höchste Ungereimtheit anzunehmen, daß ich gewesen sey, ehe ich war, um mich selbst zum Daseyn zu bringen. Ich bin durch eine andere Kraft außer mir wirklich worden.«[29]

Auf diese Weise wird nicht nur implizit das letzte basale Prinzip vom zu vermeidenden Widerspruch in der ontologischen Form »*Etwas kann nicht zugleich sein und nicht sein*«[30] eingeführt, sondern darüber hinaus tritt die dargelegte allgemeine Theorie der Wirklichkeit als eine entschieden *selbstreflexive* auf. Sie kann ihren eigenen Anfang im Sprechen eines Theoriesprechers (»Ich«[31]) mit Hilfe der Theorie noch einmal erklären, d.h. theoretisch einholen, so dass sich der Kreis des Lehrgebäudes schließt: »Ich bin, der ich bin, weil ich in diesem Zusammenhange des Naturganzen nur ein solcher und schlechthin kein anderer möglich war.«[32]

Demnach ist auch das für das Ich charakteristische Bewusstsein »nicht mehr jene Fremdling in der Natur, dessen Zusammenhang mit einem Seyn so unbegreiflich ist«[33], sondern eben notwendige Bestimmung der Denkkraft, die eine Modifikation der Einen Naturkraft darstellt. Entsprechend lässt sich im Ausgang von der Beschränkung des Ich durch die bil-

28 Ebd., 197.

29 Ebd., 199.

30 Gottfried Wilhelm Leibniz: Die Theodizee von der Güte Gottes I, § 44, S. 273f.

31 GA I/6, 192, wo die eigentliche Untersuchung mit »Ich ergreife« einsetzt.

32 Ebd., 201.

33 Ebd., 203.

dende, die bewegende sowie die denkende Kraft auf die Existenz der äußeren, körperlichen Gegenstände schließen. Denn dem Satz des Grundes zufolge setzt jede Beschränkung ein Beschränkendes (als dessen Grund) voraus; da dieses jedoch nicht Teil des Ichs ist, muss es notwendig außerhalb dessen angenommen werden: »Der Grund, warum ich etwas außer mir annehme, liegt nicht außer mir, sondern in mir selbst, in der Beschränktheit meiner eignen Person; vermittelst dieser Beschränktheit geht die denkende Natur in mir, – heraus aus sich selbst.«[34]

In gleicher Weise gewinnt das Ich auch die Vorstellung von anderen *»denkenden Wesen meines gleichen«*[35]: Ausgehend von Gestalt, Bewegung und (sprachlich geäußerter, bisweilen voneinander verschiedener) Gedanken (über die Wirklichkeit) schreibt das Ich auch anderen Wesen außer sich jene Eigenschaften zu, die auch ihm zukommen, und umgekehrt:

»Ich nenne mich *ich*, und dich *du*: du nennest *dich* ich, und *mich* du: ich liege für dich außer dir, wie du für mich außer mir liegst. Ich begreife außer mir zuerst, was mich zunächst begränzt; du was dich zunächst begränzt: von diesem Punkte aus gehen wir durch seine nächsten Glieder hindurch weiter, – aber wir beschreiben sehr verschiedene Reihen, die sich wohl hier und da durchschneiden, aber nirgends nach derselben Richtung neben einander fortlaufen –.«[36]

Darüber hinaus lässt sich anhand der bisherigen Erkenntnisse über die Wirklichkeit auch das vertraute Phänomen des *Wollens* näher erklären. Demnach ist der Wille »das unmittelbare Bewußtseyn der Wirksamkeit einer unserer innern Naturkräfte«[37]. Im Unterschied dazu ist »das unmittelbare Bewußtseyn eines Strebens dieser Kräfte, das noch nicht Wirksamkeit ist, weil es durch gegenstrebende Kräfte gehemmt wird, [...] im Bewußtsein Neigung, oder Begierde; der Kampf der streitenden Kräfte, Unentschlossenheit; der Sieg der einen, Willens-Entschluß«[38]. Folglich lässt sich jenes Streben der Individuen als tugendhaft bezeichnen, das gemäß der Natur, d.h. im Einklang mit der für sie konstitutiven Naturkraft (beim Menschen: der Denkkraft), vollzogen wird, so dass schließlich das

34 Ebd., 204 (Hervorhebungen Fichtes).
35 Ebd.
36 Ebd., 204f.
37 Ebd., 205.
38 Ebd.

Lehrgebäude der Wirklichkeit in der Bestimmung des Einzelnen im Naturganzen seinen Abschluss findet.

Zusammenfassend wird so eine umfassende Theorie der Wirklichkeit formuliert, die nicht nur die »Wißbegier [des Ich; H.M.] befriedigt«[39], sondern auch das Wesen seiner Gattung eindeutig festlegt: »Welche hohe Befriedigung gewährt dieses Lehrgebäude meinem Verstande! Welche Ordnung, welcher feste Zusammenhang, welche leichte Uebersicht kommt dadurch in das Ganze meiner Erkenntnisse! [...] Die Natur erhebt sich allmählich in der bestimmten Stufenfolge ihrer Erzeugungen. In der rohen Materie ist sie ein einfaches Seyn; in der organisirten Materie geht sie in sich selbst zurück, um auf sich innerlich zu wirken, in der Pflanze, sich zu gestalten, im Thiere, sich zu bewegen; im Menschen, als ihrem höchsten Meisterstücke, kehrt sie in sich zurück, um sich selbst anzuschauen, und zu betrachten: sie verdoppelt sich gleichsam in ihm und wird aus einem bloßen Seyn, Seyn und Bewußtseyn in Vereinigung.«[40]

Angesichts der Erfassung der Wirklichkeit als eines einheitlichen Gesamtzusammenhangs, in dem die einzelnen Dinge und Lebewesen »nur noch unselbständige Momente [sind], die völlig in den funktionalen Beziehungen, in denen sie stehen, aufgehen«[41], lässt sich das »Lehrgebäude«, das im Ersten Buch der *Bestimmung des Menschen* formuliert wird, mit Heinrich Rombach als »System«[42] begreifen. Als solches steht es etwa im Gegensatz zu einem antiken Weltverständnis, in dem nach Aristoteles die Dinge als Substanzen gedacht werden, die in sich (*in se*) und durch sich (*per se*) bestimmt sind: »Substanz im eigentlichsten, ursprünglichsten und vorzüglichsten Sinne ist die, die weder von einem Subjekt ausgesagt wird, noch in einem Subjekt ist, wie z.B. ein bestimmter Mensch oder ein bestimmtes Pferd.«[43]

Demnach ist das konkrete Einzelding (z.B. der konkrete Tisch, die konkrete Katze usf.) das, was die Realität konstituiert: Was es eigentlich gibt, sind konkrete Einzeldinge, d.h. Substanzen und alles andere hängt

39 Ebd., 207.
40 Ebd., 203.
41 Heinrich Rombach: Die Gegenwart der Philosophie, S. 95.
42 Zum Systembegriff im Unterschied zum Substanz- sowie Strukturbegriff sowie seiner philosophiegeschichtlichen Einordnung siehe Heinrich Rombach: Substanz, System, Struktur.
43 Aristoteles: Organon I 5, 2a 11–14.

von der Existenz der Einzelgegenstände ontologisch ab: »Dieses zeigt sich aber als mehr seiend, weil sein Subjekt etwas Bestimmtes ist, nämlich das Wesen und das Einzelne.«[44]

Um jedoch erklären zu können, dass Einzelgegenstände zum einen Eigenschaften haben können (z.B. groß, grün, usw.) und sich zum anderen in Arten (etwa »Lebewesen«) und Gattungen (z.B. »Mensch«) ordnen lassen, führt Aristoteles den Begriff der »Kategorie« (*kategoria*) ein. Aristoteles unterscheidet zehn Kategorien. Die erste Kategorie ist die »ousia«, d.h. die »Wesenheit« (Was ist es?: *ti estin*), die zweite ist die Quantität (wie groß?: *poson*), die dritte die Qualität (welcherart?: *poion*). Die restlichen Kategorien sind Relation (in Bezug auf was?: *pros ti*), Ort (wo?: *pou*), Zeit (wann?: *pote*), Lage (liegen: *keisthai*), Haben (haben: *echein*), Wirken (machen: *poiein*) und Leiden (erleiden: *paschein*). Die ersten sechs Kategorien sind von Aristoteles jeweils als Fragen formuliert, die restlichen vier lassen sich als Antworten auf eine Frage auffassen. Dabei ist jedoch zu beachten, dass die Kategorien für Aristoteles immer nur an etwas Seiendem sind und niemals getrennt von diesem existieren. Ferner ist die erste Kategorie der *ousia* noch einmal in erste und zweite *ousia* unterschieden: Die erste *ousia* ist das konkrete Einzelding, das somit im eigentlichen Sinne wirklich ist. Die zweite *ousia* benennt Art- bzw. Gattungsbezeichnungen; so fällt etwa das konkrete Einzelding »Johann Gottlieb Fichte« unter den Artbegriff »Mensch« und unter den Gattungsbegriff »Lebewesen«. Im Unterschied zu den restlichen neun Kategorien gehören die zweiten *ousiai* zu den ontologisch primären Dingen der Wirklichkeit und bezeichnen keine bloßen Eigenschaften. Zusammenfassend lassen sich die Kategorien demnach als Seinsweisen eines konkreten Einzelgegenstandes verstehen, wobei alle übrigen Seinsweisen von der *ousia* abhängen: Ohne *ousia* kann es keine anderen Seienden geben, die ihr Sein an der *ousia* haben. Insgesamt gibt es nach Aristoteles somit drei Klassen von Seiendem[45]: Einzeldinge, d.h. erste Substanzen, Arten und Gattungen (zweite Substanzen) und schließlich Eigenschaften, die sog. »Akzidentien«. Das antike Substanzdenken geht dabei nicht nur von der Erfahrung der Spra-

44 Aristoteles: Metaphysik VII 1, 1028a 32f. – Zum Folgenden siehe Otfried Höffe: Aristoteles, S. 171f.

45 Vgl. Otfried Höffe: Aristoteles, S. 172.

che aus[46], die im Falle der indoeuropäischen Sprachen in Form von Subjekt-Prädikat-Sätzen strukturiert ist (»Der Stein ist schwer«), sondern vermag auch zu erklären, »wie etwas (Person oder Sache) trotz wechselnder Eigenschaften identisch bleiben kann«[47].

Demgegenüber setzt jedoch nach Rombach in der Neuzeit (zu Beginn des fünfzehnten Jahrhunderts) ein Denken ein, das die Dinge nicht mehr substantiell als »esse in se« bzw. »esse per se«, sondern als bloße Momente in einem funktionalen Beziehungsgefüge bestimmt: »Ein jedes Moment hat sein Sein im *anderen* Moment, ist nur, was es dort zu *bewirken* imstande ist, es wird auch nur nach dieser seiner *funktionalen* Auswirkung beurteilt und benannt. Die Momente haben darum nur ein ›esse in alio‹, ein Sein im andern, und verlieren dieses Sein, wenn sie das andere verlieren. Wird z.B. aus einem System ein wesentliches Moment herausgebrochen, so bricht das System als Ganzes zusammen.«[48]

Dies drückt sich unmittelbar in der systematischen Theorie der Wirklichkeit aus, wie sie im Ersten Buch der *Bestimmung des Menschen* expliziert wird. Dort heißt es: »In jedem Momente ihrer Dauer ist die Natur ein zusammenhängendes Ganzes; in jedem Momente muß *jeder einzelne Theil* derselben so seyn, wie er ist, weil *alle übrigen* sind, wie sie sind;«[49] denn: »Ich empfange in jedem Theile das Ganze, weil jeder Theil nur durch das Ganze ist, was er ist; durch dieses aber nothwendig das ist.«[50]

Wenngleich zwar die *eine* Wirklichkeit als Ganzes in Glieder und Momente zerlegt werden kann, so sind diese doch immer Glieder und Momente *des Ganzen* und »vermögen nicht den Charakter der Selbständigkeit (der Substanzialität) zu besitzen. Die Glieder können und dürfen nicht für sich selbst gedacht werden, sondern müssen immer so gewußt sein, daß an ihnen und mit ihnen das Ganze als der Ermöglichungsgrund der Teile miterscheint, als ›System‹«[51].

Diese für das neuzeitliche Denken fundamentale Einsicht findet sich Rombach zufolge erstmals bei Nikolaus von Kues, der die systematische

46 Vgl. Heinrich Rombach: Substanz, System, Struktur, Bd. 1, S. 12 sowie Emile Benveniste: Kategorien des Denkens und Kategorien der Sprache, S. 80–86.

47 Otfried Höffe: Aristoteles, S. 177.

48 Heinrich Rombach: Die Gegenwart der Philosophie, S. 95f.

49 GA I/6, 198 (Hervorhebungen Fichtes).

50 Ebd., 195.

51 Heinrich Rombach: Die Gegenwart der Philosophie, S. 77.

Organisation der Wirklichkeit als Ganzer am Beispiel des menschlichen Körpers veranschaulicht: »Es findet also alles in jedwedem seine Ruhe, da ein Grad nicht ohne den anderen zu sein vermöchte, so wie in den Gliedern des Körpers jedwedes Glied jedwedem anderen nützt und alle in allen ihr Genüge finden. Da nämlich das Auge nicht in aktueller Wirklichkeit Hand und Fuß und all die anderen Glieder zu sein vermag, so gibt es sich mit seinem Auge-Sein zufrieden und der Fuß mit seinem Fuß-Sein. Und alle Glieder unterstützen sich gegenseitig, so daß jedwedes in bestmöglicher Weise das ist, was es ist. Hand und Fuß sind nicht im Auge vielmehr sind sie im Auge Auge, insofern das Auge selbst unmittelbar im Menschen ist. Und so sind alle Glieder im Fuß, insofern der Fuß unmittelbar im Menschen ist, so daß jedwedes Glied unmittelbar im Menschen ist und der Mensch, d.h. das Ganze, durch jedwedes Glied in jedem Glied ist, so wie das Ganze in seinen Teilen ist, nämlich durch jeden Teil in jedem Teil.«[52]

Cusanus macht auf diese Weise deutlich, dass jeder Teil des menschlichen Körpers notwendig zum Gesamtcharakter des ganzen Körpers beiträgt und als solcher nicht anders verfasst sein könnte, ohne dadurch den gesamten Organismus zu verändern, wie Rombach erklärt: »So ist die menschliche Hand rein menschlich und paßt zu keinem anderen Organismus. Würde der Mensch eine andere Hand haben, eine Tatze, eine Pfote, eine Kralle, so würde er ein anderes Wesen werden, und dasselbe gilt auch umgekehrt: Würde ein Tier menschliche Hände bekommen und sollte es so leben, daß es die Möglichkeiten dieses Organs voll zur Auswirkung bringt, so müßte es Mensch werden.«[53]

In gleicher Weise heißt es deshalb in der *Bestimmung des Menschen* in Bezug auf die Organismen von Pflanze und Mensch: »Gieb einem Baume Bewußtseyn, und laß ihn ungehindert wachsen, seine Zweige verbreiten, [...]. Er wird sich wahrhaftig nicht dadurch beschränkt finden, daß er nun gerade ein Baum ist [...]; er wird sich frei finden, weil er in allen jenen Aeußerungen nichts thut, als was seine Natur fodert; er wird nichts anderes thun wollen, weil er nur wollen kann, was diese fodert. Aber laß sein Wachsthum, durch ungünstige Witterung, durch Mangel an Nahrung, oder durch andere Ursachen zurückgehalten werden; er wird sich

52 Nikolaus von Kues: De docta ignorantia II, V,121.
53 Heinrich Rombach: Die Gegenwart der Philosophie, S. 97.

begränzt und gehindert fühlen, weil ein Trieb, der wirklich in seiner Natur liegt, nicht befriedigt wird. Binde seine frei umherstehenden Aeste an ein Geländer [...]; er wird sich zu einem Handeln gezwungen fühlen.«[54]

Dabei wird der »innere Zusammenhalt der Welt als eines *Systems*«[55] durch die Einführung basaler Seins- und Denkprinzipien gewährleistet: dem Satz vom zu vermeidenden Widerspruch, dem Satz der Identität sowie dem Satz vom zureichenden Grunde, die alle auch für den Aufbau sowie die Formulierung des Systems im Ersten Buch der *Bestimmung des Menschen* konstitutiv sind. Ohne das Prinzip vom zu vermeidenden Widerspruch, wonach etwas unmöglich zugleich und in derselben Beziehung derselben Sache zukommt und nicht zukommt[56], gäbe es keine innere Stimmigkeit sowie Stringenz des Aufbaus der Wirklichkeit und es ließen sich keine strengen Schlussfolgerungen innerhalb der Theorie ziehen. Darüber hinaus stellt das Prinzip der Identität, welches die Selbstgleichheit eines jeden Dinges mit sich selbst behauptet, »das Mögliche in seiner Möglichkeit vor«[57], und schließt so all das aus, was logisch unmöglich sein kann. Die Bestimmung alles Wirklichen als Bestimmtes (eines allgemeinen Prinzips, z.B. der Kraft) wird schließlich mit Hilfe des Prinzips vom zureichenden Grunde gewährleistet: Nichts existiert ohne Grund, so dass alles Wirkliche seine Notwendigkeit hat, wenngleich nicht alle Notwendigkeit von derselben Art ist[58]. Erst dadurch wird eine Ableitung der Phänomene als Ursachen bzw. Wirkungen möglich, »aufwärts die Ursachen [...], abwärts die Folgen«[59].

Wie bereits oben im Zusammenhang mit Nikolaus von Kues angedeutet wurde, fand das Systemdenken besonders in der Naturbeobachtung und -deutung Verwendung. Eines der frühesten Beispiele dafür ist laut Rombach die Entwicklung eines neuen Planetensystems um 1490 durch Nikolaus Kopernikus, der das bisherige sog. »Ptolemäische Weltbild«, welches sich am Substanzmodell des Aristoteles orientierte[60], einer grundlegenden Revision unterzog: »Er erfaßte, daß die einzelnen Planeten in

54 GA I/6, 203.
55 Heinrich Rombach: Substanz, System, Struktur, Bd. 2, S. 317.
56 Siehe Aristoteles: Metaphysik IV 4, 1006aff.
57 Heinrich Rombach: Substanz, System, Struktur, Bd. 2, S. 315.
58 Ebd., S. 316.
59 GA I/6, 195.
60 Siehe dazu Heinrich Rombach: Substanz, System, Struktur, Bd. 1, S. 243ff.

exakt geregelten Umläufen um die Sonne begriffen sind (Revolution) und dabei sich um sich selbst drehen (Rotation). Revolution und Rotation waren also die beiden Bewegungsformen, die zusammen das ganze System der Sonne und der sonnennahen Gestirne funktional regulierten. Nach denselben Prinzipien waren auch die Beziehungen zwischen den Planeten und ihren Monden geordnet, so daß man von einem einheitlichen Himmelssystem sprechen konnte.«[61]

Die sog. »kopernikanische Wende« besteht somit in einer »Funktionalisierung der Sternenwelt«[62], wonach alle Zusammenhänge letztlich *Wechsel*zusammenhänge sind: »Eine jede Veränderung in irgendeinem Teil des Universums setzt zugleich die Veränderung aller Teile des Universums voraus. Die Welt ist eine ›Maschine‹; in dieser liegen die Gründe für alle Bewegungen.«[63]

Dieser gesetzmäßig gedachten Ordnung des Sternensystems bei Kopernikus entspricht im Ersten Buch der *Bestimmung des Menschen* die durchgängige Bestimmung der Materie, wie das Beispiel des Sandkorns zeigt: »[D]u kannst in dem gegenwärtigen [Moment; H.M.] keines Sandkornes Lage anders denken, als sie ist, ohne, daß du genöthigt würdest, die ganze Vergangenheit ins Unbestimmte hinauf, und die ganze Zukunft ins Unbestimmte herab dir anders zu denken. Mache, wenn du willst, den Versuch mit diesem Körnchen Flugsandes, das du erblickst: Denke es dir um einige Schritte weiter landeinwärts liegend. Dann müßte der Sturmwind, der es vom Meere hertrieb, stärker gewesen seyn, als er wirklich war. Dann müßte auch die vorhergehende Witterung, durch welcher dieser Sturmwind und der Grad desselben bestimmt wurde, anders gewesen seyn, als sie war, und die *ihr* vorhergehende, durch die *sie* bestimmt wurde«[64], usw.

Im Zuge der Ausbildung der exakten Naturwissenschaft im Anschluss an Kopernikus' Erkenntnisse durch Galileo Galilei und Johannes Kepler prägt sich schließlich auch der Kraftbegriff deutlicher aus, der das einheitliche Prinzip der Planetenbewegung (im Sinne von »principium« als »Ur-

61 Heinrich Rombach: Die Gegenwart der Philosophie, S. 96. – Siehe dazu auch ausführlicher Heinrich Rombach: Substanz, System, Struktur, Bd. 1, S. 247ff.

62 Heinrich Rombach: Substanz, System, Struktur, Bd. 1, S. 253.

63 Ebd., S. 253.

64 GA I/6, 198 (Hervorhebungen Fichtes).

sache einer einheitlichen Funktionalität verschiedener Phänomene«[65]) darstellt. So findet sich in der zweiten Ausgabe von Keplers *Mysterium Cosmographicum* (1631) folgende Bemerkung: »Wenn man anstatt Seele (*anima*) das Wort Kraft (*vis*) setzt, hat man genau das Prinzip, worauf die Physik des Himmels in den Marskommentaren (d.h. in der Astronomia Nova) aufgebaut ist.«[66]

Dabei erhält »die Kraft etwas Nacktes und Sinnloses«[67], wie Rombach erklärt, »weil sie sich nicht mehr aus dem Wesensrang und der Seinsordnung her vorausbestimmen läßt. Sie wirkt nur gerade noch als Kraft und nicht mehr als ›Kraft wozu‹«[68]. Genau in diesem Sinne ist sie auch für das System des Ersten Buchs der *Bestimmung des Menschen* zentral: Sie ist als »Princip der Thätigkeit, des Entstehens und Werdens *an und für sich* [...] rein in ihr selbst, so gewiß sie Kraft ist, und in nichts außer ihr; die Kraft wird nicht getrieben, oder in Bewegung gesetzt, sie setzt sich selbst in Bewegung«[69].

Die bisherigen Überlegungen zum Systemdenken im Anschluss an Heinrich Rombach legen die Vermutung nahe, dass in der Neuzeit das System die Natur und Systemwissenschaft letztlich Naturwissenschaft ist: »Die Wirklichkeit als System heißt heute ›Natur‹ und die Systeminterpretation der Realität ›Naturwissenschaft‹. So wie das System universell ist, so auch die Naturwissenschaft. Wer die Naturwissenschaft irgendwo anwendet, muß sie überall anwenden. Die Naturwissenschaft läßt keine Lücken, so wie die Natur selbst ›keine Sprünge‹ macht.«[70]

Dies stimmt auch mit Fichtes Ansicht überein, der anderswo (in *Ueber den Grund unsers Glaubens an eine göttliche WeltRegierung*) über den »Standpunkte [...] der NaturWissenschaft«[71] schreibt, dass in ihm »[d]ie Welt [...] ein sich selbst begründendes, in sich selbst vollendetes, und eben darum ein organisirtes, und organisirendes Ganzes, das den Grund aller

65 Heinrich Rombach: Substanz, System, Struktur, Bd. 1, S. 302.
66 Übersetzung zitiert nach Eduard J. Dijksterhuis: Die Mechanisierung des Weltbildes, S. 345.
67 Heinrich Rombach: Substanz, System, Struktur, Bd. 1, S. 289.
68 Ebd.
69 GA I/6, 196 (Hervorhebungen Fichtes).
70 Heinrich Rombach: Die Gegenwart der Philosophie, S. 106.
71 GA I/5, 349.

in ihm vorkommenden Phänomene in sich selbst, und in seinen immanenten Gesetzen enthält«[72].

Angesichts des Umstandes, dass das im Ersten Buch der *Bestimmung des Menschen* dargelegte System der Wirklichkeit von einer alle Phänomene determinierenden Naturkraft ausgeht[73], die schließlich zum Bild einer graduell abgestuften Realität der Dinge als Modifikationen dieser einen Naturkraft führt und dafür etliche Beispiele aus der belebten Natur gibt[74], soll im Folgenden versucht werden, das Natursystem in zentralen Aussagen auf das »Bio-System« der modernen Evolutionstheorie abzubilden, um so dem Thema der vorliegenden Arbeit zu folgen und eine mögliche Aktualisierung der in der *Bestimmung des Menschen* skizzierten Theoriekonzeptionen sowie deren Kritik vornehmen zu können[75].

2.1.2 Bio-System: Moderne Evolutionstheorie

Am Anfang der modernen Evolutionstheorie stehen Fragen nach dem *Warum* der belebten Welt[76], z.B. »Warum ist ein Blattinsekt grün?«[77]. Solche Fragen wurden noch weit bis in das 18. und auch 19. Jahrhundert hinein mit dem Verweis auf biblische Berichte (etwa dem Buch Genesis) beantwortet[78]. Demnach habe Gott als Schöpfer[79] der Welt die Natur so eingerichtet, dass jedes Geschöpf darin seinen von Gott vorgesehenen Platz

72 Ebd.

73 Siehe GA I/6, 196.

74 Siehe ebd., 193 (»Pflanzen, Bäume, Thiere«) und 197 (»Blume«) sowie 202 (»Ich, meine Person«).

75 Die folgenden Überlegungen über die moderne Evolutionstheorie in der Nachfolge Charles Darwin orientieren sich vor allem an den Ausführungen Ernst Mayrs, einem der Mitbegründer der sog. »Synthetischen Evolutionstheorie«, die die klassische Evolutionstheorie Darwins vor allem mit den Erkenntnissen der modernen Genetik zu verbinden suchte, von der Darwin keine Kenntnis hatte.
Die traditionelle Lesart des Ersten Buches als »Spinozismus« (so etwa Jean Hyppolite: Préface à la »Destination de l'homme« de Fichte, S. 63 oder Hansjürgen Verweyen: Einleitung zu Johann Gottlieb Fichte: Die Bestimmung des Menschen, S. XVI) soll damit freilich in keiner Weise ab- bzw. umgewertet werden.

76 Siehe Ernst Mayr: Das ist Biologie, S. 232 sowie Ernst Mayr: Konzepte der Biologie, S. 52.

77 Ernst Mayr: Die Entwicklung der biologischen Gedankenwelt, S. 418.

78 Vgl. Ernst Mayr: Das ist Evolution, S. 21.

79 Siehe Genesis 1,1.

einnimmt. Auf diese Weise ergab sich die Vorstellung einer unveränderlichen *Großen Seinskette*, der sog. »scala naturae« bzw. »great chain of being«[80], in der alle Dinge der Welt aufgrund einer zunehmenden Vervollkommnung in einer aufsteigenden Stufenleiter angeordnet wurden: »Ganz unten standen unbelebte Gegenstände wie Steine und Mineralien, darüber folgten Flechte, Moose und Pflanzen; dann ging es über Korallen und andere niedere Tiere aufwärts zu den höheren Tieren und von ihnen zu den Säugetieren und schließlich zum Menschen.«[81]

Bereits im 17. Jahrhundert fanden sich jedoch mehr und mehr Widersprüche zwischen empirischen Erkenntnissen über die Natur und der religiösen Schöpfungslehre. Angesichts des offenkundigen Wandels und Wechsels der unbelebten wie belebten Wirklichkeit verlor die Ansicht einer unveränderlichen, durch Gott festgelegten Seinsordnung deshalb immer mehr an Überzeugungskraft. So warf bereits der Schweizer Naturforscher Charles de Bonnet, der noch 1764 die *Idée d'une échelles des êtres naturels* vertrat, die selbstkritischen Fragen auf, ob sich »die Leiter der Natur beim Höhersteigen verzweigen [sollte]«[82] und ob »die Insekten und die Schalentiere zwei parallel laufende Seitenzweige dieses großen Stammes [wären]«[83] bzw. ob »Krebs und Krabbe gleichermaßen ein Zweig der Schaltiere [wären]«[84]. Als einer der ersten entwickelte deshalb Jean Baptiste Lamarck ein neues Erklärungsparadigma, indem er den Wandel der Natur als *Evolution*[85] bzw. *Entwicklungsgeschichte* auffasste. Lamarck zufolge besteht Evolution »in der spontanen Entstehung eines neuen Organismus, einem Infusorium, und seiner allmählichen Wandlung zu einer

80 Siehe Arthur Lovejoy: The great chain of being.

81 Ernst Mayr: Das ist Evolution, S. 23. Siehe dazu auch Ernst Mayr: Die Entwicklung der biologischen Gedankenwelt, S. 259ff. – Neben dem Bild der Leiter oder Kette war auch das Baummodell weit verbreitet, um die natürlichen Phänomene mit der herrschenden christlichen Schöpfungsdoktrin zu vereinbaren. Siehe dazu Horst Bredekamp: Darwins Korallen, S. 12.

82 Zitiert nach Walter Zimmermann: Evolution, S. 215.

83 Ebd.

84 Ebd.

85 Der Begriff »Evolution« wurde laut Ernst Mayr ursprünglich von Charles de Bonnet »im Zusammenhang mit der Präformationstheorie der Embryonalentwicklung« (Das ist Biologie, S. 234) eingeführt. Mayr weist jedoch darauf hin, dass das Wort in diesem Sinne von der Entwicklungsbiologie nicht mehr verwendet wird.

höheren, vollendeteren Art«[86]. Aus diesem Grunde spricht Ernst Mayr auch von einer »transformationellen Evolution«, die etwa im Unterschied zur Idee einer sprunghaften Evolution, dem sog. »Saltationismus«[87] oder »Transmutationismus«, nicht wie Thomas Henry Huxley ein plötzliches, sprunghaftes (lat. *saltus*: der Sprung) Entstehen eines neuen Individuentyps behauptet, sondern von einer allmählichen Entwicklung eines Organismus ausgeht, wie Lamarck ausführt: »Die Natur hat bei den belebten Körpern alles nach und nach und eins nach dem andern hervorgebracht [...]. [D]a diese Veränderungen nur mit ungeheurer Langsamkeit, für uns mithin unbemerkbar vor sich gehen, so scheinen die Verhältnisse und Anordnungen der Teile für den Beobachter [...] immer gleich zu bleiben. [...] [S]o muß man einsehen, daß jeder Organismus unmerklich ein wenig abändern muß, besonders in seiner Gestalt und in seinen äußeren Charakteren, obschon diese Abänderung erst nach beträchtlich langer Zeit fühlbar wird.«[88]

Es bedurfte deshalb »ohne Zweifel einer enorm langen Zeit [...], bis die Natur die Organisation der Tiere zu der Stufe der Verwickelung und Entwickelung bringen konnte, die wir bei den vollkommensten beobachten«[89]. Dabei liegt für Lamarck der Maßstab der Perfektion weder in der Rolle, die ein Organismus im Ganzen der Natur einnimmt, noch in der Angepasstheit an seine Umwelt[90].

Diesen letztgenannten Gedanken wird erst Charles Darwin fünfzig Jahre nach Lamarcks *Philosophie zoologique* (1809) in seinem Werk *On the origin of species by means of natural selection* aufgreifen und zum Zentrum seines Verständnisses von Evolution machen. Wenngleich Lamarcks *Philosophie zoologique* »den ersten Durchbruch des Evolutionismus«[91] bedeutet, so findet sich darin doch keine Antwort auf die Frage nach dem »geographischen (Speziations-)Aspekt der Evolution«[92] sowie der Vervielfachung von Arten, wie Ernst Mayr betont: »Lamarcks Interesse galt fast ausschließlich der transmutierenden (vertikalen) Evolution. Er unter-

86 Ernst Mayr: Das ist Biologie, S. 234.
87 Siehe Ernst Mayr: Das ist Evolution, S. 104–107.
88 Jean Baptiste Lamarck: Zoologische Philosophie, S. 58/S. 79/S. 99.
89 Ebd., S. 104.
90 Siehe Ernst Mayr: Die Entwicklung der biologischen Gedankenwelt, S. 275.
91 Ernst Mayr: Die Entwicklung der biologischen Gedankenwelt, S. 287.
92 Ernst Mayr: Das ist Biologie, S. 235.

strich die Veränderung in der Zeit und die Entwicklung von niedrigeren zu perfekteren Gruppen.«[93]

Demgegenüber war Darwin vielmehr an der Diversifikation, d.h. der horizontalen Evolution interessiert[94]. Darwin entwickelt in strikter Abgrenzung zum Saltationismus Huxleys und des Transformationismus Lamarcks das Konzept der sog. »Variationsevolution«, dem eine Theorie der Evolution durch natürliche Selektion zugrunde liegt[95]. Dieses stellt einen radikalen Bruch mit dem sog. »typologischen Denken« dar, wonach die Wirklichkeit letztlich aus Typen, d.h. unveränderlichen Wesensformen besteht, und das sowohl von Vertretern der sprunghaften Evolution als auch der transformationellen Evolution geteilt wurde, wie Ernst Mayr erklärt: »›Evolution‹ ergibt sich nach der Transmutationstheorie durch die Entstehung neuer Wesensformen, nach den Transformationstheorien dagegen durch ihre allmähliche Wandlung.«[96] Im Unterschied dazu erkannte Darwin, dass Evolution durch Variation im Rahmen der traditionellen Typenlehre nicht möglich ist und eine Umstellung auf das sog. »Populationsdenken« erfordert: »Die Annahmen des Populationsdenkens sind denen der Typologie diametral entgegengesetzt. Im Populationsdenken liegt der Schwerpunkt auf der Einzigartigkeit jedes Gegenstandes in der Welt des Lebendigen. Was für die menschliche Spezies gilt – daß keine zwei Individuen sich gleichen –, gilt ebenso für alle anderen Tier- und Pflanzenarten. Selbst ein einziges Individuum wandelt sich während seines gesamten Lebens und auch wenn es in eine andere Umwelt gelangt. Alle Lebewesen und Lebensphänomene sind einzigartig und lassen sich zusammenfassend nur in statistischen Begriffen beschreiben. [...] In der Typologie ist der Typus (*eidos*) real, und die Variationen sind Illusion; im Populationsdenken dagegen stellt der Typus (der Durchschnittswert) eine Abstraktion dar, und nur die Variation ist real.«[97]

93 Ernst Mayr: Die Entwicklung der biologischen Gedankenwelt, S. 320.

94 Dies mag auch der Grund dafür sein, dass Darwin in seinen Aufzeichnungen zur Evolutionstheorie vom Bild der Stufenleiter und des Baumes zum Modell der Koralle überging – im Unterschied zu Lamarck, der von einem »Zwitter aus der Leiter und den sich verzweigenden Ästen eines Baumes« (Darwins Korallen, S. 16) ausging, wie Horst Bredekamp bemerkt. Siehe dazu ausführlicher ebd., S. 18ff.

95 Ernst Mayr: Das ist Biologie, S. 235.

96 Ernst Mayr: Das ist Evolution, S. 111.

97 Ebd., S. 112.

Wenngleich Darwin selbst oft von »meiner Theorie« im Singular sprach und auf diese Weise den Gedanken einer einheitlichen Konzeption suggeriert, so hat doch Ernst Mayr wiederholt[98] darauf hingewiesen, »daß Darwin tatsächlich fünf weitgehend voneinander unabhängige Theorien vorgeschlagen hat«[99]. Diese lassen sich thesenartig wie folgt zusammenfassen: »1) Organismen entwickeln sich im Laufe der Zeit ständig weiter (was wir als Theorie von der Evolution als solche bezeichnen könnten). 2) Verschiedene Organismenarten stammen von einem gemeinsamen Vorfahren ab (die Theorie der gemeinsamen Abstammung). 3) Arten vervielfachen sich im Laufe der Zeit (Theorie von der Vervielfachung der Arten oder Speziation). 4) Die Evolution erfolgt in Form allmählichen Wandels (Theorie des Gradualismus). 5) Der Evolutionsmechanismus besteht in der Konkurrenz unter zahlreichen einzigartigen Individuen um begrenzte Ressourcen, die zu Unterschieden in Überleben und Fortpflanzung führt (Theorie der natürlichen Selektion).«[100]

Der Evolutionsgedanke als solcher besteht für Darwin in der Annahme der Veränderlichkeit der Arten, d.h. dass sich die einzelnen Organismen im Laufe der Zeit weiterentwickeln. Während seiner Forschungsreise auf der *H.M.S. Beagle* von 1831 bis 1836, die ihn u.a. auf die Galapagosinseln führte, hatte Darwin zahlreiche Belege[101] für diese These gesammelt, die er schließlich in seinem Werk *On the origin of species* (1859), das »nichts weiter als eine lange Kette von Beweisen«[102] darstellt, der Öffentlichkeit präsentierte. Dabei ist der »grundlegende, unmittelbare Beweis für evolutiven Wandel zweifacher Art: für die horizontale Evolution ist es die Nicht-Konstanz der Arten, wie sie sich aus der geographischen Forschung ergibt; für die vertikale Evolution das Fossilienmaterial, das die geologische Forschung zutagefördert«[103]. Die Theorie der gemeinsamen Abstammung, der zufolge alle Organismen aufgrund eines kontinuierlichen Verzwei-

98 So etwa in: *Konzepte der Biologie*, S. 113ff. sowie in: *Das ist Evolution*, S. 114ff., in: *Das ist Biologie*, S. 235ff. und auch in: *Die Entwicklung der biologischen Gedankenwelt*, S. 404ff.

99 Ernst Mayr: Die Entwicklung der biologischen Gedankenwelt, S. 404.

100 Ernst Mayr: Das ist Biologie, S. 236.

101 Zu Darwins Beweismaterial siehe ausführlich Ernst Mayr: Die Entwicklung der biologischen Gedankenwelt, S. 340ff.

102 Charles Darwin: Die Entstehung der Arten durch natürlich Zuchtwahl, S. 638.

103 Ernst Mayr: Die Entwicklung der biologischen Gedankenwelt, S. 341.

gungsprozesses von gemeinsamen Vorfahren abstammen, gewann Darwin am Beispiel dreier Spottdrosselarten auf den Galapagosinseln, die als Tochterarten auf eine einzige Elternart zurückgingen[104]. Auf diese Weise kam Darwin dazu, »die Organismen nicht als Sonderschöpfungen, sondern als unmittelbare Nachkommen weniger Wesen [zu betrachten], die schon lebten, ehe die erste kambrische Schicht [vor ca. 550 Millionen Jahren; H.M.] sich gebildet hatte«[105], was ihn schließlich zur Auffassung gelangen ließ, dass der »Keim allen Lebens, das uns umgibt, nur wenigen oder gar nur einer einzigen Form eingehaucht«[106] wurde. Während Lamarck die prinzipielle Möglichkeit einer Vervielfachung der Arten nicht berücksichtigte, ging Darwin von einer Speziation aus, um so die umfangreiche Artenvielfalt auf der Erde (»geschätzte 5–10 Millionen Tier- und 1–2 Millionen Pflanzenarten«[107]) erklären zu können[108]. Darwins vierte Theorie vom Gradualismus der natürlichen Evolution besagt, dass sich Populationen immer nur schrittweise, d.h. graduell und nicht in Sprün-

104 Siehe Ernst Mayr: Konzepte der Biologie, S. 116.

105 Charles Darwin: Die Entstehung der Arten durch natürliche Zuchtwahl, S. 677.

106 Ebd., S. 678.

107 Ernst Mayr: Konzepte der Biologie, S. 121.

108 Die Biologie bestimmt *Arten* als »reproduktiv voneinander isolierte Gruppen von Populationen« (Das ist Biologie, S. 241), wie Ernst Mayr erklärt: »Diese reproduktive Isolation wird durch bestimmte Artmerkmale erzeugt, etwa Sterilitätsbarrieren oder Unvereinbarkeiten im Verhalten, die man üblicherweise als Isolationsmechanismen bezeichnet.« Die für die Artenbildung zentrale Frage nach der Aneignung und Entwicklung derartiger Isolationsmechanismen lässt sich heute mit dem Verweis auf die sog. »geographische (allopatrische) Speziation« (Ebd., S. 242) beantworten, die sich auf zweierlei Weise äußert: »der dichopatrischen und der peripatrischen Speziation« (ebd.). Im Falle der dichopatrischen Artenbildung »wird ein vorher zusammenhängendes Verbreitungsgebiet von Populationen durch eine neu entstehende Barriere (einen Gebirgszug, einen Meeresarm oder eine Zusammenhangsunterbrechung der Vegetation) geteilt. Die beiden getrennten Populationen werden sich mit der Zeit genetisch immer mehr voneinander unterscheiden, entweder rein zufällig [...] oder als zufälliger Nebeneffekt einer ökologischen Verschiebung« (ebd.). Im Unterschied dazu entsteht bei der peripatrischen Speziation »eine Gründerpopulation jenseits des ursprünglichen Verbreitungsgebiets der Art. Eine solche Population, die von nur einem einzigen trächtigen Weibchen oder weniger Individuen gegründet wurde, wird nur wenige Gene der parentalen Art enthalten, und diese oft in ungewöhnlicher Kombination« (ebd.).

gen verändern können. »Daher die Regel: ›*Natura non facit saltum*‹.«[109] Die fünfte und letzte Theorie der natürlichen Selektion ist zugleich Darwins »gewagteste und neuartigste«[110]. Mit der natürlichen Selektion gelang es Darwin, den für den evolutionären Wandel verantwortlichen Mechanismus offenzulegen und so eine *ursächliche*[111] Erklärung für die Ordnung der belebten Natur zu liefern. Die natürliche Selektion bezeichnet dabei einen Prozess, der in zwei Schritten abläuft: der Variation und der eigentlichen Auslese. So entsteht zunächst durch genetische Rekombination, Genfluss, Mutationen und Zufallsfaktoren in jeder Generation eine große genetische Variation: »Nucleinsäuren können mutieren (durch Veränderungen in der Zusammensetzung der Basenpaare) und tun das auch oft. Während der Bildung der Gameten (Meiose) bei sich sexuell fortpflanzenden Organismen werden außerdem die elterlichen (parentalen) Chromosomen gebrochen und neu zusammengesetzt. Die so entstehende sehr umfangreiche genetische Rekombination der parentalen Genotypen stellt sicher, daß jeder Nachkomme einzigartig ist.«[112]

Der darauffolgende zweite Schritt besteht in der eigentlichen Selektion, »also Unterschieden in Überleben und Fortpflanzung der neugebildeten Individuen (Zygoten)«[113]. Im Anschluss an Ernst Mayrs Untersuchungen lässt sich Darwins Erklärungsmodell für die natürliche Auslese auf folgende Weise rekonstruieren: Darwins Überlegungen gehen von fünf (jeweils unterschiedlich belegten) Tatsachenbehauptungen aus, aus denen schließlich drei Schlussfolgerungen gezogen werden, die zu dem Ergebnis füh-

109 Charles Darwin: Die Entstehung der Arten durch natürliche Zuchtwahl, S. 654.

110 Ernst Mayr: Konzepte der Biologie, S. 125.

111 Siehe Ernst Mayr: Die Entwicklung der biologischen Gedankenwelt, S. 408 sowie Ernst Mayr: Das ist Biologie, S. 248.

112 Ernst Mayr: Das ist Biologie, S. 249. – Darwin selbst drang jedoch nie bis zur eigentlichen Ursache der Variation vor. Erst aufgrund der großen Fortschritte der Genetik und Molekularbiologie im 20. Jahrhundert war man in der Lage, die grundlegenden Tatsachen der Vererbung zu erfassen und so eine Erklärung für die Variation innerhalb des Evolutionsprozesses von Populationen zu geben. Siehe dazu Ernst Mayr: Das ist Evolution, S. 118 sowie zur geschichtlichen Entwicklung der Evolutionstheorie Darwins über dessen Tod hinaus Ernst Mayr: Konzepte der Biologie, S. 131–144 und Ders.: Die Entwicklung der biologischen Gedankenwelt, S. 430ff.

113 Ernst Mayr: Das ist Biologie, S. 249.

ren, dass eine über viele Generationen fortgesetzte natürliche Selektion zur Evolution führt.

Am Anfang steht dabei zunächst die Behauptung, dass »[a]lle Arten eine derart große potentielle Fruchtbarkeit [besitzen], daß ihre Populationsgröße exponentiell (Darwin nannte es geometrisch) anwachsen würde, wenn sich alle Individuen, die geboren werden, wieder erfolgreich fortpflanzen würden«[114]. Darwin gewann diese Erkenntnis aufgrund seiner Lektüre der Schriften Thomas R. Malthus'[115] und William Paleys[116], denen zufolge »die Fortpflanzung in geometrischer Progression fortschreitet [...] während das Wachstum der Nahrungsmittel [...] lediglich die Form einer arithmetischen Reihe annehmen kann«[117]. Ferner ging Darwin von den beiden Annahmen aus, dass »[d]ie Größe der Populationen [...], von jahreszeitlichen Schwankungen abgesehen, über längere Zeit gleich[bleibt] (Fließgleichgewicht)«[118] und »[j]eder Spezies [...] nur begrenzte Ressourcen zur Verfügung [stehen]«[119]. Beide Behauptungen sah Darwin durch allgemeine Beobachtungen sowie durch die bevölkerungstheoretischen Erkenntnisse Malthus' bestätigt. Ausgehend von diesen drei ebengenannten Thesen zog Darwin nun die erste, zentrale Schlussfolgerung: »Jedes Wesen, das während seiner natürlichen Lebenszeit mehrere Eier oder Samen hervorbringt, muß in einer gewissen Periode seines Lebens den Tod erleiden, [...] weil sonst seine Zahl nach dem Prinzip der geometrischen Vermehrung rasch so übermäßig groß würde, daß kein Land sie alle ernähren könnte. Da also mehr Individuen geboren werden als möglicherweise überleben können, muß in jedem Fall ein Kampf ums Dasein [*struggle for life*] entbrennen: entweder ein Kampf eines Individuums gegen ein anderes derselben Art oder gegen die Individuen anderer Arten oder gegen die physikalischen Lebensbedingungen.«[120]

In einem zweiten Schritt stellte Darwin zwei weitere Behauptungen auf. So geht er aufgrund von Beobachtungen von Tierzüchtern und biolo-

114 Ernst Mayr: Die Entwicklung der biologischen Gedankenwelt, S. 384.
115 Thomas R. Malthus: An essay on the principle of population.
116 William Paley: Natural theology.
117 Ebd., S. 261 (Übersetzung nach Ernst Mayr: Die Entwicklung der biologischen Gedankenwelt, S. 386).
118 Ernst Mayr: Das ist Evolution, S. 148.
119 Ebd.
120 Charles Darwin: Die Entstehung der Arten durch natürliche Zuchtwahl, S. 102f.

gischen Systematikern davon aus, dass [z]wei Individuen in einer Population [...] niemals genau gleich [sind] (Populationsdenken)«[121], d.h. jede Population eine gewisse Variabilität aufweist, und dass »bei jedem Merkmal Erblichkeit als Regel und Nichterblichkeit als Ausnahme anzusehen ist«[122]. Auf der Grundlage dieser beiden Aussagen gelangte Darwin zur zweiten wichtigen Schlussfolgerung: »Das Überleben im Kampf ums Dasein erfolgt nicht zufällig, sondern hängt zum großen Teil von der erblichen Konstitution der überlebenden Individuen ab. Dieses ungleiche Überleben ist ein natürlicher Ausleseprozeß.«[123] Diese Konsequenz (im Verbund mit der ersten) führte Darwin schließlich zur dritten und letzten Schlussfolgerung, wonach der natürliche Selektionsvorgang »zu einer fortwährenden allmählichen Abänderung der Populationen [führt], d.h. zu Evolution und zur Erzeugung neuer Arten«.

Zusammenfassend lässt sich Darwins so gewonnenes Paradigma mit der Wendung »Variation und Selektion«[124] wiedergeben. Insofern ist die *Unterscheidung* bzw. *Differenz* von Variation und Selektion konstitutiv für die moderne Evolutionstheorie im Sinne Darwins[125], was weitreichende Konsequenzen für das Bild der Wirklichkeit hat. So ist die Evolution als zweistufiger Prozess von Variation und Selektion sowohl die Folge von Zufall als auch von Notwendigkeit: »Im ersten Schritt, der Entstehung genetischer Variation, ist alles eine Frage des Zufalls. Im zweiten, dem unterschiedlichen Überlebens- und Fortpflanzungserfolg, spielt der Zufall eine viel geringere Rolle; das ›Überleben des Geeignetsten‹ [*survival of the fittest*; H.M.] hängt zu einem großen Teil von genetisch vorgegebenen Eigenschaften ab. In der Behauptung, natürliche Selektion sei ausschließlich ein Zufallsprozess, zeigt sich ein tief greifendes Missverständnis.«[126]

121 Ernst Mayr: Das ist Evolution, S. 148. – »Niemand nimmt an, daß alle Individuen derselben Art aus genau demselben Holz geschnitzt sind« (S. 77), meint Darwin in *Die Entstehung der Arten durch natürliche Zuchtwahl.*

122 Charles Darwin: Die Entstehung der Arten durch natürliche Zuchtwahl, S. 39.

123 Ernst Mayr: Die Entwicklung der biologischen Gedankenwelt, S. 384.

124 Ernst Mayr: Konzepte der Biologie, S. 147

125 Vgl. Niklas Luhmann: Die Gesellschaft der Gesellschaft, Bd. 1, S. 425ff.

126 Ernst Mayr: Das ist Evolution, S. 153. Vgl. dazu auch Jacques Monod: Zufall und Notwendigkeit, S. 110.

Die Evolutionstheorie arbeitet somit »durchaus mit Kausalannahmen«[127], wie Niklas Luhmann betont, wenngleich sie jedoch darauf verzichtet, »Evolution kausalgesetzlich [d.h. streng deterministisch; H.M.] zu erklären«. Ernst Mayr nimmt deshalb für die Evolutionstheorie ein »›rückwärtsblickend‹ verstandenes Kausalprinzip«[128] in Anspruch: »Alle biologischen Prozesse haben sowohl eine unmittelbare als auch eine evolutionäre Ursache.«[129] Dafür spricht auch der von Mayr immer wieder betonte Ausgang aller evolutionstheoretischer Forschung in Warum-Fragen[130], die vor dem Hintergrund des *principium rationis sufficientis* nach dem zureichenden Grund eines biologischen Phänomens suchen, so dass »kein biologisches Problem restlos gelöst ist, solange nicht sowohl die unmittelbare als auch die evolutionäre Kausalität geklärt sind«[131].

Darüber hinaus hat Darwins Theorie von der gemeinsamen Abstammung im Besonderen eine veränderte Stellung des Menschen im Verhältnis zu den übrigen Lebewesen zur Folge. So bezog Darwin den Menschen (und damit auch sich selbst als Theoriesprecher) explizit in die Abstammungslinie der Evolution mit ein[132], indem er dessen Abstammung aus einem affenähnlichen Vorfahren postulierte. Angesichts der evolutionsbiologischen Sichtweise, wonach Organe aufgrund ihrer überlebensrelevanten Funktionen selektioniert werden, müssen die mentalen und psychischen Leistungen des Menschen somit als körperlich gebundene kognitive Kompetenzen, d.h. als Funktionen von Gehirnprozessen, aufgefasst werden[133]: »Die Erkenntnis der Evolution ist so selbst eine Folge der Evolution

127 Niklas Luhmann: Die Gesellschaft der Gesellschaft, Bd. 1, S. 416.

128 Ernst Mayr: Die Entwicklung der biologischen Gedankenwelt, S. 48.

129 Ebd., S. 60.

130 Siehe Das ist Biologie, S. 233 sowie Konzepte der Biologie, S. 52.

131 Ernst Mayr: Die Entwicklung der biologischen Gedankenwelt, S. 61. Siehe dazu auch Ernst Mayr: Das ist Biologie, S. 366, Fn. 4.

132 Siehe Ernst Mayr: Das ist Biologie, S. 241 sowie Ernst Mayr: Konzepte der Biologie, S. 118.

133 Vgl. Eve-Marie Engels: Erkenntnis als Anpassung?, S. 116ff. und Bernhard Irrgang: Lehrbuch der Evolutionären Erkenntnistheorie, S. 301. – Infolgedessen vertritt Gerhard Vollmer die Ansicht, dass die Evolutionäre Erkenntnistheorie »zur Spielerei, zum reinen Gedankenexperiment« (Was können wir wissen?, Bd. 1, S. 271) wird, sofern sich die psycho-physische Identitätstheorie, wonach mentale Prozesse letztlich Hirnprozesse sind, als falsch herausstellen sollte.

der Erkenntnis.«[134] Dementsprechend finden sich bei Darwin Notizen wie »the mind is function of body«[135] oder »thought being a secretion of brain«[136] bzw. »thought, however unintelligible it may be seems as much function of organ, as bile of liver«[137]. Der Mensch einschließlich seiner kognitiven Fähigkeiten gehört insofern »bei Darwin von Anfang an zum intendierten Anwendungsbereich seiner Theorie und ist darüber hinaus ihr exemplarischer Anwendungsgegenstand«[138], wie Eve-Marie Engels betont. So schreibt Darwin gegen Ende von *On the Origin of species*, dass er im Ausgang der Evolutionstheorie »in einer fernen Zukunft [...] ein weites Feld für noch bedeutsamere Forschungen«[139] sieht: »Die Psychologie wird sicher auf der von Herbert Spencer geschaffenen Grundlage weiterbauen: daß jedes geistige Vermögen und jede Fähigkeit nur allmählich und stufenweise erlangt werden kann. Licht wird auch fallen auf den Menschen und seine Geschichte.«[140]

Bereits hier werden strukturelle wie inhaltliche Entsprechungen in den Grundaussagen der modernen Evolutionstheorie und jenem Systemdenken deutlich, wie es sich im Ersten Buch von Fichtes *Bestimmung des Menschen* findet: Sie erhebt »einen Universalitätsanspruch und impliziert damit ein Uniformitätsprinzip hinsichtlich der Struktur der Wirklichkeit – und solche Strukturen, die allem Seienden zukommen, zu entdecken, ist ein traditioneller Anspruch der Philosophie. Die Metaphysik des Darwinismus charakterisiert dabei diese uniforme Struktur naturalistisch und verzichtet auf jede Transzendenz und auf eine unabhängige Welt des Geistigen«[141].

134 Vittorio Hösle/Christian Illies: Der Darwinismus als Metaphysik, S. 53.

135 Charles Darwin: The notebooks on man, mind and materialism, S. 331.

136 Charles Darwin: Darwin's notebooks on transmutation of species part II, S. 101.

137 Charles Darwin: Old and useless notes, S. 394.

138 Eve-Marie Engels: Erkenntnis als Anpassung?, S. 119.

139 Charles Darwin: Die Entstehung der Arten durch natürliche Zuchtwahl, S. 676. – Siehe dazu ausführlich Charles Darwin: Die Abstammung des Menschen, Kapitel 5.

140 Ebd.

141 Vittorio Hösle/Christian Illies: Der Darwinismus als Metaphysik, S. 50f. – Insofern beinhaltet dieser umfassende Anspruch der Evolutionstheorie letztlich auch »die Stelle der prima philosophia einzunehmen« (Die Frage Wozu?, S. 305), wie Robert Spaemann und Reinhard Löw bemerken.

Die Evolutionstheorie denkt in der Folge des neuzeitlichen Systemdenkens die Wirklichkeit als einen allumfassenden Ordnungszusammenhang, in dem alle Dinge dem Prinzip von Variation und Selektion notwendig unterworfen sind. In den Worten Ernst Mayrs: »Evolution schafft Ordnung.«[142] Auf der Basis des Satzes vom Grunde entwirft die Evolutionstheorie einen universalen, lückenlosen Kausalnexus, wie er auch für das System der Natur aus dem Ersten Buch der *Bestimmung des Menschen* charakteristisch ist[143]. Die so monistisch zu deutende Welt hat jedoch der Evolutionstheorie zufolge »keine statische, sondern eine prozeßhafte Struktur«[144], wie Vittorio Hösle und Christian Illies erklären: »Die Vielfalt des Seins ist in steter Veränderung; das eigentlich Bleibende und immer Existierende sind die Naturgesetze und der Selektionsmechanismus, der zusammen mit der Variation zur Evolution des Lebendigen führt. Alle einzelnen Organismen dagegen, vor allem aber auch die Arten, sind nur temporäre Manifestationen des evolutionären Prozesses. Jedes singuläre Ereignis ist von anderen singulären Ereignissen (seiner genetischen Ahnenreihe) unter Zugrundelegung des Selektionsprinzips abgeleitet (gemäß dem Hempel-Oppenheim-Schema kausaler Erklärung, nach dem Kausalerklärungen allgemeine Gesetze und Antezedensbedingungen voraussetzen). Statt eigenständige Substanzen sind die einzelnen Glieder damit kontingente Funktionen der Grundparameter.«[145]

Dementsprechend ist auch der Mensch sowie sein Bewusstsein nichts weiter als »ein Glied in dieser Kette der strengen Naturnothwendigkeit«[146]

142 Ernst Mayr: Das ist Evolution, S. 25.

143 Wenngleich dem im Ersten Buch der BdM skizzierte System der Natur an manchen Stellen ein gleichsam mechanistischer Determinismus zugrunde zu liegen scheint (siehe GA I/6, 194f. sowie 198), so muss dieser »Mechanismus« aufgrund der Existenz verschiedenster Lebewesen (Pflanzen, Tiere, Menschen) doch wenigstens die Entstehung von Neuem und damit zumindest Emergenz zulassen. Wenn man deshalb innerhalb des Systemdenkens allem Wirklichen seine Notwendigkeit zuschreibt, alle Notwendigkeit jedoch nicht von derselben Art sein muss (vgl. Heinrich Rombach: Substanz, System, Struktur, Bd. 2, S. 316), so würde dies der Vorstellung von Kausalität im Sinne der modernen Evolutionstheorie sehr nahe kommen und auch in dieser Hinsicht die Evolutionstheorie und das System der Natur aus dem Ersten Buch der BdM zur Deckung kommen lassen.

144 Vittorio Hösle/Christian Illies: Der Darwinismus als Metaphysik, S. 51.

145 Ebd.

146 GA I/6, 199.

und erhält auf diese Weise nicht nur Antwort auf die anfänglich gestellten Warum-Fragen, sondern auch eine Bestimmung seines Wesens als »bestimmte Äußerung einer durch sich selbst bestimmten Naturkraft«[147], d.i. der Evolution[148], ohne die »[n]ichts in der Biologie [...] einen Sinn [ergibt]«[149], wie Theodosius Dobzhansky bemerkt hat.

Darüber hinaus nimmt Darwin – besonders in seinen Überlegungen, die ihn zur Theorie der natürlichen Selektion führen – das logische Prinzip des zu vermeidenden Widerspruchs sowie das Prinzip der Identität in Anspruch; denn im Rahmen der hypothetisch-deduktiven (sowie in Teilen auch induktiven) Methode[150] Darwins spielen logische Schlussfolgerungen eine zentrale Rolle, deren Gültigkeit u.a. in der Selbstgleichheit der darin verwendeten Begriffe (Prinzip der Identität) und der Forderung nach Widerspruchsfreiheit (Prinzip vom zu vermeidenden Widerspruch) begründet ist. Insofern lassen sich zusammenfassend in der modernen Evolutionstheorie all jene Elemente wiederfinden, die auch für das neuzeitliche Systemdenken (nach Heinrich Rombach) im Anschluss an das Erste Buch der *Bestimmung des Menschen* konstitutiv sind: Auf der Grundlage basaler logischer sowie ontologischer Prinzipien wie dem Satz der Identität, dem Satz vom zu vermeidenden Widerspruch und dem Satz vom Grunde, werden alle Dinge der Wirklichkeit als unselbständige Momente eines funktionalen Gesamtgefüges begriffen. Wegen des universalen Geltungsanspruchs dieses Systems der Natur, das es erlaubt, »letztlich jedes Besondere als geschichtlich gewordene Wirkung allgemeiner Prinzipien zu sehen«[151], wird auch der Mensch (und damit in gleicher Weise der Theoriesprecher) selbst als bloßes »esse in alio« (d.h. der Evolution bzw. der Naturkraft) bestimmt, was schließlich in diametralem Gegensatz mit

147 Ebd., 207.

148 Wenngleich Ernst Mayr darauf aufmerksam macht, dass die natürliche Selektion nur »im übertragenen Sinne als Kraft« (Das ist Evolution, S. 343) verstanden werden kann, da es »anders als in der Physik [...] weder einen tatsächlichen Druck noch eine Kraft« gibt, so ist diese dennoch »eine schöpferische Kraft« (Die Entwicklung der biologischen Gedankenwelt, S. 475) im Sinne von *principium*, d.h. Grund bzw. Ursache, gemäß des Satzes vom Grunde.

149 Theodosius Dobzhansky: Biology, molecular and organismic, S. 449.

150 Siehe dazu ausführlich David L. Hull: Darwin and his critics, S. 16–36 sowie Michael T. Ghiselin: The triumph of the Darwinian method, S. 145f.

151 Vittorio Hösle/Christian Illies: Der Darwinismus als Metaphysik, S. 52.

zur alltäglichen Selbsterfahrung des Menschen steht und deshalb vehemente Kritik hervorruft[152].

2.1.3 Aporie: Antinomie der Freiheit

Im Vergleich zu unserem intuitiven Selbstverständnis, wonach wir uns als freie und selbständige Individuen verstehen, befindet sich das Ich innerhalb eines Systems der Natur, wie etwa in der Evolutionstheorie, gleichsam in einem »Verfremdungszustand«[153]: »Im *unmittelbaren Selbstbewußtseyn* erscheine ich mir als frei; durch *Nachdenken* über die ganze Natur finde ich, daß Freiheit schlechterdings unmöglich ist.«[154]

Dies wird an der Kritik deutlich, die sich unmittelbar an die Darstellung des Systems der Natur im Ersten Buch der *Bestimmung des Menschen* anschließt; diese speist sich zunächst aus einem zutiefst subjektiven Unbehagen[155], die Ergebnisse des Systemdenkens auf die eigene Person des Theoriesprechers anzuwenden: »O, diese widerstrebenden Wünsche! Denn warum sollte ich mir länger die Wehmuth, den Abscheu, das Entsetzen verhehlen, welche, so wie ich einsah, wie die Untersuchung endigen werde, mein Inneres ergriffen? Ich hatte es mir heilig versprochen, dass die Neigung keinen Einfluss auf die Richtung meines Nachdenkens haben sollte; und ich habe ihr in der That mit Bewusstseyn keinen verstattet. Aber darf ich es mir darum am Ende nicht gestehen, dass dieser Ausgang meinen tiefsten innersten Ahndungen, Wünschen, Foderungen widerspreche? Und wie kann ich, trotz der Richtigkeit und der schneidenden Schärfe der Beweise, die mir in dieser Ueberlegung zu seyn scheint, an eine Erklärung meines Daseyns glauben, die der innigsten Wurzel meines Daseyns, die dem Zwecke, um dessen willen ich allein seyn mag, und

152 Siehe dazu für das Systemdenken im Allgemeinen Heinrich Rombach: Strukturanthropologie, S. 41 sowie für die Evolutionstheorie im Besonderen Ernst Mayr: Die Entwicklung der biologischen Gedankenwelt, S. 409ff.

153 Heinrich Rombach: Strukturanthropologie, S. 49.

154 GA I/6, 203 (Hervorhebungen Fichtes).

155 Vgl. Peter L. Oesterreich/Hartmut Traub: Der ganze Fichte, S. 271. – Oesterreich und Traub sehen den Widerspruch gegen das System der Natur in »keinem logischen Argument« begründet, sondern vielmehr in einem »Unbehagen [...], die zwingenden Argumente des Denkens auf die eigene Person anzuwenden«. Ähnlich spricht auch Martial Gueroult von einer »protestation du cœur« (La destination de l'homme, S. 75).

ohne welchen ich mein Daseyn verwünsche, so entscheidend widerstreitet? Warum muss mein Herz trauern und zerrissen werden von dem, was meinen Verstand so vollkommen beruhigt?«[156]

Dieser Widerstand zeigt sich auch im Anschluss an die Forschungsergebnisse von Kopernikus und Darwin, wie Sigmund Freud rückblickend erklärt: »Zwei große Kränkungen ihrer naiven Eigenliebe hat die Menschheit im Laufe der Zeiten von der Wissenschaft erdulden müssen. Die erste, als sie erfuhr, daß unsere Erde nicht der Mittelpunkt des Weltalles ist, sondern ein winziges Teilchen eines in seiner Größe kaum vorstellbaren Weltsystems. Sie knüpft sich für uns an den Namen Kopernikus, obwohl schon die alexandrinische Wissenschaft ähnliches verkündet hatte. Die zweite dann, als die biologische Forschung das angebliche Schöpfungsvorrecht des Menschen zunichte machte, ihn auf die Abstammung aus dem Tierreich und die Unvertilgbarkeit seiner animalischen Natur verwies. Diese Umwertung hat sich in unseren Tagen unter dem Einfluss von Ch. Darwin, Wallace und ihren Vorgängern nicht ohne das heftigste Sträuben der Zeitgenossen vollzogen.«[157]

Angesichts der Widerspruchsfreiheit des Systems der Natur im Ersten Buch der *Bestimmung des Menschen*, wonach »nichts in der Natur sich widerspricht«[158], hätte ein derartiger Widerspruch jedoch nie ausgesprochen werden dürfen[159]; aufgrund des Determinismus des Systems der Na-

156 GA I/6, 207f. (Hervorhebungen Fichtes). – Ähnlich spricht Fichte bereits in seinen *Aphorismen über Religion und Deismus* von »gewisse[n] Augenblicke[n]« (GA II/1, 290), in denen »das Herz sich an der Speculation rächt« und so eine »opposition tragique des besoins du cœur et du déterminisme universel« aufmacht, wie Jean Hyppolite (Préface à la »Destination de l'homme« de Fichte, S. 62) meint.

157 Sigmund Freud: Vorlesungen zur Einführung in die Psychoanalyse, S. 283f.

158 GA I/6, 208.

159 Insofern ließe sich der bloße (theoretische) Widerspruch gegen das deterministische System der Natur als Akt der Freiheit ansehen, der als solcher kontingent ist. Daraus ergäbe sich dann ein Retorsionsargument zugunsten der Willensfreiheit, das Gerd Haeffner auf folgende Weise formuliert: »Eine Behauptung impliziert notwendig den Anspruch, dass ihr Inhalt der Wahrheit entspreche und dass ihr Wahrheitswert dem Behauptenden einsichtig geworden sei: m.a.W. dass er andere mögliche Aussagen bewusst verworfen hat zugunsten der einen, ihm wahr erscheinenden, und dass er die Möglichkeit, externe Vorteile zum Kriterium seiner Wahl zu machen, zugunsten der Wahrhaftigkeit zurücktreten hat lassen. Dieser

tur *musste* jene kritische Anfrage aber gestellt werden: »*[I]ch* erhob sie nicht, sondern die denkende Natur in mir erhob sie.«[160]

Dabei lässt sich das Phänomen der Freiheit innerhalb des Systems der Natur selbst noch einmal rekonstruieren, sofern sich das Ich und seine Handlungen als Äußerungen der Naturkraft, d.h. als Realisierung seiner (in ihm von der Naturkraft angelegten) Vermögen begreift: »Aus eben diesem Grunde erscheine ich mir als *frei* in einzelnen Begebenheiten meines Lebens, wenn diese Begebenheiten Aeußerungen der selbstständigen Kraft sind, die mir für mein Individuum zu Theil geworden; als *zurückgehalten und eingeschränkt*, wenn durch eine Verkettung äußerer Umstände, die in der Zeit entstehen, nicht aber in der ursprünglichen Beschränkung meines Individuum liegen, ich nicht einmal das kann, was ich meiner individuellen Kraft nach wohl könnte; als *gezwungen*, wenn diese individuelle Kraft durch die Uebermacht anderer ihr entgegengesetzten, sogar ihrem eigenen Gesetze zuwider, sich zu äußern genöthigt wird.«[161]

Und dennoch beharrt das Ich auf seinem »Interesse für Freiheit«[162] und stellt schließlich die dem System der Natur entgegengesetzte These auf, wonach »ich selbst [...] nicht an einem andern, und durch ein anderes, sondern für mich selbst Etwas [bin]; und will, als solches, selbst der letzte Grund meiner Bestimmungen seyn«[163]. Das Ich tut dies aufgrund seines unmittelbaren Selbstbewusstseins und seiner eigenen Selbsterfahrung, die ihm seine eigene Willensfreiheit und damit sein »esse in se« verbürgen:

Tatbestand erfüllt den Begriff, den wir uns von einem freien Wollen gemacht haben. Der Verdacht, dass sich unter einer solchen Wahl ein Mechanismus [etwa im Sinne der Denkkraft aus dem Ersten Buch der *BdM*; H.M.] als wahres Agens verberge, der das Phänomen der Wahl zu einer Illusion werden lässt, mag im Ausnahmefall begründet sein; wird er aber *prinzipiell* verstanden, so zerstört er, mit der Möglichkeit von Erkenntnis überhaupt, auch die Möglichkeit des Verdachts selbst« (Philosophische Anthropologie, S. 184; Hervorhebung Haeffners). Wie bereits Descartes das Urteil als »opus voluntatis« (Correspondance. Mai 1647-Février 1650, S. 159), d.h. als Akt des freien Willens bezeichnet hat, so macht auch Fichte an anderer Stelle deutlich, dass das Ich »frei, bis zum Widerspruche« (GA II/3, 168) ist.

160 GA I/6, 208.

161 GA I/6, 202.

162 Ebd., 213.

163 Ebd., 209.

»Beobachte ich nun hierüber mein unmittelbares Selbstbewusstseyn im Wollen, so finde ich folgendes. Ich habe die Kenntniß mannigfaltiger Handelsmöglichkeiten, unter denen allen, wie es mir scheint, ich auswählen kann, welche ich will. Ich durchlaufe den Umkreis derselben, erweitere ihn, kläre mir das einzelne auf, vergleiche es gegen einander, und wäge ab. Ich wähle endlich eins unter allen, bestimme darnach meinen Willen, und es erfolgt aus dem Willensentschlusse eine demselben gemäße Handlung. Hier bin ich nun allerdings im bloßen Denken meines Zweckes *vorher*, was ich hernach, und zufolge dieses Denkens, durch Wollen und Handeln *wirklich* bin; ich bin vorher als Denkendes, was ich kraft des Denkens späterhin als Handelndes bin. Ich mache mich selbst: Mein Seyn durch mein Denken; mein Denken schlechthin durch das Denken.«[164]

Zuletzt stehen sich somit zwei »Meinungen«[165] über die Wirklichkeit im strengen Widerspruch gegenüber. Auf der einen Seite die These, dass das Ich »frei und selbstständig«[166] ist, auf der anderen Seite die Behauptung, dass das Ich »nichts an [sich] selbst, und lediglich Erscheinung einer fremden Kraft«[167] ist. Im Anschluss an Immanuel Kant ließe sich darin die dritte Antinomie der reinen Vernunft[168] sehen, wonach die Thesis »Die Kausalität nach Gesetzen der Natur ist nicht die einzige, aus welcher Erscheinungen der Welt insgesamt abgeleitet werden können. Es ist noch eine Kausalität durch Freiheit zur Erklärung derselben anzunehmen notwendig«[169] der Antithesis »Es ist keine Freiheit, sondern alles in der Welt geschieht lediglich nach Gesetzen der Natur«[170] unversöhnlich gegenüber steht, da beide »mit ebenso gültigen und notwendigen Gründen«[171] beweisbar sind.

Diese Antinomie wird auch im Rahmen der modernen Evolutionstheorie nicht aufgelöst; denn als Naturwissenschaft steht sie notwendig im Bann einer *objektiven* Betrachtungsweise von Wirklichkeit, die »dem

164 Ebd., 210 (Hervorhebungen Fichtes).
165 Ebd., 211.
166 Ebd.
167 Ebd.
168 Siehe KrV A 444–451.
169 KrV A 444.
170 Ebd., A 445.
171 Ebd., A 421.

Standpunkt des absolut passiv bleibenden Beobachters [entspricht]«[172], wie Max Planck erklärt: »Für ihn herrscht das Kausalgesetz in voller Allgemeinheit, der menschliche Wille ist, wie jegliches Geschehen, streng determiniert.«[173] Gegenüber diesem »objektiv-wissenschaftliche[n] Standpunkt«[174], der »nicht der einzig berechtigte oder gar der selbstverständliche [ist]«[175], gibt es jedoch – wie wir gesehen haben – auch den subjektiv-persönlichen Standpunkt, der *unmittelbar* gegeben ist: »Von ihm, d.h. von uns selbst aus gesehen, ist [...] der eigene Wille undeterminierbar, also frei«[176].

Wie bereits Kant im Hinblick auf die Antinomien der reinen Vernunft festgestellt hat, dass die Vernunft »von selbst und zwar unvermeidlich«[177] in »eine ganz natürliche Antithetik«[178] und so in »Auftritte des Zwiespalts und der Zerrüttungen«[179] gerät, gelangt somit auch das Ich am Ende des Ersten Buchs der *Bestimmung des Menschen* zu der Erkenntnis, dass es »schlechthin keinen Entscheidungs-Grund weder für das Eine noch für das Andere«[180] gibt. Jener »[u]nerträgliche[] Zustand der Ungewißheit, und der Unentschlossenheit«[181] dieser Antinomie stürzt das Ich deshalb in eine tiefe Verzweiflung, was den Titel *Zweifel*, der über dem Ersten Buch steht, verständlich macht[182]. »[E]iner skeptischen Hoffnungslosigkeit«[183] überlassen muss das Ich schließlich den »Tod einer gesunden Philoso-

172 Max Planck: Vom Wesen der Willensfreiheit, S. 164.

173 Ebd.

174 Ebd.

175 Ebd.

176 Ebd., S. 165.

177 KrV A 407.

178 Ebd.

179 Ebd.

180 GA I/6, 214. – Jenes »dilemme« (Martial Gueroult: La destination de l'homme, S. 76), in dem sich das Ich befindet, sowie die daraus resultierenden Konsequenzen hat Fichte auch bereits in seinen *Aphorismen über Religion und Deismus* erkannt, die schließlich mit einer Reihe unbeantworteter Fragen endigen: »Wie soll man einen solchen Menschen behandeln? Im Felde der Speculation scheint er unüberwindlich. [...] – Das einzige Rettungsmittel für ihn wäre, sich jene Speculationen über die Gränzlinie hinaus abzuschneiden. Aber kann er das, was er will? Wenn ihm die Trüglichkeit dieser Speculationen noch so überzeugend bewiesen wird – kann er's? kann er es, wenn ihm diese Denkungsart schon natürlich, schon mit der ganzen Wendung seines Geistes verwebt ist? –« (GA II/1, 291).

181 GA I/6, 214.

phie«[184] (in der Antinomie) mit ansehen, was ihm jeglichen Mut raubt. In jener aussichtslosen »Todesstunde des Denkens« erscheint dem Ich jedoch »um die Stunde der Mitternacht«[185] ein Geist, um es zu belehren.

Exkurs: Mit Fichte weiter denken: Das Leib-Seele-Problem

Zunächst jedoch soll im Ausgang des eigenwilligen Widerstandes gegen das System der Natur das Beharren des Ichs auf der Evidenz des unmittelbaren Selbstbewusstseins mit Diskussionen innerhalb der zeitgenössischen *philosophy of mind* in Verbindung gebracht werden. Auf diese Weise sollen nicht nur eine Anschlussfähigkeit der Argumentation Fichtes an heutige Debatten im Rahmen des Leib-Seele-Problems aufgezeigt, sondern darüber hinaus auch mögliche Ergänzungen gegenwärtiger Denkansätze skizziert werden[186].

Wie bereits oben ausgeführt, erfolgt die Begründung des Gegenentwurfs zum System der Natur am Ende des Ersten Buchs der *Bestimmung des Menschen* auf der Grundlage von Selbstbeobachtung, d.h. Introspektion[187]. Diese zutiefst subjektive Perspektive kann schließlich allein die Gewißheit des Ich als freies und selbständiges Wesen begründen. Innerhalb gegenwärtiger Diskussionen der Philosophie des Geistes wird jene »Perspektive der ersten Person«[188] als eine Besonderheit mentaler Phänomene aufgefasst: »Sie sind privilegiert aus der Perspektive der ersten Person zugänglich. Mentale Prozesse dagegen können aktuell auch unbewusst sein, doch sie sind zumindest potenziell aus der Perspektive der ersten Person erfahrbar.«[189] Im Gegensatz dazu sind nicht-mentale, d.h. physische Ereig-

182 Vgl. Günter Zöller, der auf die sprachliche Nähe von »Zweifel« und »Verzweiflung« aufmerksam macht (Fichte's transcendental philosophy, S. 123, Fn. 60).

183 KrV A 407.

184 Ebd.

185 GA I/6, 215.

186 Die folgenden Überlegungen gehen zurück auf Harald Münster: Berühren verboten!

187 Vgl. Barbara Zehnpfennig: Reflexion und Metareflexion bei Platon und Fichte, S. 131.

188 Michael Pauen: Grundprobleme der Philosophie des Geistes, S. 23. – In den Worten Niklas Luhmanns: »Ich kann nicht in Ihr Bewusstsein hineindenken und Sie nicht in meines« (Die Ausdifferenzierung des Kunstsystems, S. 86).

189 Michael Pauen: Grundprobleme der Philosophie des Geistes, S. 25.

nisse nur aus der Perspektive der dritten Person zugänglich und somit grundsätzlich für *sämtliche* Beobachter verfügbar. Dies ist jedoch für das Leib-Seele-Problem unmittelbar relevant, wie Thomas Nagel betont: »Wenn nämlich Erlebnistatsachen – Tatsachen bezüglich dessen, wie es für den Organismus ist – nur einer bestimmten Perspektive zugänglich sind, dann ist es ein Rätsel, wie der wahre Charakter von Erlebnissen in der Funktionsweise dieses Organismus entdeckt werden könnte. [...] Es ist schwierig zu verstehen, was mit dem objektiven Charakter eines Erlebnisses gemeint sein könnte – unabhängig von der besonderen Perspektive, von der aus ein Subjekt sie erfasst. Was bliebe letzten Endes von der Weise übrig, wie es ist, eine Fledermaus zu sein, wenn man die Perspektive der Fledermaus entfernte? Wenn aber Erlebnisse nicht zusätzlich zu ihrem subjektiven Charakter eine objektive Natur haben, die von vielen verschiedenen Perspektiven aus erfasst werden kann, wie kann man dann annehmen, daß ein Marsmensch, der mein Gehirn untersuchte, physikalische Prozesse beobachten könnte, die meine mentalen Prozesse wären (so wie er physikalische Prozesse beobachten könnte, die Blitze wären), nur eben von einer anderen Perspektive aus? Wie schließlich könnte ein menschlicher Physiologe sie von einer anderen Perspektive aus beobachten?«[190]

Im Ausgang von der basalen Unterscheidung zwischen Selbstbeobachtung (der Perspektive der ersten Person) und Fremdbeobachtung (der Perspektive der dritten Person) stellt sich deshalb »[d]as Problem: Wie läßt sich die Beziehung zwischen unserem Geist und der materiellen Natur unseres Seins – bzw., allgemeiner, zwischen mentalen und materiellen Eigenschaften – klären und einsichtig machen?«[191]

Grundsätzlich lassen sich zwei Antwortrichtungen angeben, die in der Geschichte der Philosophie eingeschlagen wurden, um dem Leib-Seele-Problem eine Lösung zuzuführen: Monistische Ansätze, die vom Primat der Identität von Mentalem und Physischem ausgehen, sowie dualistische Positionen, welche der Differenz von Körper und Geist eine Vorrangstellung zuschreiben[192].

190 Thomas Nagel: Wie ist es, eine Fledermaus zu sein?, S. 267f.

191 Jaegwon Kim: Philosophie des Geistes, S. 8.

192 Zu dieser Art der Klassifikation der Antworten siehe Mario Bunge: Das Leib-Seele-Problem, S. 6ff. Eine ähnliche Einteilung mit anderen Kennzeichnungen findet

Sämtlichen monistischen Theorien kommt die Eigenschaft zu, die Wirklichkeit aus einem einheitlichen Prinzip (grch. *monos*: eins, einzig) oder aus einer gleichen Substanz zu erklären: Für den sog. »*neutralen Monismus*« hat die Wirklichkeit sowohl einen mentalen als auch einen physischen Aspekt, weshalb diese Position auch als »Doppel-Aspekt-Theorie« bzw. »Zwei-Aspekte-Theorie« (*dual aspect theory*) bezeichnet wird. So steht etwa für Baruch de Spinoza fest, »daß nämlich der Geist und der Körper ein und dasselbe Ding sind, das bald unter dem Attribut Denken, bald unter dem Attribut Ausdehnung begriffen wird«[193]. Ähnlich meint auch Ernst Mach, dass es »keine Kluft zwischen Psychischem und Physischem [gibt], kein Drinnen und Draußen, keine Empfindung, der ein äußeres von ihr verschiedenes Ding entspräche. Es gibt nur einerlei Elemente, aus welchen sich das vermeintliche Drinnen und Draußen zusammensetzt, die eben nur, je nach der temporären Betrachtung, drinnen oder draußen sind«[194].

Für die Theorien der sog. »*Supervenienz*« kann es schließlich keine zwei Ereignisse geben, »die in allen physikalischen Hinsichten gleich, aber in einer geistigen Hinsicht verschieden sind, oder daß sich kein Gegenstand in einer geistigen Hinsicht verändern kann, ohne sich auch in einer physischen Hinsicht zu ändern«[195]. Für den Supervenienztheoretiker (engl. *to supervene*: noch hinzukommen) bedeutet dies somit, »that the mental is supervenient on the physical – roughly, the claim that the mental character of a thing is wholly determined by its physical nature«[196]: Das Mentale superveniert auf dem Physischen.

Im Unterschied dazu gehen *psychophysische Identitätstheorien* davon aus, dass alle mentalen Zustände identisch sind mit physischen (genauer: gehirnphysiologischen) Zuständen. Dabei lassen sich zwei Versionen unterscheiden: Typenidentität und Tokenidentität. Typenidentitätsheorien nehmen einen »starken« Identitätsbegriff in Anspruch, verstanden als Be-

sich auch bei David Chalmers: Consciousness and its place in nature. – Der folgende Überblick orientiert sich vor allem an Michael Pauen: Grundprobleme der Philosophie des Geistes sowie Jaegwon Kim: Philosophie des Geistes und Godehard Brüntrup: Das Leib-Seele-Problem.

193 Baruch de Spinoza: Ethik in geometrischer Ordnung dargestellt III, 2s.

194 Ernst Mach: Die Analyse der Empfindungen, S. 253.

195 Donald Davidson: Geistige Ereignisse, S. 301.

196 Jaegwon Kim: Supervenience, S. 575.

ziehung, bei der »Typen« (*types*) mentaler Zustände, d.h. bestimmte einzelne Zustände des Geistes identisch sind mit Typen physischer Zustände. Francis Crick erläutert diese Position auf folgende Weise: »›Sie‹, Ihre Freuden und Leiden, Ihre Erinnerungen, Ihre Ziele, Ihr Sinn für Ihre eigene Identität und Willensfreiheit – bei alledem handelt es sich in Wirklichkeit nur um das Verhalten einer riesigen Ansammlung von Nervenzellen und dazugehörigen Molekülen. Lewis Carrolls Alice aus dem Wunderland hätte es vielleicht so gesagt: ›Sie sind nichts weiter als ein Haufen Neurone.‹«[197]

Dementsprechend ist Verzweiflung als Typ eines mentalen Zustandes immer identisch mit dem gleichen neuronalen Zustand, unabhängig davon, wann und bei wem er auftritt. Demgegenüber postulieren Tokenidentitätstheorien eine bloß partikulare Identitätsbeziehung, bei der ein einzelner »Token« (*token*), d.h. ein einzelnes Vorkommnis eines mentalen Zustandes identisch ist mit einem bestimmten neuronalen Zustand zu einem gegebenen Zeitpunkt. So ist zum Beispiel ein bestimmtes Gefühl der Freude identisch mit einem bestimmten neuronalen Zustand, wenngleich derselbe Typ des mentalen Zustandes zu verschiedenen Zeitpunkten mit unterschiedlichen neuronalen Zuständen identisch ist.

Darunter fallen etwa der *psychophysische Funktionalimus* sowie der sog. *»anomale Monismus«* Donald Davidsons, für den die Anomalie des Mentalen in seiner Gesetzlosigkeit beruht, welche grundsätzlich jegliche psychophysische oder (rein) psychische Gesetzmäßigkeit unmöglich macht: »Es gibt keine strikten psychophysischen Gesetze, weil das, was durch die mentalen und physikalischen Schemata festgelegt wird, ganz disparat ist. Es ist ein Merkmal der physischen Realität, daß der physische Wandel durch Gesetze beschrieben werden kann, die ihn mit anderen physikalisch beschriebenen Veränderungen und Bedingungen in Zusammenhang bringen. Es ist ein Merkmal des Geistigen, daß die Zuschreibung geistiger Phänomene dem Hintergrund aus Gründen, Überzeugungen und Absichten des Individuums verantwortlich sein muß. Es kann keinen engen Zusammenhang zwischen den Bereichen geben, sofern jeder von ihnen der entsprechenden Quelle der Belege die Treue halten will.«[198]

197 Francis Crick: Was die Seele wirklich ist, S. 14.
198 Donald Davidson: Geistige Ereignisse, S. 312f.

Der Dualismus, der in diesen Zeilen angedeutet wird, ist jedoch für Davidson lediglich begrifflicher Art. Ähnlich wie die o.g. Supervenienztheorien oder der neutrale Monismus vertritt auch Davidson einen physikalischen Monismus auf ontologischer Ebene, der mit einem begrifflichen Dualismus auf epistemischer Ebene einhergeht, wie Godehard Brüntrup erklärt: »Die basale Ontologie ist physikalistisch, da alle konkreten raumzeitlichen Einzeldinge in dieser Welt physisch sind. Die ›Ideologie‹ ist aber dualistisch, da diesen konkreten Einzeldingen physische und mentale Eigenschaften zukommen können.«[199]

Der psychophysische Funktionalismus dagegen betrachtet mentale Zustände als funktionale Zustände: Mentale Zustände werden ausschließlich mit der kausalen Rolle identifiziert, die sie innehaben. Dabei ist für den traditionellen Funktionalismus das Computermodell kennzeichnend, wonach sich der Geist zum Gehirn wie die Software zur Hardware eines Computers verhält. Dementsprechend kann Mentales in verschiedenen materiellen Systemen (sei es organisches Material oder Silikon) realisiert werden, sofern diese die adäquate »funktionale Architektur« besitzen, wie Hilary Putnam betont: »Two systems are functionally isomorphic if there is a correspondence between the states of one and the states of the other that preserves functional relations.«[200]

Der sog. »*Eliminativismus*« (*eliminativism*) schließlich stimmt mit den Identitätstheorien darin überein, dass mentale Phänomene identisch sind mit physischen Zuständen. Darüber hinaus hält er jedoch mentale Zustände durch ihre Identifizierung mit physischen Prozessen für eliminierbar, so wie Essenzen der früheren Alchimie von der modernen Chemie als bloße Konstrukte ohne reale Entsprechung entlarvt wurden[201].

Ein historischer Vorläufer des eliminativen Materialismus ist der sog. »*logische Behaviorismus*«, demzufolge mentale Zustände nichts als Verhaltensdispositionen (engl. *behaviour*: Verhalten) sind: »Dispositionswörter wie ›wissen‹, ›glauben‹, ›anstreben‹, ›klug‹ und ›humorvoll‹ sind bestimmbare Dispositionswörter. Sie bezeichnen Fähigkeiten, Tendenzen

199 Godehard Brüntrup: Das Leib-Seele-Problem, S. 65.
200 Hilary Putnam: Philosophy and our mental life, S. 291.
201 Siehe Paul Churchland: Scientific realism and the plasticity of mind, S. 114.

oder Neigungen, Dinge zu tun, und zwar nicht Dinge einer einzigen Art, sondern vieler verschiedener Arten.«[202]

Dies hat zur Folge, dass die Psychologie letztlich vollständig auf die Physik reduzierbar ist, wie etwa Carl Gustav Hempel erklärt: »All psychological statements which are meaningful – that is to say, which are in principle verifiable – are translatable into propositions which involve not psychological concepts but only the concepts of physics. The propositions of psychology are consequently physicalistic propositions. Psychology is an integral part of physics.«[203]

Im Gegensatz dazu ist allen dualistischen Positionen eigen, dass die Wirklichkeit auf zwei (lat. *duo*: zwei), nicht voneinander ableitbare bzw. sich ausschließende Prinzipien oder Substanzen zurückführbar ist:

Der sog. »*interaktionistische Dualismus*« geht dabei davon aus, dass zwischen Körper und Geist ein Wechselwirkungsverhältnis besteht: Mentale Zustände können physische Prozesse verursachen und umgekehrt, wie Karl Popper erläutert: »Wenn man starke Zahnschmerzen hat, ist das ein dringender Grund, zum Zahnarzt zu gehen, was wiederum gewisse Aktivitäten und physische Bewegungen des Körpers einschließt. Die Karies im Zahn – ein materieller, physiko-chemischer Vorgang – führt somit zu physischen Wirkungen; das aber hängt mit den Schmerzempfindungen und dem Wissen um bestehende Institutionen wie Zahnarztpraxen zusammen. (Solange man keine Schmerzen hat, bemerkt man die Karies nicht und geht nicht zum Zahnarzt; oder man wird aus anderen Gründen aufmerksam und geht, ohne auf die Schmerzen zu warten, zum Zahnarzt. In beiden Fällen werden durch das Dazwischentreten psychischer Zustände – durch etwas wie Vermutung oder Wissen – die Handlungen und die Bewegungen des Körpers verständlich).«[204]

Im Unterschied dazu sorgt beim sog. »*Occasionalismus*« Gott durch unmittelbares Eingreifen bei Gelegenheit (lat. *occasio*) dafür, dass mentale und physische Ereignisse miteinander korrespondieren, wie Nicolas Malebranche erklärt: »Da es Gottes Absicht ist, unsere Seele mit unserem Körper zu vereinigen, kann er der Seele Schmerzempfindungen nur bereiten, wenn sich im Körper irgendwelche Veränderungen ereignen, die ihm

202 Gilbert Ryle: Der Begriff des Geistes, S. 156.
203 Carl Gustav Hempel: The logical analysis of psychology, S. 173.
204 Karl R. Popper/John C. Eccles: Das Ich und sein Gehirn, S. 61.

nachteilig sind. Folglich darf man nicht anderswo als in unserer Seele oder in unserem Körper die *occasionellen* Ursachen ihrer Vereinigung aufsuchen.«[205]

Im Gegensatz zu den bisherigen dualistischen Positionen verneint der sog. »*psychophysische Parallelismus*« jegliche kausale Wechselwirkung zwischen Körper und Geist: Sowohl der Bereich des Physischen als auch der Bereich des Mentalen sind in sich kausal geschlossen. So laufen Gottfried Wilhelm Leibniz zufolge körperliche und geistige Vorgänge parallel ab – gleichsam wie zwei unverbundene Uhren, die von Gott von Anbeginn der Welt in einer prästabilierten Harmonie synchronisiert wurden: »Die Seele folgt ihren eigenen Gesetzen und der Körper ebenso den seinen; und sie treffen sich vermöge der prästabilierten Harmonie zwischen allen Substanzen, weil sie alle Darstellungen desselben Universums sind.«[206]

In gleicher Weise spricht auch der sog. »*Epiphänomenalismus*« dem Mentalen jegliche kausale Wirksamkeit ab. Das Mentale stellt vielmehr ein Epiphänomen, d.h. eine Nebenerscheinung physischer Prozesse dar – ähnlich dem Pfeifen einer Dampflokomotive, das zwar die Bewegung der Lokomotive ankündigt ohne dabei selbst jedoch zur Entstehung dieser Bewegung irgend etwas beizutragen[207].

Wenngleich die metaphysische Ausgangslage der dualistischen und monistischen Positionen unterschiedlich ist, so kann man doch festhalten, dass sämtliche Lösungsansätze *als Lösungsansätze* notwendig beanspruchen, den *Zusammenhang* bzw. den *Einheitsgrund* von Körper und Geist einsehen bzw. formulieren zu können – sei es bei monistischen Ansätzen in Form philosophischer Reflexion (z.B. beim neutralen Monismus) oder physikalischer Konzepte (etwa im Falle der Identitätstheorien, beim logischen Behaviorismus oder im Eliminativismus) oder sei es bei dualistischen Positionen in Form von Gott (beim psychophysischen Parallelismus sowie im Occasionalismus) von Psychonen (beim interaktionistischen Dualismus) oder einer (nicht weiter bestimmbaren) Gehirnak-

205 Nicolas Malebranche: Abhandlung von der Natur und der Gnade, S. 84.

206 Gottfried Wilhelm Leibniz: Die Prinzipien der Philosophie oder die Monadologie, § 78, S. 475.

207 Siehe Thomas Henry Huxley: On the hypothesis that animals are automata, S. 240.

tivität (wie z.B. im Epiphänomenalismus). Der grundsätzliche Frage aber, inwieweit dieser – jeglichen Lösungsansatz betreffende – Geltungsanspruch überhaupt widerspruchsfrei gedacht und formuliert werden kann, soll im Folgenden im Ausgang von Fichtes Argumentation am Ende des Ersten Buches der *Bestimmung des Menschen* nachgegangen werden.

Zu diesem Zweck sollen zunächst einige grundlegende differenztheoretische Überlegungen angestellt werden, wie wir sie etwa bereits in Fichtes *Verantwortungsschrift* (1799) kennen gelernt haben. Demnach ist »[a]lles unser Denken [...] ein Beschränken [...]: und eben in dieser Rücksicht heißt es *begreifen*; zusammengreifen etwas aus einer Masse von *bestimmbarem*; so daß immer außerhalb der gezogenen Grenze noch etwas bleibe, das nicht mit hinein gegriffen ist, und also dem Begriffenen nicht zukommt«[208].

Fichte folgt damit der differenztheoretischen Grundeinsicht, wonach Wirklichkeit immer nur diskursiv, d.h. mittels einer Unterscheidung, erfasst werden kann: »Alle Realität, die wir fassen, ist nur endlich [d.h. beschränkt; H.M.], und sie wird es dadurch, daß wir sie fassen.«[209]

Dies bedeutet aber, dass »[a]lles, was für uns *Etwas* ist, ist es nur, in wiefern es etwas anderes auch *nicht* ist; alle Position ist nur möglich durch Negation; wie denn das Wort *bestimmen* selbst nichts anders bedeutet, als *beschränken*«[210] – *omnis determinatio est negatio*[211]. Erkenntnistheoretisch gewendet setzt demnach alles Erkennen immer schon die Differenz von einem erkennenden Subjekt (einem »Ich«) und einem erkannten Objekt (einem »Nicht-Ich«) voraus, wie Fichte in der *Wissenschaftslehre nova methodo* (1798/1799) erklärt: »So gewiß also das Ich gesezt werden soll, so gew[iß] muß ein Nichtich mitgesezt werden. Der Charakter des NichtIch geht nun unmittelbar aus dem Gegensatze hervor.«[212]

Diese Unterscheidung stellt insofern die logisch notwendige Bedingung für Wirklichkeitserkenntnis überhaupt dar: Ohne sie, so Niklas Luhmann, »würde das System [hier: Bewusstsein; H.M.] seine eigenen Opera-

208 GA I/6, 50 (Hervorhebungen Fichtes).
209 Ebd.
210 Ebd.
211 Vgl. Baruch de Spinoza: Briefwechsel, S. 210. – Mit den Worten Fichtes: »Man denkt nichts deutlich, und kann nicht deutlich denken, ohne sein Gegentheil zugleich mitzudenken« (GA IV/3, 352).
212 GA IV/3, 352.

tionen fortwährend mit denen seiner Umwelt, Bewusstseinszustände mit äußeren Zuständen oder Wörter mit Sachen verwechseln. Es wäre nicht in der Lage, die Unterscheidung von Selbstreferenz und Fremdreferenz vorzunehmen. Es könnte nicht einmal äußere und innere Zustände miteinander vergleichen. Es könnte den Beobachter nicht vom Beobachteten trennen. Es könnte keine Erkenntnis produzieren«[213].

Ohne die *primary distinction*[214] von Innen und Außen bzw. der Perspektiven von erster und dritter Person würde sich das erkennende Subjekt somit immerzu in seine Erkenntnisobjekte auflösen und so Erkennen unmöglich machen. Sie macht deshalb die Struktur erfahrbarer Wirklichkeit überhaupt aus, so dass ihre Relata nicht mehr weiter (kausal) aufeinander zurückzuführen, d.h. inkommensurabel sind. Demgegenüber würde jedoch gerade die Einsicht in die Auflösung des Leib-Seele-Problems eine Aufhebung der für Erkenntnis konstitutiven Unterscheidung von Selbstreferenz und Fremdreferenz bzw. der Differenz der Perspektiven der ersten Person und der dritten Person, verlangen: Beide Phänomenbereiche ließen sich nur von einer neutralen Position und deren Sprache aus[215], einer *view from nowhere*, um mit Thomas Nagel[216] zu sprechen, auf-

213 Niklas Luhmann: Dekonstruktion als Beobachtung zweiter Ordnung, S. 281. – Auf diese Weise wird auch der Zusammenhang von Bewußtsein und Intentionalität deutlich: Der o.g. Umstand, dass zwischen Selbstreferenz und Fremdreferenz, d.h. zwischen Erster- und Dritter-Person-Perspektive, notwendig unterschieden werden muss, damit Erkenntnis überhaupt möglich wird, beschreibt nichts anderes als das Phänomen der Intentionalität – gefasst als *Korrelationsapriori* von Bewußtsein und Gegenständlichkeit (Edmund Husserl: Ideen zu einer reinen Phänomenologie und phänomenologischen Philosophie, § 87ff.), d.h. Selbstbezüglichkeit und Gegenstandsbezüglichkeit. Denn »[w]ir können nicht denken, ohne an etwas zu denken; wir können nicht wahrnehmen, ohne etwas wahrzunehmen; wir können nicht begehren, ohne etwas zu begehren« (Godehard Brüntrup: Das Leib-Seele-Problem, S. 16) usw. – Insofern besteht Intentionalität in der *Gleichursprünglichkeit* der Perspektiven von erster und dritter Person und läßt keinen Primat der einen oder der anderen Seite zu: Keine Selbstreferenz ohne Fremdreferenz und keine Fremdreferenz ohne Selbstreferenz.

214 Siehe Niklas Luhmann: Die Kunst der Gesellschaft, S. 150.

215 Vgl. Wilhelm Lütterfelds: Das neurobiologische Repräsentationsmodell des Subjekts und die idealistische Theorie des Selbstbewußtseins, S. 222 und 226. – Zum grundsätzlichen Problem der begrifflichen Bestimmungen innerhalb des Leib-Seele-Problems siehe Peter Janich: Kein neues Menschenbild.

216 Siehe Thomas Nagel: The view from nowhere.

einander beziehen. Dafür aber müsste sich das Bewusstsein auf widersprüchliche Weise gleichsam selbst überwinden, denn, »die Seele«, so Kant, »[kann] sich nur durch den inneren Sinn, den Körper aber (es sei inwendig oder äußerlich) nur durch äußere Sinne wahrnehmen, mithin sich selbst schlechterdings keinen Ort bestimmen, weil sie sich zu diesem Behuf zum Gegenstand ihrer eigenen äußeren Anschauung machen und sich außer sich selbst versetzen müsste; welches sich widerspricht«[217].

Der Zusammenhang der Differenz von Physischem und Mentalem kann somit immer nur als Paradoxie gedacht werden, da – wie René Descartes bereits festgestellt hat – »der menschliche Geist [nicht] ganz deutlich den Unterschied zwischen der Seele und dem Körper *und* ihre Union zu konzipieren fähig ist, weil man sie, um das zu vollziehen, als ein einziges Ding und zugleich sie als zwei begreifen müßte, was sich widerstreitet«[218].

Insofern stehen wir (epistemologisch gesehen) vor der Lösung des Leib-Seele-Problems wie Narziss vor seinem Spiegelbild, das er niemals zu fassen bekommt, weil er es dadurch zerstört, dass er es ergreift[219]; und ge-

217 Immanuel Kant: Aus Sömmering: Über das Organ der Seele, A 86.

218 René Descartes: Correspondance. Janvier 1640 – Juin 1643, S. 693. Übersetzung nach Reinhard Lauth: Descartes' Konzeption des Systems der Philosophie, S. 168, Fn. 24. – Zu einem ähnlichen Schluss kommt Joseph Levine: »What I want to argue in this book is that the mind-body problem, at least with respect to the issue of conscious experience, presents us, in a way, with a Kantian antinomy. We have excellent reason for thinking that mental phenomena, including conscious experience, must be a species of physical/natural phenomena. On the other hand, we also have excellent reasons for thinking conscious experience cannot be captured in physical/natural terms. The total physical/natural story seems to leave out conscious experience« (Purple haze, S. 9f.).

219 Siehe Ovid: Metamorphosen III, 425–429. – Den mit der Diskussion von Colin McGinns Thesen vertrauten Leserinnen und Lesern könnte es so scheinen, dass der Verfasser hier auf die Seite 91 von Hans Gollers Buch *Erleben, Erinnern, Handeln. Eine Einführung in die Psychologie und ihre philosophischen Grenzfragen* Bezug nimmt. Dass dem nicht so ist, wurde mir in einer schriftlichen Stellungnahme von Hans Goller explizit bestätigt, da Goller in seinem Referat der Thesen McGinns vielmehr auf meine unveröffentlichte Magisterarbeit ›Leib-Seele-Problem und kognitive Verschlossenheit. Zur Kritik und Neubegründung von Colin McGinns Ansatz in der Philosophie des Geistes‹ aus dem Jahre 2005 zurückgreift, deren Zweitgutachter er gewesen ist und aus der er – teilweise wörtlich – zitiert ohne dies als solches kenntlich gemacht zu haben.

nau in diesem Narzissparadoxon liegt jener Zustand der Erstarrung (grch. *narkodes*: erstarrt) begründet, den Francis Crick scharf kritisiert[220], wenn er sämtlichen philosophischen sowie theologischen Bemühungen der letzten zweitausend Jahre, das Leib-Seele-Problem zu bewältigen, vorwirft, dass sie auf der Stelle treten würden. Dabei ist jedoch eine *Naturwissenschaft des Bewusstseins*, welche eine (wie auch immer geartete) Identität von mentalen und neuronalen Prozessen annimmt und von der sich etwa Crick und viele andere Erfolg bei der Lösung des Leib-Seele-Problems versprechen, vor diesem Paradox nicht gefeit; denn als *Erkenntnis*form der Wirklichkeit unterliegen die Naturwissenschaften ebenso notwendig der Differenz von Selbstreferenz und Fremdreferenz wie die Philosophie, die Psychologie oder die Theologie, und können nicht über sie hinausgehen, wenngleich sie bisweilen vorgeben, die Position eines externen Beobachters einzunehmen, für den die Innen/Außen-Unterscheidung für seinen Forschungsgegenstand bereits gegeben zu sein scheint, wie Luhmann erklärt: »[Es] ist für die Abgrenzung von Nervensystem und Bewußtsein wichtig, daß Nervensysteme lediglich zur Selbstbeobachtung fähig sind und im rekursiven Bereich ihrer eigenen Operationen keinen Kontakt zur Umwelt durchführen können. Sie können, das versteht sich von selbst, nicht außerhalb ihrer eigenen Grenzen operieren. Sie dienen, könnte man auch sagen, der Selbstbeobachtung des Organismus im Hinblick auf wechselnde Zustände, im Hinblick also auf einen Zeitmodus, den man vielleicht schon hier mit dem Begriff der Information bezeichnen kann. Vor allem können sie etwas nicht, was das Bewußtsein kann, nämlich im laufenden Operieren jeweils Selbstreferenz und Fremdreferenz kombinieren. Die Neuromagie, die das zustandebringt, ist unbekannt. Das laufende Unterscheiden von Selbstreferenz und Fremdreferenz in allen Operationen des Bewußtseinsystems, also als Charakteristikum der Operationsweise dieses Systems, setzt wenn nicht ›Sinn‹, so doch eine Zeichenstruktur voraus, die dazu zwingt, Bezeichnendes (signifiant) und Bezeichnetes (signifié) im Sinne von Saussure simultan zu prozessieren. Dem liegt eine bereits für Tiere verfügbare, neurophysiologisch nicht wirklich erklärte Fähigkeit zum ›Externalisieren‹ zu Grunde, die möglicherweise zusammenhängt mit Inkonsistenzen in der neurophysiologischen Datenverarbeitung, die auf diese Weise über das, was dann als Bewußtsein Aufmerk-

220 Siehe Francis Crick: Was die Seele wirklich ist, S. 316.

samkeit reguliert, aufgelöst werden können. Erst Sprache zwingt jedoch das Bewußtsein dazu, Bezeichnendes und Bezeichnetes und in diesem Sinne: Selbstreferenz und Fremdreferenz kontinuierlich auseinanderzuhalten und trotzdem gemeinsam zu prozessieren.«[221]

Stattdessen bleibt der Übergang von Hirn- zu Bewusstseinsprozessen im wahrsten Sinne des Wortes undenkbar, wie John Tyndall bemerkt: »The passage from the physics of the brain to the corresponding facts of consciousness is unthinkable. Granted that a definite thought, and a definite molecular action in the brain occur simultaneously; we do not possess the intellectual organ, nor apparently any rudiment of the organ, which would enable us to pass by a process o reasoning, from the one to the other. They appear together, but we do not know why.«[222]

Denn der Zusammenhang von Physischem und Mentalem ist grundsätzlich nicht logisch widerspruchsfrei zu denken, d.h. kann nicht theoretisch vollständig wiedergebeben werden, sei es z.B. in Form des Funktionalismus, des Eliminativismus, des interaktionistischen Dualismus oder der psychophysischen Identitätstheorie, wie sie etwa bei Charles Darwin oder in der Evolutionären Erkenntnistheorie anklingt.

Im Ausgang von Fichtes Überlegungen zur Irreduzibilität des unmittelbaren Selbstbewusstseins (der Perspektive der ersten Person) sowie den daraus resultierenden erkenntnistheoretischen Folgerungen lässt sich somit Colin McGinns gegenwärtige These der kognitiven Verschlossenheit[223] (*cognitive closure*) hinsichtlich der theoretischen Auflösung des Leib-Seele-Problems transzendentalphilosophisch reformulieren und begründen. Darüber hinaus erlauben unsere Überlegungen im Anschluss an

221 Niklas Luhmann: Die Kunst der Gesellschaft, S. 18f., Fn. 9.

222 John Tyndall: Fragments of science for unscientific people, S. 121.

223 Siehe etwa McGinns Aufsätze *Can we solve the mind-body problem?* oder *Consciousness and the natural order* sowie zusammenfassend *Solving the philosophical mind-body problem.* – McGinn selbst beansprucht, einen sog. »transzendentalen Naturalismus« (*transcendental naturalism*) zu vertreten, wonach es letztlich kein ontologisches Leib-Seele-Problem gibt, sondern lediglich ein epistemologisches Problem des Zusammenhangs zwischen mentalen und physischen Prozessen: »In reality, there is no metaphysical mind-body problem; there is no *ontological* anomaly, only an epistemic hiatus« (Consciousness and content, S. 31). – Denn: »Nature has solved the [...] problem, though we cannot see how; and that is all we really need to know« (Solving the philosophical mind-body problem, S. 76).

Fichte auch eine fundamentale Infragestellung der These der »Natürlichkeit«[224] des menschlichen Bewusstseins, d.h. der Reduktion mentaler Prozesse auf physische Prozesse[225], und einer damit verbundenen Verneinung der Willensfreiheit, wie sie seit einiger Zeit seitens der Hirnforschung im Rückgriff auf die Evolutionstheorie lautstark vertreten wird. So liegt Wolf Singer zufolge »[a]us neurobiologischer Sicht [...] der Schluß nahe, dass auch die höheren Konnotationen von Bewußtsein, die wir mit unseren Konzepten der Freiheit, Identität und Verantwortlichkeit verbinden, Produkt eines evolutionären Prozesses sind, der zunächst Gehirne hervorgebracht hat, die in der Lage waren, eine Theorie des Geistes zu erstellen und mentale Modelle der Befindlichkeit des je anderen zu entwerfen. Dies und die Herausbildung differenzierter Sprachen ermöglichte die Entwicklung von Kommunikationsprozessen, die schließlich zur Evolution menschlicher Kulturen führte und zur Emergenz der nur den Menschen eigenen subjektiven Aspekte von Bewußtsein. Wenn dem so ist, wenn also die subjektiven Konnotationen von Bewußtsein Zuschreibungen sind, die auf Dialogen zwischen sich wechselseitig spiegelnden Menschen gründen, dann ist zu erwarten, dass die Selbsterfahrung von Menschen kulturspezifische Unterschiede aufweist. Auch kann nicht ausgeschlossen werden, dass bestimmte Inhalte dieser Selbsterfahrung, beispielsweise die Überzeugung, frei entscheiden zu können, illusionäre Komponenten haben. Im Bezugssystem neurobiologischer Beschreibungen gibt es keinen Raum für objektive Freiheit, weil die je nächste Handlung, der je nächste Zustand des Gehirns immer determiniert wäre durch das je unmittelbar Vorausgegangene«[226].

Bereits 1797 hat jedoch Fichte in seiner *Vorlesung über Logik und Metaphysik* erkannt, dass die Frage nach dem Zusammenhang von Menta-

224 Vgl. etwa die Aussage des Systems der Natur aus dem Ersten Buch der BdM, wonach »[d]as Bewußtsein [...] nicht mehr jener Fremdling in der Natur« (GA I/6, 203) ist, oder im Rahmen der Evolutionstheorie Darwins Aussage »thought being a secretion of brain« (Darwin's notebooks on transmutation of species part II, S. 101).

225 In den Worten des Neurobiologen Wolf Singer heißt dies zwar, »dass die kognitiven Funktionen mit den physiko-chemischen Interaktionen in den Nervennetzen nicht gleichzusetzen sind, aber dennoch kausal erklärbar aus diesen hervorgehen« (Verschaltungen legen uns fest, S. 36).

226 Wolf Singer: Vom Gehirn zum Bewußtsein, S. 75.

lem und Physischen eine »Frage [...] nach dem Endpunkte [ist]«[227]: »Dieser muß offenbar als etwas zwischen Geist u[nd]. Materie schwebendes gedacht werden. Materie soll es seyn, in so fern es mit Materie zusammenhängt, geistig, in wie fern es durch den Willen unmittelbar bewegt werden soll. Wie soll dieses gedacht werden? Dieses letzte, höchste Produkt der Organisation u[nd]. Articulation kann nicht in die Sinne fallen, denn sonst wäre es noch Obiekt u[nd] nicht das letzte. Es ist hier eben so, wie oben bey den 2 Organen [des inneren sowie des äußeren Sinnes[228]; H.M.], da ich das 2te nicht wahrnehmen konnte ohne ein 3tes; so hier. Dieses letzte Produkt soll letztes seyn, es soll keinen höhern Sinn u[nd]. Organ geben, wir können es also nicht auffassen.«[229]

Wie schon Descartes und Kant vor ihm, vertritt somit auch Fichte die (erkenntniskritisch fundierte) Meinung, dass sich logisch widerspruchsfrei kein Standpunkt denken bzw. formulieren läßt, von dem aus der Zusammenhang von Mentalem und Physischem eingesehen werden kann[230]: Die Einheit der Differenz von Geist und Körper ist im Rahmen einer theoretisch-spekulativen Vernunft *notwendig* als Paradoxie zu denken bzw. zu formulieren.

227 GA IV/1, 345.

228 Fichte rekurriert auf folgende Überlegung einige Seiten zuvor: »Es könnte iemand sagen: Den Leib sehe ich, aber die Seele nicht. Der Unterschied ist blos darinn, daß der Leib wieder Obiekt des innern Organs wird; das innere Organ als das letzte aber kann nicht wieder Obiekt eines andern Sinnes werden, daher findet keine Wahrnehmung desselben durch den äußern Sinn statt, sondern es wird nur innerl[ich]. Gedacht, nicht wahrgenommen durch irgend einen Sinn. Gesetzt wir hätten 3 Organe, so würde das niedere Obiekt des 2ten, dieses Obiekt des 3ten seyn, 2 würden also wahrgenommen werden, aber nicht das dritte; u. womit will man dieses wahrnehmen? Mit einem 4ten? Wenn dieses auch wäre, so könnte dieses wieder nicht wahrgenommen werden u.s.f. Das gäbe eine unendliche Reihe; diese kann nicht seyn, denn ich bin endlich u[nd]. kann nur in der Endlichkeit wahrnehmen« (GA IV/1, 334).

229 GA IV/1, 345f.

230 Dies ist freilich nicht das letzte Wort Fichtes zum Leib-Seele-Problem. Fichtes originelle, weil *praktische* Auflösung des Leib-Seele-Problems kann jedoch an dieser Stelle der Untersuchung nicht skizziert werden, da sie zentrale Aussagen des Dritten Buchs der *Bestimmung des Menschen* vorwegnehmen würde. Es wird deshalb in Kapitel 2.3.1 der vorliegenden Arbeit noch einmal darauf zurückzukommen sein.

Nachdem wir uns am Ende des Ersten Buchs der *Bestimmung des Menschen* in der Frage nach der Existenz von Freiheit angesichts des Determinismus in der Natur in einer hoffnungslosen Ausweglosigkeit (in Form einer Antinomie im Sinne Kants) vorgefunden haben, stehen wir somit nun auch im Hinblick auf die Frage nach dem Verhältnis von menschlichem Bewusstsein und physischen Prozessen vor einer Aporie (in Form einer Paradoxie). Aus diesem Grunde wird ein Neuanfang notwendig, den das Ich im Gespräch mit einem Geist, der ihm zu mitternächtlicher Stunde zur Hilfe kommt, schließlich im *Wissen* findet, das auch dem Titel des Zweiten Buchs der *Bestimmung des Menschen* seinen Namen gibt.

2.2 Zweites Buch: Wissen

»A voice comes to one in the dark. Imagine.«[231]

So ließe sich – mit Samuel Beckett – der Beginn des Zweiten Buches der *Bestimmung des Menschen* beschreiben: Um »Mitternacht«[232], in tiefster Dunkelheit, »schien eine wunderbare Gestalt vor mir vorüber zu gehen, und mich anzureden: Armer Sterblicher, hörte ich sagen; du häufest Fehlschlüsse auf Fehlschlüsse, und dünkest dich weise«. In größter Verzweiflung und Ausweglosigkeit erscheint dem Ich ein *Geist*, der die bisherige Fragestellung nach dem Wesen und der Bestimmung des Ich[233] sowie nach der Wirklichkeit der Dinge selbst noch einmal hinterfragt: »Du nimmst doch an, daß diese Gegenstände da, und jene dort, wirklich außer dir vorhanden sind? [...] Und woher weißt du, daß sie vorhanden sind?«[234]

Auf diese Weise kommt der Geist einer »impulsion initiatrice«[235] gleich, die einen Neuanfang der Untersuchung möglich macht.

231 Samuel Beckett: Company, S. 3.
232 GA I/6, 215.
233 Siehe ebd., 191.
234 Ebd., 215.
235 Martial Gueroult: La destination de l'homme, S. 72. – Gueroult verweist in diesem Zusammenhang u.a. auf den ersten Teil von Johann Wolfgang von Goethes Tragödie *Faust*, wo es ähnlich heißt: »Mir hilft der Geist! Auf einmal seh' ich Rat / Und schreibe getrost: Im Anfang war die Tat!« (V.1236–1237).

2.2.1 *Nach Kant: Wirklichkeit als Konstruktion*

Mit dieser – im Vergleich zum Ersten Buch – völlig veränderten Problemstellung führt der Geist so gleichsam eine »Revolution der Denkart«[236] herbei, für die nun paradigmatisch zu gelten habe: »[W]as ich denken soll, das muß ich selbst denken, eine Ueberzeugung, die ich fassen soll, muß ich selbst in mir erzeugen.«[237]

Insofern ließe sich im Anschluss an Kant auch von einer »Kopernikanischen Wende«[238] sprechen, die sich im Zweiten Buch der *Bestimmung des Menschen* vollzieht: Nachdem im Ersten Buch die gegenständliche Wirklichkeit unhinterfragt als gegeben vorausgesetzt wurde[239], wird diese Objektivität nun selbst Gegenstand der Untersuchung: Wie entsteht »die Vorstellung von einem Gegenstande außer mir«[240]? In der Vorrede zur zweiten Auflage der *Kritik der reinen Vernunft* beschreibt Kant diese Wende wie folgt: »Bisher nahm man an, alle unsere Erkenntnis müsse sich nach den Gegenständen richten, aber alle Versuche über sie a priori etwas durch Begriffe auszumachen, wodurch unsere Erkenntnis erweitert würde, gingen unter dieser Voraussetzung zunichte. Man versuche es da-

236 KrV B xiii. – An anderer Stelle ist auch von einer »Veränderung der Denkart« (Ebd., B xix) die Rede.

237 GA I/6, 215.

238 Vgl. damit übereinstimmend Peter Baumanns: J.G. Fichte, S. 179. – Wenngleich wir bei unserer Lektüre des Ersten Buches Kopernikus mit Heinrich Rombach innerhalb des Systemdenkens verortet haben, so widerspricht dies nicht der kantischen Bezugnahme auf Kopernikus in einem nun transzendentalphilosophischen Rahmen, wie Otfried Höffe erklärt: »Die weltgeschichtliche Bedeutung von Kopernikus sieht Kant nicht erst in der Widerlegung einer überkommenen astronomischen Theorie. Weit grundsätzlicher überwindet Kopernikus den Standpunkt des natürlichen Bewußtseins, entlarvt die Vorstellung, die Sonne drehe sich um die Erde, als Schein und sieht die Wahrheit in einem neuen, nicht mehr natürlichen Standpunkt des Subjekts zu seinem Gegenstand, der Sonnen- und Planetenbewegung. Ähnlich beansprucht Kant in der Kritik der reinen Vernunft mehr als eine Widerlegung metaphysischer Theorien. Er überwindet nicht bloß den Rationalismus, den Empirismus und den Skeptizismus; er begründet vor allem eine neue Stellung des Subjekts zur Objektivität« (Immanuel Kant, S. 53).

239 Siehe z.B. GA I/6, 193: »Ich bin von Gegenständen umgeben, die ich als für sich bestehende, und gegenseitig von einander geschiedene Ganze anzusehen mich genöthigt fühle: Ich erblicke Pflanzen, Bäume, Thiere.«

240 Vgl. GA I/6, 243.

her einmal, ob wir nicht in den Aufgaben der Metaphysik damit besser fortkommen, daß wir annehmen, die Gegenstände müssen sich nach unserem Erkenntnis richten, welches so schon besser mit der verlangten Möglichkeit einer Erkenntnis derselben a priori zusammenstimmt, die über Gegenstände, ehe sie uns gegeben werden, etwas festsetzen soll. Es ist hiermit ebenso, als mit den ersten Gedanken des Kopernikus bewandt, der, nachdem es mit der Erklärung der Himmelsbewegungen nicht gut fort wollte, wenn er annahm, das ganze Sternenheer drehe sich um den Zuschauer, versuchte, ob es nicht besser gelingen möchte, wenn er den Zuschauer sich drehen, und dagegen die Sterne in Ruhe ließ. In der Metaphysik kann man nun, was die Anschauung der Gegenstände betrifft, es auf ähnliche Weise versuchen. Wenn die Anschauung sich nach der Beschaffenheit der Gegenstände richten müßte, so sehe ich nicht ein, wie man a priori von ihr etwas wissen könne; richtet sich aber der Gegenstand (als Objekt der Sinne) nach der Beschaffenheit unseres Anschauungsvermögens, so kann ich mir diese Möglichkeit ganz wohl vorstellen. Weil ich aber bei diesen Anschauungen, wenn sie Erkenntnisse werden sollen, nicht stehen bleiben kann, sondern sie als Vorstellungen auf irgend etwas als Gegenstand beziehen und diesen durch jene bestimmen muß, so kann ich entweder annehmen, die Begriffe, wodurch ich diese Bestimmung zustande bringe, richten sich auch nach dem Gegenstande, und dann bin ich wiederum in derselben Verlegenheit, wegen der Art, wie ich a priori hiervon etwas wissen könne; oder ich nehme an, die Gegenstände oder, welches einerlei ist, die Erfahrung, in welcher sie allein (als gegebene Gegenstände) erkannt werden, richte sich nach diesen Begriffen, so sehe ich sofort eine leichtere Auskunft, weil Erfahrung selbst eine Erkenntnisart ist, die Verstand erfordert, dessen Regel ich in mir, noch ehe mir Gegenstände gegeben werden, mithin a priori voraussetzen muß, welche in Begriffen a priori ausgedrückt wird, nach denen sich also alle Gegenstände der Erfahrung notwendig richten und mit ihnen übereinstimmen müssen.«[241]

241 KrV B xvi-xviii. – Zu jenem transzendentalphilosophischen Neuanfang im Anschluss an den Zweifel bzw. die Verzweiflung über die Antinomie von Willensfreiheit und Determinismus am Ende des Ersten Buches der BdM passt, dass Kant selbst in einem Brief an Christian Garve vom 21. September 1798 rückblickend schreibt: »Nicht die Untersuchung vom Dasein Gottes, der Unsterblichkeit etc. ist der Punkt gewesen, von dem ich ausgegangen bin, sondern die Antinomie der r. V.: ›Die Welt hat einen Anfang – sie hat keinen Anfang etc. bis zur vierten:

Deshalb kann der Geist dem Ich auch versichern: »Ich bringe dir keine neuen Offenbarungen. Was ich dich lehren kann, das weißt du längst, und du sollst dich jetzt desselben nur *erinnern*«[242], womit er den zentralen Topos von Platons Lehre der Wiedererinnerung (grch. *anamnesis*) aufgreift, wie er etwa in den Dialogen *Menon*[243] und *Phaidon*[244] dargelegt wird. So erklärt Sokrates im *Menon* das Wissen um geometrische Gesetze mit dem Verweis auf ein apriorisches, d.h. nicht durch Erfahrung gewonnenes Wissen, indem er einem Sklaven, der über keinerlei schulische Ausbildung in Geometrie verfügt, zur Erkenntnis verhilft, »daß es unmöglich ist, ein Quadrat zu konstruieren, indem man seine Seiten zwei- oder anderthalbmal so lang macht wie die Seite des ursprünglichen Quadrates – sondern, indem man es auf der *Diagonalen* des ursprünglichen Quadrates aufbaut«[245].

Der nun in der *Bestimmung des Menschen* folgende Prozess der *anamnesis* bzw. *reflexio*[246] beginnt zunächst bei der sinnlichen Wahrnehmung (Sehen, Hören, Riechen, Schmecken, Fühlen), mittels derer wir die Gegenstände um uns herum erfahren: »[E]s sind wahrnehmbare Gegenstände für dich vorhanden, lediglich zufolge einer Bestimmung deines äußern Sinnes: du weißt von ihnen lediglich vermittelst dienes Wissens von dieser Bestimmung deines Sehens, Fühlens u.s.f. Deine Aussage: es sind Gegenstände außer mir, stützt sich auf die, ich sehe, höre, fühle, u.s.f.«[247]

Dabei sind die jeweiligen Sinneseindrücke bzw. Empfindungen, z.B. rot, blau, warm, rau, glatt, selbst nicht weiter ableitbar (etwa aus dem Denken), sondern »ein schlechthin unmittelbares«[248], Punktuelles[249], d.h.

Es ist Freiheit im Menschen, – gegen den: es ist keine Freiheit, sondern alles ist in ihm Naturnotwendigkeit‹; diese war es, welche mich aus dem dogmatischen Schlummer zuerst aufweckte und zur Kritik der Vernunft selbst hintrieb, um das Skandal des scheinbaren Widerspruchs der Vernunft mit ihr selbst zu heben« (Briefwechsel, S. 779f.).

242 GA I/6, 215 (Hervorhebung durch H.M.).

243 Platon: Menon, 81c–86c.

244 Platon: Phaidon, 74a–77a.

245 John N. Findlay: Plato und der Platonismus, S. 55. – Zur »Entdeckung des a priori« in Platons *Menon* siehe auch Paul Natorp: Platos Ideenlehre, S. 31–42.

246 Vgl. GA I/6, 232.

247 Ebd., 216.

248 Ebd., 218.

249 Ebd., 220.

»ohne alle Zusammensetzung«: »Was Sache der Empfindung ist, läßt sich nur empfinden, nicht denken; es ist kein abgeleitetes.«[250]

Und dennoch ist das Sehen, Hören oder Fühlen immer schon Sehen, Hören oder Fühlen *eines Subjekts, das* sieht, hört oder fühlt, so dass man im Sehen, Hören oder Fühlen immer auch seiner selbst (*als* Sehender, Hörender oder Fühlender) unmittelbar bewusst ist; ohne dieses »bloße Selbstgefühl«[251] wäre schließlich keinerlei sinnliche Wahrnehmung möglich: »Also, daß Gegenstände sind, weißt du nur dadurch, daß du sie siehst, fühlst u.s.w. und daß du siehst oder fühlst, weißt du nur dadurch, daß du es eben weißt, daß du unmittelbar weißt«[252] – mit anderen Worten: »[M]an kann von seinem Selbtsbewußtseyn nie abstrahiren.«[253]

Insofern müsste man die Feststellung *Ich sehe das Haus* streng genommen umformulieren in *Ich bin mir meines Sehens des Hauses bewusst*, so dass sich als erstes Teilergebnis festhalten lässt: »*In aller Wahrnehmung nimmst du lediglich deinen eigenen Zustand wahr*.«[254] Denn »Gegenstände unterscheide ich erst dadurch, daß ich meine eignen Zustände unterscheide«[255], die dann – im Rahmen der jeweiligen Sprach- bzw. Kulturgemeinschaft – mittels arbiträrer Zeichen als *rot*, *rau* oder *kalt* bezeichnet werden, so dass »die Wahrnehmung der Gegenstände [...] von der Wahrnehmung meines eignen Zustandes aus[geht], und [...] durch diese bedingt [wird], nicht aber umgekehrt«[256]. Dies hat jedoch zur Folge, dass das Bewusstsein eines Gegenstandes außerhalb von mir nicht in der Empfindung bzw. sinnlichen Wahrnehmung begründet sein kann, da ich »in mir selbst [empfinde], nicht im Gegenstande, denn ich bin ich selbst, und nicht der Gegenstand; ich empfinde sonach nur mich selbst, und meinen Zustand, nicht aber den Zustand des Gegenstandes«[257].

Wie aber kommt man dann dazu, einen Gegenstand außer sich anzunehmen? »[W]ie magst du überhaupt dazu kommen, mit deinem Bewußtseyn, das doch unmittelbar nur Bewußtseyn deiner selbst ist, aus dir

250 Ebd., 218.
251 Ebd., 219.
252 Ebd., 217.
253 GA I/2, 260.
254 GA I/6, 217 (Hervorhebungen Fichtes).
255 Ebd., 218.
256 Ebd.
257 Ebd., 219.

herauszugehen, und zu der Empfindung, die du wahrnimmst, ein Empfundenes und Empfindbares hinzu zu setzen, das du nicht wahrnimmst?«[258]

Die Antwort: Mittels eines (unbewussten) Schlusses von der sinnlichen Affizierung auf ihren Grund, den objektiven Gegenstand, dem wiederum der Satz vom Grunde zugrundeliegt, wonach nichts ohne Grund geschieht (*nihil sine ratione*): »Ich bin afficirt, dies weiß ich schlechthin: diese meine Affection muß einen Grund haben: in mir liegt dieser Grund nicht, sonach außer mir: So schließe ich schnell, und mir unbewußt; und setze einen solchen Grund, *den Gegenstand*.«[259]

Die Vorstellung dessen als räumlich ausgedehnter Gegenstand setzt dabei jedoch notwendig »einen zusammenhängenden ins Unendliche theilbaren Raum«[260] voraus, den dieser einnimmt. Dieser Anschauungsraum[261], verstanden als »Verhältnisse des Außen- und Nebeneinander«[262], ist selbst aber »undurchsichtig, und undurchgreifbar, und fällt in keinen meiner Sinne«[263].

Das »Organ des Wissens«[264] von den äußeren Gegenständen ist deshalb der Geist bzw. das Denken, der in einem spontanen[265], d.h. ohne Be-

258 Ebd., 225.

259 Ebd., 226 (Hervorhebungen Fichtes).

260 Ebd., 224.

261 Vgl. ebd., 243.

262 Otfried Höffe: Immanuel Kant, S. 76. – Vgl. GA I/6, 241: »Sie [die Dinge; H.M.] sind neben, über und unter, hinter und vor einander; mir näher, oder von mir entfernter.«

263 GA I/6, 223. – Mit Kant gesprochen handelt es sich beim Raum um eine Anschauungsform a priori des äußeren Sinnes. Die Zeit als zweite reine Anschauungsform kommt dagegen im Zweiten Buch der BdM nur implizit vor, wenn es darum geht, dass der innere Sinn in Form der Empfindungen nur in Verhältnissen des Nacheinander und nicht auch des Nebeneinander vorgestellt wird: »[I]ch sehe ein, daß es mein beständiges Verfahren ist, zu *verbreiten*, was doch eigentlich in der Empfindung nur ein Punkt ist: *nebeneinander* zu stellen, was ich doch eigentlich *nacheinander* setzen sollte, indem in der bloßen Empfindung schlechthin kein nebeneinander, sondern nur ein nacheinander statt findet« (GA I/6, 222; Hervorhebungen Fichtes).

264 GA I/6, 227.

265 *Spontaneität* wird in diesem Zusammenhang im Unterschied zur Freiheit gebraucht, die einen »Akt des Geistes [beschreibt], dessen wir uns als eines solchen

wusstsein des Handelns stattfindenden Akt die Vorstellung eines Gegenstandes außer mir hervorbringt: »Mein Bewußtseyn hebt an mit der Empfindung meines Zustandes; unmittelbar damit verknüpfe ich die Vorstellung eines Gegenstandes nach dem Gesetze des Grundes; beides, das Bewußtseyn meines Zustandes, und die Vorstellung eines Gegenstandes, sind unzertrennlich vereint, es fällt *zwischen sie* kein Bewußtseyn, es fällt *vor* diesem Einem untheilbaren Bewußtseyn kein anderes Bewußtseyn.«[266]

In der Lebenswirklichkeit geschieht dieses Tun des Geistes freilich unbewusst, so dass es als »*ein gegebenes*«[267] erscheint: »Dieses Bewußtseyn ist Bewußtseyn des Gegenstandes«[268], d.h. »Bewußtseyn *meines Leidens*«[269]. Durch freie Beobachtung und Reflexion kann ich mir dieses Tuns jedoch als »Bewußtseyn *meines Thuns*«[270] (und nicht meines Leidens, d.h. meiner Rezeptivität) bewusst werden. Als zweites Teilergebnis der bisherigen Untersuchung lässt sich somit festhalten: »Mein unmittelbares Bewußtseyn ist zusammengesetzt aus zwei Bestandtheilen, dem Bewußtseyn meines Leidens, der Empfindung; und dem meines Thuns, in Erezugung eines Gegenstandes nach dem Satz des Grundes; welches letztere an die erstere sich unmittelbar anschließt. Das Bewußtseyn *des Gegenstandes* ist nur ein nicht dafür erkanntes *Bewußtseyn meiner Erzeugung einer Vorstellung vom Gegenstande.* Um diese Erzeugung weiß ich schlechthin dadurch, daß ich es selbst bin, der da erzeugt. Und so ist alles Bewußtseyn nur ein unmittelbares, ein Bewußtseyn meiner selbst, und ist nunmehro vollkommen begreiflich.«[271]

Dabei wird jenes »Band«[272] zwischen dem Subjekt des Wissens, dem empirischen Ich, d.h. dem Ich der bisherigen Erörterung, und dem Objekt des Wissens, dem äußeren Gegenstand, mit dem Begriff *Ich* (im Sinne eines *transzendentalen* Ichs) benannt: »Ich bin Subjekt und Objekt: und diese Subjekt=Objektivität, dieses Zurückkehren des Wissens ins sich

bewußt werden« (GA I/6, 229). Im Gegensatz dazu ist jede Empfindung bloß rezeptiv, d.h. »leidend«, wie es an anderer Stelle (Ebd., 232) heißt.

266 GA I/6, 232 (Hervorhebungen Fichtes).

267 Ebd.

268 Ebd.

269 Ebd.

270 Ebd.

271 Ebd.

272 Ebd., 235.

selbst, ist es, die ich durch den Begriff *Ich* bezeichne.«[273] Als solches kann das Ich *qua* »*Identität*, das, was weder Subjekt, noch Objekt ist, sondern beiden zum Grunde liegt«[274], jedoch nicht noch einmal bewusst gemacht werden (so wie etwa ein Gegenstand bewusst ist), da Bewusstsein als diskursives Vermögen immer schon das Bewusstseiende (Subjekt) vom Bewussten (Objekt) unterscheidet bzw. trennt: sie wird vielmehr »intellectuell angeschaut«[275], wie es an anderer Stelle heißt.

273 Ebd., 235f. – Insofern entspricht das *Ich* dem sog. »transzendentalen Selbstbewußtsein« bzw. der »ursprünglich-synthetischen Einheit der Apperzeption« bei Kant, der darüber in der KrV schreibt: »Das: Ich denke, muß alle meine Vorstellungen begleiten können; denn sonst würde etwas in mir vorgestellt werden, was garnicht gedacht werden könnte, welches ebensoviel heißt, als die Vorstellung würde entweder unmöglich, oder wenigstens für mich nichts sein. Diejenige Vorstellung, die vor allem Denken gegeben sein kann, heißt Anschauung. Also hat alles Mannigfaltige der Anschauung eine notwendige Beziehung auf das: Ich denke, in demselben Subjekt, darin dieses Mannigfaltige angetroffen wird. Diese Vorstellung aber ist ein Aktus der Spontaneität, d. i. sie kann nicht als zur Sinnlichkeit gehörig angesehen werden. Ich nenne sie die reine Apperzeption, um sie von der empirischen zu unterscheiden, oder auch die ursprüngliche Apperzeption, weil sie dasjenige Selbstbewußtsein ist, was, indem es die Vorstellung Ich denke hervorbringt, die alle anderen muß begleiten können, und in allem Bewußtsein ein und dasselbe ist, von keiner weiter begleitet werden kann. Ich nenne auch die Einheit derselben die transzendentale Einheit des Selbstbewußtseins, um die Möglichkeit der Erkenntnis a priori aus ihr zu bezeichnen. Denn die mannigfaltigen Vorstellungen, die in einer gewissen Anschauung gegeben werden, würden nicht insgesamt meine Vorstellungen sein, wenn sie nicht insgesamt zu einem Selbstbewußtsein gehörten, d. i. als meine Vorstellungen (ob ich mich ihrer gleich nicht als solcher bewußt bin) müssen sie doch der Bedingung notwendig gemäß sein, unter der sie allein in einem allgemeinen Selbstbewußtsein zusammenstehen können, weil sie sonst nicht durchgängig mir angehören würden« (B 131–133).

274 GA I/6, 236 (Hervorhebung durch H.M.).

275 Ebd., 249. – Da Fichte diesen zentralen Begriff seiner Philosophie in diesem Zusammenhang nicht weiter erläutert, sei auf die (kurz zuvor 1798/1799 in Jena vorgetragene) WLnm-K verwiesen. Dort heißt es über die intellektuelle Anschauung: »Alles Bewustsein ist begleitet von einem unmittelbaren Selbstbewustsein, genannt, intellectuelle Anschauung, und nur in Voraussetzung dessen, denkt man. Das Bewustsein aber ist Thaetigkeit und das Selbstbewustein insbesondere in sich zurükgehende Thaetigkeit der Intelligenz, oder reine Reflexion« (GA IV/3, 350). – Für eine ausführliche Erläuterung von Fichtes Begriff der intellektuellen An-

Metaphorisch lässt sich diese »innere Agilität«[276] des Geistes als ein »*Linienziehen*«[277] vorstellen, »in welchem man nach allen Richtungen hin Linien ziehen, und Punkte machen kann: also als – *Raum*«[278], dem »reinste[n] Bild meines Wissens«[279], wobei jeder Punkt dieser Linie »ein bestimmtes Denken«[280] ausmacht.

Insofern bestätigt sich die oben getroffene Feststellung , wonach »alles, was du außer dir erblickst, [...] immer du selbst [bist]«[281]; denn »die Dinge erscheinen dir nicht durch einen Repräsentanten; des Dings, das da ist, und seyn kann, wirst du dir unmittelbar bewußt; und es giebt kein anderes Ding, als das, dessen du dir bewußt wirst. Du selbst bist dieses Ding; du selbst bist durch den innersten Grund deines Wesens, deine Endlichkeit, vor dich selbst hingestellt, und aus dir selbst herausgeworfen. [...] Man hat dieses Bewußtseyn sehr passend *Anschauung* genannt. In allem Bewußtseyn schaue ich mich selbst an; denn ich bin Ich: für das Subjective, das Bewußt*seyende*, ist es *An*schauung. Und das Objective, das Angeschaute und Bewußte, bin abermals ich selbst, dasselbe Ich, welches auch das anschauende ist, – nur eben objectiv, vorschwebend dem Subjectiven.«[282]

schauung innerhalb seiner Wissenschaftslehre siehe Jürgen Stolzenberg: Fichtes Begriff der intellektuellen Anschauung.

276 GA I/6, 237.

277 Ebd., 238 (Hervorhebungen Fichtes).

278 Diese Metapher findet sich in genau demselben Zusammenhang u.a. bereits in der WLnm-K, wo es heißt: »Die Aufgabe ist: nicht einem bestimmten Thun, z.B. Denken, Anschauen pp sondern einem Thun überhaupt zuzusehen. Die Aufforderung ist: eine Agilitaet zu beschreiben; diese kann man nur anschauen als eine Linie, die ich ziehe. Also innere Agilitaet ist ein Linie ziehen, nun aber ist hier nicht die Rede von einer Agilitaet, die geschieht, sondern von einer Agilitaet überhaupt, von einem bestimmbaren aber nicht bestimmten Vermögen der inneren Selbstthätigkeit und Agilitaet. So eine Linie aber ist bestimmt der Direction nach. In dem Vermögen aber müßen alle Linien liegen[,] das Schema des Thuns [muß] ein nach allen möglichen Directionen mögliches Linienziehen sein; dieß ist der Raum[,] und zwar leerer Raum, aber als leerer R[aum] kommt er nie vor, es wird immer etwas hineingesezt« (GA IV/3, 412).

279 GA I/6., 239.

280 Ebd., 238.

281 Ebd.

282 Ebd.

In diesem erkenntniskritischen Sinne ist der Gegenstand außer uns Erscheinung, d.h. das »*Produkt unsers eignen Vorstellungs=Vermögens*«[283], ist die objektive Wirklichkeit Konstruktion[284]: »[D]enn wenn einmal *das außer uns überhaupt* uns nur durch unser Bewußtseyn selbst entsteht, so kann ohne Zweifel auch das *Besondere und Mannigfaltige* dieser Außenwelt auf keinem andern Wege entstehen.«[285] Insofern ist damit *nicht* »[e]in Erdenken, Erschaffen [der Dinge; H.M.] durch Denken«[286] gemeint, was einem göttlichen *intellectus archetypus*[287] im Sinne Kants gleichkäme, »sondern lediglich ein Bestimmen des durch Empfindung und Anschauung, unabhängig vom Denken, gegebenen«[288] bzw. »ein Ordnen meiner mannigfaltigen Anschauungen durch den Verstand«[289].

Die so gewonnene Einsicht in die *Realität* der Dinge im Wissen ist dabei über jeden Zweifel erhaben, da es in der Anschauung gründet, die »unmittelbar und untrüglich«[290] ist: »Was in ihr liegt, erscheint nicht als hervorgebracht, und kann nicht täuschen.«[291]

283 Ebd., 246.

284 Vgl. Barbara Zehnpfennig: Reflexion und Metareflexion bei Platon und Fichte, S. 155.

285 GA I/6, 247 (Hervorhebungen Fichtes).

286 Ebd., 243.

287 Unter einem *intellectus archetypus* versteht Kant einen göttlichen, anschauenden Verstand, »duch dessen Vorstellung die Gegenstände selbst zugleich gegeben, oder hervorgebracht würden« (KrV B 145). Demgegenüber meint der *intellectus ectypus* den nur diskursiv, d.h. begrifflich denkenden, menschlichen Verstand.

288 GA I/6, 243.

289 Ebd., 242.

290 Ebd., 241. – Im Hinblick auf jeweilige Größe, Entfernung sowie Lage eines Gegenstandes ist freilich ein Irrtum möglich. Denn jede Teilung, Begrenzung und Bestimmung möglicher *Formen* der Dinge stellt immer nur eine Teilung, Begrenzung und Bestimmung des Wissens selbst dar, wovon man ohne Zweifel weiß: »Darum wird ein Wissen vom Dinge möglich. Es ist nicht im Dinge, und strömt nicht von ihm aus. Es strömt von dir aus, in dem es ist, und dessen eigenes Wesen es ist. Es giebt keinen äußern Sinn, denn es giebt keine äußere Wahrnehmung. Wohl aber giebt es eine äußere Anschauung – nicht des *Dinges* – sondern diese äußere Anschauung – dieses, außerhalb des subjectiven und ihm als vorschwebend erscheinende, *Wissen* – ist selbst das Ding, und es giebt kein anderes« (GA I/6, 239).

291 GA I/6, 241

Zusammenfassend lässt sich die bisherige Erörterung über die »Entstehung der Vorstellung von einem Gegenstande außer mir«[292] somit wie folgt darstellen: »Du fühlst dich in einem gewissen Zustande, den du roth, glatt, süß u.s.w nennest. Du weißt darüber nichts, als daß du dich eben fühlst, und dich so fühlst. [...] Es ist ferner die Bestimmung deiner selbst als Intelligenz, daß dir ein Raum vorschwebt. [...] Zwischen jenem gefühlten Zustande, und diesem dir vorschwebenden Raume ist nun nicht der geringste Zusammenhang; außer, daß nun einmal beides in deinem Bewußtseyn vorkommt. [...] Nun aber bist du auch denkend, eben so schlechthin, wie du fühlend und anschauend bist; und du weißt darüber nichts weiter, als, daß du es eben bist. Du fühlst deinen Zustand nicht bloß, sondern du denkst ihn auch; aber er giebt dir keinen vollständigen Gedanken; du bist genöthigt, im Denken noch etwas ander[e]s zu ihm hinzusetzen, einen Grund desselben außer dir, eine fremde Kraft. [...] Durch dieses Denken entsteht dir nun erst ein Zusammenhang zwischen deinem Zustande, den du fühlst, und dem Raume, den du anschauest, du denkst in den letztern den Grund des erstern hinein.«[293]

Dieser skizzierte »theoretische transzendentale Idealismus«[294] erinnert in seinen Grundaussagen stark an einen erkenntnistheoretischen Konstruktivismus, wie er im 20. Jahrhundert etwa von Niklas Luhmann vertreten wurde. Es wird sich im Folgenden zeigen, inwieweit sich zentrale Behauptungen der im Zweiten Buch dargelegten Theorie der Wirklichkeit (teilweise bis in den Wortlaut hinein) auf Thesen Luhmanns abbilden und sich so differenztheoretisch rekonstruieren sowie im Anschluss an die Aporie am Ende des Zweiten Buches schließlich kritisieren lassen.

292 Ebd., 243.

293 Ebd., 245f. – Insofern erinnert diese (knappe) Deduktion des theoretischen Wissens im Zweiten Buch der BdM an Fichtes GEWL aus dem Jahre 1795, in der ausgehend von den Grundsätzen der GWL sowohl die Empfindung als auch die Anschauung deduziert werden, um so die Grundlage für das theoretische Vermögen (im Sinne Kants) legen zu können. Vgl. Martial Gueroult: La destination de l'homme, S. 83.

294 Siehe Günter Zöller: Die Einheit von Intelligenz und Wille in der *Wissenschaftslehre nova methodo*, S. 109 sowie Karl Ameriks: Kant and the fate of autonomy, S. 194.

2.2.2 *Erkenntnistheoretischer Konstruktivismus: Niklas Luhmann*

Wie die Untersuchung des Zweiten Buches der *Bestimmung des Menschen* so beginnen auch Niklas Luhmanns erkenntnistheoretische Überlegungen mit der Umstellung von Was-Fragen auf Wie-Fragen[295]. Anstatt zu fragen, *was* erkannt wird, will Luhmann wissen, *wie* erkannt wird bzw. *wie* Erkenntnis möglich ist: »Während im Normalverständnis das Beobachten des Beobachtens sich vor allem auf das richtet, *was* ein Beobachter beobachtet (indem es Subjekt und Objekt unterscheidet, sich aber vor allem für das Objekt interessiert), beschreibt der Kon- struktivismus ein Beobachten des Beobachtens, das sich dafür interessiert, *wie* der beobachtete Beobachter beobachtet.«[296]

Im Ausgang von George Spencer-Browns operativer Logik[297] besteht für Luhmann Erkenntnis in einer unterscheidenden Operation, die etwas bezeichnet: »Beobachten ist demnach das Bezeichnen der einen (und nicht der anderen) Seite einer Unterscheidung. Ohne Unterscheidung, aber auch ohne Bezeichnung, kommt es nicht zustande. Es kann sich um extrem Verschiedenes handeln, solange nur die Form einer Unterscheidung zugrundegelegt wird – etwa um: ›dies und nichts anderes‹, ›mein Freund, und niemand sonst‹, ›nah und fern‹, ›warm und nicht kalt‹, ›siebenundzwanzig und keine andere Zahl‹, ›konservativ und nicht progressiv‹. Das Beobachten ist der operative Vollzug einer Unterscheidung durch Bezeichnung der einen (und nicht der anderen) Seite.«[298]

Diese differenztheoretische Grundannahme Luhmanns findet sich so auch im Zweiten Buch der *Bestimmung des Menschen*, wenn es heißt: »Es ist Bedingung alles meines Bewußtseyns, daß das *Bewußtseyende*, und das *Bewußte* als zweierlei erscheine«[299], so dass »mein Bewußtseyn erst mit, und durch ihre Trennung möglich wird«.

295 Siehe Niklas Luhmann: Die Wissenschaft der Gesellschaft, S. 95.

296 Niklas Luhmann: Das Erkenntnisprogramm des Konstruktivismus und die unbekannt bleibende Realität, S. 43.

297 Siehe George Spencer-Brown: Laws of form.

298 Niklas Luhmann: Die Wissenschaft der Gesellschaft, S. 84. – Damit wird implizit das *Prinzip vom ausgeschlossenen Dritten* ($A \vee \neg A$) etabliert, wonach »es zwischen den beiden Gliedern des Widerspruchs [ebensowenig] etwas geben [kann], sondern man muß notwendig jeweils Eines von Einem entweder bejahen oder verneinen« (Aristoteles: Metaphysik 1011b 39ff.) – *Tertium non datur.*

Dabei kann die jeweils verwendete Unterscheidung von Beobachter und Beobachtetem bzw. Bewusstsein und Bewusstem im Akt der Beobachtung bzw. des Bewusstseins selbst nicht beobachtet bzw. bewusst werden und stellt so den *blinden Fleck*[300] jeglicher Beobachtung bzw. jeglichen Bewusstseins dar: »Wie uns die heute weitgehend akzeptierte operative Epistemologie lehrt, findet alles Beobachten in der Welt statt als ein seinerseits beobachtbarer Vorgang; setzt alles Beobachten ein Grenzziehung voraus, über die hinweg der Beobachter etwas anderes (und gegebenenfalls sich selber als anderen) beobachten kann; konstituiert alles Beobachten also die Unvollständigkeit von Beobachtungen, indem es sich selbst und die für es konstitutive Differenz der Beobachtung entzieht; muß Beobachten sich also auf einen blinden Fleck einlassen, dank dessen es etwas (aber nicht alles) sehen kann. Eine Welt, die darauf eingerichtet ist, sich selber zu beobachten, zieht sich in die Unbeobachtbarkeit zurück. Oder in traditioneller Terminologie formuliert: Die Unbeobachtbarkeit der Operation des Beobachtens ist die transzendentale Bedingung seiner Möglichkeit.«[301]

Wie Luhmann bereits deutlich gemacht hat, gehört zu einer Zwei-Seiten-Unterscheidung, die nach Spencer-Brown auch als »Form«[302] bezeichnet wird, dass man nicht beide Seiten zugleich verwenden kann[303]:

299 GA I/6, 236 (Hervorhebungen Fichtes). – Dies lässt sich mit Ferdinand de Saussure auch für die Sprache sagen, wonach das sprachliche Zeichen »zwei Seiten hat« (Grundfragen der allgemeinen Sprachwissenschaft, S. 78): Lautbild bzw. Bezeichnendes (*signifiant*) und Vorstellung bzw. Bezeichnetes (*signifié*).

300 Ursprünglich bezeichnet der blinde Fleck in der Optik jenen Punkt auf der Netzhaut an dem sich keine Rezeptorzellen befinden, um die Nervenverbindungen der Sehsensoren dem Gehirn zuführen zu können: »Wir können nicht sehen, was in dieser Zone ›abgebildet‹ wird, und wir können auch nicht sehen, daß wir nichts sehen – denn wir sind uns dieses Mangels nicht bewußt« (Claudio Baraldi/Giancarlo Corsi/Elena Esposito: GLU, S. 102).

301 Niklas Luhmann: Die Kunst der Gesellschaft, S. 95f.

302 »Eine Form ist also etwas, was zwei Seiten hat, die unterschieden werden« (Niklas Luhmann: Die Paradoxie der Form, S. 244).

303 Damit wird implizit das *Prinzip vom zu vermeidenden Widerspruch* [$\neg(A \wedge \neg A)$] begründet, wonach etwas unmöglich zugleich und in derselben Beziehung derselben Sache zukommen und nicht zukommen kann (Aristoteles: Metaphysik IV 4, 1006aff.).

»Operativ, hatten wir gesagt, kann nur die eine, die bezeichnete Seite der Form verwendet werden. Wer beide Seiten zugleich verwenden will, verstößt gegen den Sinn der Unterscheidung. Es geht nicht, es liefe auf eine Paradoxie hinaus. Denn man müßte dann in einem Zuge das Verschiedene als dasselbe bezeichnen.«[304]

Und dennoch kann man die Perspektive wechseln und auch von der anderen Seiten her beobachten, aber erst danach. Denn dieses Überschreiten der Grenze, nach Spencer-Brown auch »crossing«[305] genannt, erfordert Zeit. Als derjenige, der unterscheidet, kann man also das in den Blick nehmen, was man vom anderen geschieden hat – seine eigene Unterscheidung sieht man dabei selbst aber nicht: »Die Unmöglichkeit, die Unterscheidung zu unterscheiden, mit der man unterscheidet, ist eine Grundbedingung des Erkennens schlechthin. Ob die Wahl der Unterscheidung mit latenten Interessen korreliert, ist eine Frage, die erst auf der Ebene der Beobachtung zweiter Ordnung auftritt.«[306]

Im Unterschied zur Beobachtung erster Ordnung, die auf der Ebene des Faktischen operiert und sich »auf das konzentriert, was e[s] beobachtet« [307], bezeichnet die Beobachtung zweiter Ordnung die Beobachtung einer Beobachtung: »Das Beobachten zweiter Ordnung beobachtet nur, *wie* beobachtet wird.« Insofern gibt es jede Unterscheidung bzw. Zwei-Seiten-Form nur für den Beobachter zweiter Ordnung; denn auf der Ebene der Beobachtung erster Ordnung weiß der Beobachter nicht von der Unterscheidung, die ihm sein Beobachten überhaupt erst ermöglicht. Als Theoriesprecher, der über das Phänomen der Form spricht, sind wir aber immer schon Beobachter zweiter Ordnung: Wir beobachten Beobachter. Bei der Beobachtung einer Form, d.h. einer Zwei-Seiten-Unterscheidung, wird demnach eine Form (einer Beobachtung erster Ordnung) in die Form (einer Beobachtung zweiter Ordnung), d.h. eine Unterscheidung in eine Unterscheidung »wiedereingeführt« – mit Spencer-Brown gesprochen: Es findet ein *re-entry* statt: »Eine Unterscheidung markiert einen Bereich und wird dann in das durch sie Unterschiedene wiedereingeführt.

304 Niklas Luhmann: Die Paradoxie der Form, S. 247.

305 Siehe George Spencer Brown: Laws of form, S. 1f.

306 Niklas Luhmann: Das Erkenntnisprogramm des Konstruktivismus und die unbekannt bleibende Realität, S. 44.

307 Niklas Luhmann: Die Kunst der Gesellschaft, S. 103.

Sie kommt dann doppelt vor: als Ausgangsunterscheidung und als Unterscheidung in dem durch sie Unterschiedenen. Sie ist dieselbe und nicht dieselbe. Sie ist dieselbe, weil der Witz des re-entry gerade darin besteht, dieselbe Unterscheidung rekursiv auf sich selbst anzuwenden; sie ist eine andere, weil sie in einem anderen, in einem bereits unterschiedenen Bereich eingesetzt wird.«[308]

Dies bedeutet aber, dass die Form der Form immer nur als Paradoxie denkbar ist. Die Form ist als Einheit der Unterscheidung immer nur abwesend anwesend, sie ist das »eingeschlossene ausgeschlossene Dritte«[309], wie Luhmann sagt. Sie ist jenes »Dritte« (*Tertium*), welches es nach der klassischen, zweiwertigen Logik nicht geben darf, wie Aristoteles betont: »Ebenso wenig aber kann es zwischen den beiden Gliedern des Widerspruchs etwas geben, sondern man muß notwendig jeweils Eines von Einem entweder bejahen oder verneinen.«[310] Für Luhmann zeichnet sich Erkenntnis deshalb durch eine paradoxale Struktur von Ermöglichung und Verunmöglichung aus: Beobachtung gibt es nur aufgrund der Verdeckung der sie ermöglichenden Unterscheidung; aber: »Such a paradox is not simply a logical contradiction (A is non-A) but a foundational statement: The world is observable because it is unobservable. Nothing can be observed (not even the ›nothing‹) without drawing a distinction, but this operation remains indistinguishable. It can be distinguished, but only by another operation. [...] Obviously, this makes no sense. It makes meaning. It makes no common sense; it uses the meaning of ›para-doxon‹ to transgress the boundaries of common sense to reflect what it means to use meaning as a medium.«[311]

Zentral für den Konstruktivismus im Sinne Luhmanns ist dabei jedoch die mit dem Differenzkalkül unmittelbar verbundene These von der *operationalen Geschlossenheit* des erkennenden Systems, resp. Bewusstsein: »Operationale Geschlossenheit scheint die notwendige *empirische* Voraussetzung von Beobachtung zu sein. Ohne Geschlossenheit würde das

308 Niklas Luhmann: Die Wissenschaft der Gesellschaft, S. 379f.

309 Niklas Luhmann: Individuum, Individualität, Individualismus, S. 199.

310 Aristoteles: Metaphysik IV 6, 1011b. – In den Worten Luhmanns: »Bei all dem bleibt es unmöglich, die Einheit der Zwei-Seiten-Form einer Unterscheidung bei ihrem Gebrauch mitzuthematisieren. Sie bleibt das durch sie ausgeschlossene Dritte« (Das Moderne der modernen Gesellschaft, S. 29).

311 Niklas Luhmann: The paradox of observing systems, S. 87f.

System seine eigenen Operationen fortwährend mit denen seiner Umwelt, Bewusstseinszustände mit äußeren Zuständen oder Wörter mit Sachen verwechseln. Es wäre nicht in der Lage, die Unterscheidung von Selbstreferenz und Fremdreferenz vorzunehmen. Es könnte nicht einmal äußere und innere Zustände miteinander vergleichen. Es könnte den Beobachter nicht vom Beobachteten trennen. Es könnte keine Erkenntnis produzieren.«[312]

Insofern kann »[k]ein System [...] außerhalb seiner eigenen Grenzen operieren, auch ein erkennendes System nicht«[313], so dass »alles Beobachtbare [...] Eigenleistung des Beobachters [ist], eingeschlossen das Beobachten von Beobachtern. Also gibt es in der Umwelt nichts, was der Erkenntnis entspricht; denn alles, was der Erkenntnis entspricht, ist abhängig von Unterscheidungen, innerhalb derer sie etwas als dies und nicht das bezeichnet. In der Umwelt gibt es daher auch weder Dinge noch Ereignisse, wenn mit diesem Begriff bezeichnet sein soll, daß das, was so bezeichnet ist, anders ist als anderes. Nicht einmal Umwelt gibt es in der Umwelt, da dieser Begriff ja nur in der Unterscheidung von einem System etwas bezeichnet, also verlangt, daß man angibt, für welches System die Umwelt eine Umwelt ist. Und ebensowenig gibt es, wenn man von Erkenntnis absieht, Systeme. [...] Die Unterscheidung von System und Umwelt ist selbst eine erkenntnisleitende Operation.«[314]

Mit anderen Worten: »[A]lle Unterscheidungen und Bezeichnungen [sind] *rein interne* rekursive (Redundanzen aufbauende oder Redundanzen störende) Operationen eines Systems; und es sind Operationen, die nicht aus dem System hinausreichen und gleichsam mit langer Hand etwas hineinholen können.«[315]

312 Niklas Luhmann: Dekonstruktion als Beobachtung zweiter Ordnung, S. 281 (Hervorhebung Luhmanns). – Für das Bewusstsein bedeutet dies: »Ich kann nicht in Ihr Bewusstsein hineindenken und Sie nicht in meines. Zum Glück. Sie können nicht meine Gedanken deformieren, indem Sie sozusagen Ihr Bewusstsein da hineinbringen« (Niklas Luhmann: Die Ausdifferenzierung des Kunstsystems, S. 86). Ebenso meinte schon Fichte: »Kein Mensch kann in den andern etwas hinein wahrnehmen oder denken« (GA IV/5, 230).

313 Niklas Luhmann: Erkenntnis als Konstruktion, S. 222.

314 Ebd., S. 223f.

315 Niklas Luhmann: Das Erkenntnisprogramm des Konstruktivismus und die unbekannt bleibende Realität, S. 38 (Hervorhebungen durch H.M.). – Ähnlich lässt

Dabei bedeutet die konstruktivistische These, dass es »Erkennen nur als selbstreferentielle[n] Prozeß«[316] gibt, Luhmann zufolge jedoch nicht, »daß die Realität geleugnet würde, denn sonst gäbe es nichts, was operieren, nichts, was beobachten, und nichts[,] was man mit Unterscheidungen greifen könnte. Bestritten wird nur die erkenntnistheoretische Relevanz einer ontologischen Darstellung der Realität«[317]. Dementsprechend reklamiert Luhmann für den epistemologischen Konstruktivismus eine »*De-ontologisierung der Realität*«[318], die nicht mehr traditionell ontologisch mit Hilfe der Unterscheidung Sein/Nichtsein beobachtet wird, sondern aufgrund der Differenz von System und Umwelt bzw. Selbstreferenz und Fremdreferenz[319] bzw. Innen und Außen[320] bestimmt wird.

In gleicher Weise übernimmt das Ich im Zweiten Buch der *Bestimmung des Menschen* die Differenz von Selbstreferenz und Fremdreferenz als Leitdifferenz für seine Überlegungen über die Wirklichkeit: »Gegenstände unterscheide ich erst dadurch, daß ich meine eignen Zustände unterscheide.«[321] Dies hat zur Folge, dass »[a]lle Versuche [...], ein Ding an sich, das mit dem Ich an sich, an sich zusammenhängt, zu denken«[322] unzulässig sind, da es »*nicht nur für Negationen, sondern schon für Unter-*

sich im Anschluss an Saussure auch für die Sprache sagen, dass alle ihre Unterscheidungen (in Form von Signifikant und Signifikat) *sprachinterne* Differenzen sind: »Alles Vorausgehende läuft darauf hinaus, *daß es in der Sprache nur Verschiedenheiten* [d.h. Differenzen; H.M.] *gibt*. Mehr noch: eine Verschiedenheit setzt im allgemeinen positive Einzelglieder voraus, zwischen denen sie besteht; in der Sprache aber gibt es nur Verschiedenheiten *ohne positive Einzelglieder*. Ob man Bezeichnetes oder Bezeichnendes nimmt, die Sprache enthält weder Vorstellungen noch Laute, die gegenüber dem sprachlichen System präexistent wären, sondern nur begriffliche und lautliche Verschiedenheiten, die sich aus dem System ergeben« (Grundfragen der allgemeinen Sprachwissenschaft, S. 143f.; Hervorhebungen de Saussures).

316 Niklas Luhmann: Das Erkenntnisprogramm des Konstruktivismus und die unbekannt bleibende Realität, S. 32.

317 Ebd., S. 36.

318 Ebd., S. 35 (Hervorhebungen Luhmanns).

319 Siehe Niklas Luhmann: Die Kunst der Gesellschaft, S. 271.

320 Siehe ebd., S. 150.

321 GA I/6, 218.

322 Ebd., 246.

scheidungen und Bezeichnungen (also: für Beobachtungen) in der Umwelt des Systems [hier: Bewusstsein; H.M.] *keine Korrelate gibt*«[323].

Im Ausgang davon wird sich das Ich (als *Beobachter zweiter Ordnung*) der jeder Wirklichkeitserkenntnis zugrunde liegenden, latenten Struktur der Unterscheidung von (internen) Empfindungszuständen (in Form eines *re-entry* der Differenz von Selbstreferenz und Fremdreferenz auf der Seite der Selbstreferenz, d.h. des Bewusstseins) bewusst und gelangt so geradewegs zur konstruktivistischen Grundeinsicht der operativen Geschlossenheit des Bewusstseinssystems, wonach kein System außerhalb seiner Grenzen operieren kann: »Du siehst sonach ein, daß alles Wissen lediglich ein Wissen von dir selbst ist, daß dein Bewußtseyn nie über sich selbst hinausgeht.«[324] Denn »[a]lles Beobachtbare ist Eigenleistung des Beobachters, eingeschlossen das Beobachten von Beobachtern«[325], so dass man »[i]n aller Wahrnehmung [...] lediglich [s]einen eigenen Zustand wahr[nimmt]«[326].

Dementsprechend betont Niklas Luhmann immer wieder, dass »Erkenntnis [...] nur möglich [ist], *weil* sie keinen Zugang zur Realität außer ihr hat«[327] und beantwortet die Frage nach einem möglichen »Band«[328] zwischen System und Umwelt bzw. Selbstreferenz und Fremdreferenz mit dem Verweis auf die »Paradoxie der Form«, bei der es »um die Identität einer Differenz [geht], um eine Unterscheidung, die sich selber in sich selber unterscheidet«[329]. Und dennoch findet sich innerhalb des differenztheoretischen Konstruktivismus Luhmanns ein »differenzlose[r] Letztbegriff«[330], der jenem transzendentalen Selbstbewusstsein der »Subjekt=Objektivität«[331] im Zweiten Buch der *Bestimmung des Menschen* sehr nahe kommt. Denn Luhmann zufolge ermöglicht erst die *Welt* als Letzthori-

323 Niklas Luhmann: Das Erkenntnisprogramm des Konstruktivismus und die unbekannt bleibende Realität, S. 38 (Hervorhebungen Luhmanns).

324 GA I/6, 233.

325 Niklas Luhmann: Erkenntnis als Konstruktion, S. 223.

326 GA I/6, 217.

327 Niklas Luhmann: Erkenntnis als Konstruktion, S. 219.

328 GA I/6, 235.

329 Niklas Luhmann: Die Paradoxie der Form, S. 247.

330 Niklas Luhmann: Soziale Systeme, S. 283.

331 GA I/6, 235.

zont bzw. »unmarked state«[332] (im Sinne Spencer-Browns[333]) Erkenntnis (als unterscheidende Operation), indem sie »die Objekte erscheinen und Subjekte agieren läßt«[334], d.h. »jeder Differenz ihre eigene Einheit als Differenz garantiert«[335]. Die Welt ist insofern für Luhmann »zugleich das momentan Unbezweifelte, das Vorverständigtsein, die unproblematische Hintergrundsüberzeugung und diese tragende Meta-Gewißheit, daß die Welt irgendwie alles Auflösen und alles Einführen von Unterscheidungen konvergieren läßt«[336]. Als solche ist sie aber jene »Identität, das was weder Subjekt, noch Objekt, sondern beiden zum Grunde liegt, aus dem erst beides wird«[337]. Für die diskursiven, d.h. auf Unterscheidungen basierenden Vermögen der Beobachtung bzw. des Bewusstseins kann die Welt bzw. die Subjekt-Objektivität demnach immer nur als »Einheit einer Differenz«[338] und damit als Paradoxie bestimmt werden:

»D[er].G[eist]. Kannst Du des Moments, da das unbegreifliche Eine sich in diese beide [Bewusstsein und Bewusstes; H.M.] trennt, bewußt werden?
I[ch]. Wie könnte ich, da ja mein Bewußtseyn erst mit, und durch ihre Trennung möglich wird; da mein Bewußtseyn selbst es eigentlich ist, welches sie trennt? Aber über das Bewußtseyn hinaus giebt es kein Bewußtseyn.«[339]

2.2.3 *Aporie: Paradoxie der Selbstbegründung*

Wenngleich das Ich nun angesichts der bisherigen konstruktivistischen Überlegungen »frei, und auf ewig erlöset von der Furcht, die [es] ernied-

332 Diesen definiert Luhmann an anderer Stelle wie folgt: »Der ›unmarked state‹ – das ist eine Leerformel für das, was nicht unterschieden [d.h. markiert; H.M.], sondern durch Unterscheiden nur in Form gebracht werden kann mit der Folge, daß es auch andere Unterscheidungen, andere Formen, andere Bezeichnungen gibt« (Zeichen als Form, S. 61).

333 Siehe Laws of form, S. 5.

334 Niklas Luhmann: Die Gesellschaft der Gesellschaft, Bd. 1, S. 148.

335 Niklas Luhmann: Soziale Systeme, S. 106.

336 Ebd.

337 GA I/6, 236.

338 Niklas Luhmann: Soziale Systeme, S. 283.

339 GA I/6, 236.

rigte und quälte«[340], sein könnte, wie der Geist bemerkt, so will es dieser Absolution »von aller Abhängigkeit«[341] (wie sie noch im System der Natur im Ersten Buch bestand) doch nicht recht trauen.

Denn Wissen stellt sich *als* Wissen die Wirklichkeit immer nur als *Wissen* vor: Aufgrund der diskursiven Struktur von Wissen, das sich als Wissen von Wirklichkeit immer schon notwendig von der Wirklichkeit unterscheidet und (negativ) abgrenzt, löst sich die Wirklichkeit im Begriff des Wissens gleichsam auf, so dass »nach allem bisherigen [...] *Nichts* [ist], absolut nichts als Vorstellungen, Bestimmungen eines Bewußtseyns, als bloßen Bewußtseyns. Die Vorstellung aber ist mir nur Bild, nur *Schatten* einer Realität; sie kann mir an sich selbst nicht genügen, und ist an sich selbst nicht von dem geringsten Werthe«[342]. Das Wissen schafft so lediglich Bilder der Wirklichkeit, die jenen Schatten gleichen, die in Platons Höhlengleichnis[343] von den wirklichen Dingen an die Wand der Höhle geworfen und von den Menschen fälschlicherweise für die eigentliche Realität gehalten werden. Dabei greift jene Schattenwelt schließlich auf das Ich selbst über, das »nicht minder denn sie«[344], d.h. die Objektwelt, verschwindet, und »in ein bloßes Vorstellen ohne Bedeutung und Zweck«[345] übergeht.

Weil also Wissen als diskursives Vermögen immer schon zwischen Wissen und Gewußtem unterscheidet, ist es »nicht Realität, eben darum, weil es Wissen ist«[346] und kann die Wirklichkeit bzw. Wahrheit seiner selbst (als Wissen von Wirklichkeit) nicht noch einmal *wissen*: »[K]ein Wissen kann sich selbst begründen und beweisen; jedes Wissen setzt ein noch Höheres voraus, als seinen Grund, und dieses Aufsteigen hat kein Ende.«[347]

340 Ebd., 247.

341 Ebd.

342 Ebd., 248 (Hervorhebungen durch H.M.). – In diesen Aussagen spiegelt sich der Nihilismusvorwurf Jacobis wider, den dieser gegen die theoretische Philosophie Kants sowie den transzendentalen Idealismus Fichtes erhoben hat. Siehe vorliegende Arbeit, S. 27f.

343 Siehe Platon: Politeia, 514a–519d.

344 GA I/6, 248.

345 Ebd.

346 Ebd., 252.

347 Ebd., 257. – Ähnlich heißt es auch schon in der *Wissenschaftslehre nova methodo*: »Kein Mensch kann den ersten Act seines Bewustseins aufzeigen[,] weil jeder Moment, ein Uibergehen von der Unbestimmtheit zur Bestimmtheit ist, und daher immer wieder einen anderen voraussezt« (GA IV/3, 363).

Ausdruck dieses infiniten Regresses der Begründung der Wirklichkeit bzw. Wahrheit eines jeden Wissens ist schließlich die totale Skepsis, in der uns die Wirklichkeit sowie schließlich wir selbst vollkommen unwirklich, d.h. zu bloßen (Wissens-)*Bildern* der Wirklichkeit[348] werden: »Es giebt überall kein Dauerndes, weder außer mir, noch in mir, sondern einen unaufhörlichen Wechsel. Ich weiß überall von keinem Seyn, und auch nicht von meinem eignen. Es ist kein Seyn. – *Ich selbst* weiß überhaupt nicht, und bin nicht. *Bilder* sind: sie sind das Einzige, was da ist, und sie wissen von sich, nach Weise der Bilder: – Bilder die vorüberschweben, ohne daß etwas sey, dem sie vorüberschweben; die durch Bilder von den Bildern zusammenhängen, Bilder, ohne etwas in ihnen Abgebildetes, ohne Bedeutung und Zweck. Ich selbst bin eins dieser Bilder; ja, ich bin selbst dies nicht, sondern nur ein verworrenes Bild von den Bildern. – Alle Realität verwandelt sich in einen wunderbaren Traum, ohne ein Leben, von welchem geträumt wird, und ohne einen Geist, dem da träumt; in einem Traum, der in einem Traume von sich selbst zusammenhängt. Das *Anschauen* ist der Traum; das *Denken*, – die Quelle alles Seyns, und aller Realität, die ich mir einbilde, *meines* Seyns, meiner Kraft, meiner Zwecke, – ist der Traum von jenem Traume.«[349]

348 So ist das *Bild* einer Pfeife selbst keine Pfeife, wie René Magritte in *La trahison des images* (1948) anschaulich zeigt: »... Die berühmte Pfeife ... Man hat sie mir zur Genüge vorgehalten! Und trotzdem ... können Sie sie stopfen, meine Pfeife? Nein, nicht wahr, sie ist nur eine Darstellung. Hätte ich also unter mein Bild ›Dies ist eine Pfeife‹ geschrieben, hätte ich gelogen!« (Sämtliche Schriften, S. 536f.). – Siehe dazu im Zusammenhang mit dem Bildbegriff bei Fichte auch Christian Danz: Das Bild als Bild, S. 7f.

349 GA I/6, 251 (Hervorhebungen Fichtes). – Die existentielle Wucht eines solchen Skeptizismus lässt sich Ernst Cassirer zufolge (Heinrich von Kleist und die Kantische Philosophie, S. 396–409) an Heinrich von Kleist veranschaulichen, dessen sog. »Kantkrise« (wie sie vor allem im Brief an Wilhelmine von Zenge vom 22. März 1801 zum Ausdruck kommt) wohl eher auf jene oben zitierte Stelle aus der BdM zurückzuführen ist als auf Kants KrV: »Denken wir uns Kleist als Leser dieser Sätze – welchen Eindruck mußte er von ihnen empfangen! Sein Schmerz, seine Verzweiflung wären jetzt völlig erklärt« (S. 405). Siehe zu dieser Deutung auch – Cassirer ergänzend – Michael Mandelartz: Von der Tugendlehre zur Lasterschule. – In ähnlich drastischen Worten wie das Ich in Fichtes BdM drückt schließlich auch der (fiktive) Philipp Lord Chandos in Hugo von Hofmannsthals *Ein Brief* (1902) die Unfähigkeit der Sprache aus, Wirkliches zu bezeichnen: »Mein Fall ist, in Kürze, dieser: Es ist völlig die Fähigkeit abhanden gekommen,

Jene Verwandlung der Wirklichkeit in einen unwirklichen Traum bzw. »Zerstörung der Realität«[350] im Wissen lässt sich dabei differenztheoretisch dadurch rekonstruieren, dass Wissen aufgrund der für ihn konstitutiven Diskursivität den *Zusammenhang* bzw. die *Einheit* der Differenz von Wissen und Gewusstem bzw. Denken und Sein nicht noch einmal *wissentlich* einsehen kann, da Wissen in jedem Wissensakt immer nur neue Differenzen produziert: »Was durch das Wissen, und aus dem Wissen entsteht, ist nur ein Wissen.«[351] Die Diskursivität des Wissens begründet somit – als sein transzendentaler Ermöglichungsgrund – jene »Tragödie des Wissens«, die darin besteht, dass es das, was es zu ergreifen versucht gerade dadurch zerstört, dass es dies ergreift, wofür Narziss wohl das prominenteste Beispiel ist[352], wie wir bereits gesehen haben. Theorietechnisch gesprochen scheitert somit grundsätzlich jegliches diskursives Verfahren daran, das fundamentale Problem *jeder* Theorie der Wirklichkeit, nämlich das der Selbstbegründung ihres eigenen Wahrheitsanspruches, aufzulösen. Das Problem der Skepsis und seine Behandlung in der jeweiligen Theorie sind dafür paradigmatisch.

Im Anschluss an Thomas Kisser lässt sich die Frage nach der Selbstbegründung des eigenen Wahrheits- und Wirklichkeitsanspruches schließlich als grundsätzliches Problem *jeglicher* philosophischen Theoriebildung überhaupt verstehen: »Es ist offenkundig und Ausgangspunkt aller

über irgend etwas zusammenhängend zu denken oder zu sprechen. [...] Es zerfiel mir alles in Teile, die Teile wieder in Teile, und nichts mehr ließ sich mit einem Begriff umspannen. Die einzelnen Worte schwammen um mich; sie gerannen zu Augen, die mich anstarrten und in die ich wieder hineinstarren muß: Wirbel sind sie, in die hinabzusehen mich schwindelt, die sich unaufhaltsam drehen und durch die hindurch man ins Leere kommt« (S. 48f.). Insofern ist die Sprache (wie auch das Wissen) nicht in der Lage, ihre eigene *Bedeutungsfähigkeit* und damit ihren Anspruch zu begründen, Erkenntnis der Wirklichkeit zu vermitteln: »Sprache setzt und Sprache bedeutet (da sie etwas zusammenfügt), aber Sprache kann nicht Bedeutung setzen; sie kann Bedeutung nur in ihrer bekräftigten Falschheit wiederholen (oder reflektieren)« (Paul de Man: Shelleys Entstellung, S. 171f.).

350 So schreibt Fichte in der WL-1812, dass »das Wissen [...] durch sich selbst sich an[kündigt], als blosses Schema keineswegs Realität. Wo drum dieses erblikt wird geht die Festigkeit, u. das Beruhen auf der Einheit verloren. Zweifel, u. Ungewißheit. –. Alle Reflexion zerstört die Realität« (GA II/13, 50).

351 GA I/6, 252.

352 Siehe Ovid: Metamorphosen III, 425–429.

weiteren Überlegungen, dass alles allgemeine oder philosophische Sprechen über Wirklichkeit sich – gewissermaßen gegen die eigene Intuition – in ganz formaler Weise in Differenz zur Wirklichkeit setzt. Es ist selbst eben nicht mehr unmittelbare Wirklichkeit. Doch es ist unumgänglich, sich als Theoriesprecher von der Wirklichkeit im Sinne einer naiven Affirmation des Alltäglichen zu distanzieren, die Trennung von Sein und Schein ist essentiell für jede Theoriebildung. Der Begriff des Alltags oder der Lebenswelt als einer Wirklichkeit erster Ordnung taucht ja erst in und durch eine solche Reflexion auf. Diese fundamentale Differenz macht sich unter Titeln wie Denken und Sein, Bewußtsein und Wirklichkeit, Bewußtsein und Kommunikation in den Theorien selbst wieder bemerkbar. Trotz und mit dieser Unterscheidung von der Wirklichkeit muß die philosophische Theorie, eben weil sie Sprechen über Wirklichkeit zu sein beansprucht, sich mit dieser Wirklichkeit nun in ein Verhältnis setzen. Als Theorie der Wirklichkeit muß sie auch die Wirklichkeit der Theorie erklären. Damit erzeugt das allgemeine Sprechen über Wirklichkeit eine Logik der Differenz. Denn, um als Differenz sich zu erhalten, muß das Differenzziehende notwendig auf die eine Seite dessen treten, was es unterschieden hat. […] Wenn wir so über diesen Eintritt der Differenz in das Differenzierte sprechen, sind wir bei der Reflexion der Reflexion angelangt. Das Thema der Reflexion der Reflexion ist die Einheit der Differenz, in Bezug auf das Sprechen über Wirklichkeit ist das Thema die Wahrheit selbst: Wie lassen sich nicht nur Kohärenzbedürfnisse, sondern Wahrheitsansprüche in einem ganz allgemeinen Sinne formulieren?«[353]

Insofern trifft die im Zweiten Buch der *Bestimmung des Menschen* skizzierte Aporie rückwirkend in gleicher Weise für das System der Natur des Ersten Buches zu: Auch hier kann die allgemeine Theorie der Wirklichkeit ihren eigenen Wahrheitsanspruch nicht vollständig ausweisen, da sie die Existenz der Außenwelt (einschließlich des Theoriesprechers) bereits als gegeben voraussetzt und diese nicht noch einmal argumentativ ausweist[354].

Ebenso ist Niklas Luhmanns erkenntnistheoretischer Konstruktivis-

353 Thomas Kisser: Wie kann eine allgemeine Theorie der Wirklichkeit ihre eigene Wahrheit zeigen?, S. 34, 36.

354 Siehe etwa GA I/6, 193, wo es heißt: »Ich bin von Gegenständen umgeben, die ich als für sich bestehende, und gegenseitig von einander geschiedene Ganze anzusehen mich genöthigt fühle: Ich erblicke Pflanzen, Bäume, Thiere.«

mus vor jener Paradoxie der Selbstbegründung nicht gefeit, wenngleich er das damit verbundene Problem des Skeptizismus schlichtweg verdrängt[355] oder als aporetisch anerkennt[356]. Stattdessen geht Luhmann in seinen Überlegungen – wie wir oben gesehen haben – von einer »unproblematische[n] Hintergrundsüberzeugung«[357] bzw. einer »tragende[n] Meta-Gewißheit«[358] aus, »daß die Welt irgendwie alles Auflösen und alles Einführen von Unterscheidungen konvergieren läßt«[359], die gleichsam als *proton pseudos* nicht mehr weiter argumentativ ausgewiesen wird.

Das Wissen im Zweiten Buch der *Bestimmung des Menschen* gleicht insofern jener »wunderbare[n] Gestalt«[360] des Geistes, die es verkündet: »Dieses Ding […], das keines ist, dieses Ding, das zwischen seinen Erscheinungen unsichtbar ist – auch wenn es wieder erscheint, sieht man es nicht in Fleisch und Blut.«[361] Die »paradoxe Phänomenalität«[362] des Geis-

355 »Die folgenden Überlegungen gehen davon aus, daß es Systeme gibt. Sie beginnen also nicht mit einem erkenntnistheoretischen Zweifel« (Soziale Systeme, S. 30).

356 »Wenn ein erkennendes System keinerlei Zugang zu seiner Außenwelt gewinnen kann, können wir deren Existenz bestreiten, aber ebensogut und mit mehr Plausibilität daran festhalten, daß die Außenwelt so ist, wie sie ist. Beide Varianten sind unbeweisbar. Zwischen ihnen kann nicht entschieden werden« (Das Erkenntnisprogramm des Konstruktivismus und die unbekannt bleibende Realität, S. 36).

357 Niklas Luhmann: Soziale Systeme, S. 106.

358 Ebd.

359 Ebd.

360 GA I/6, 215.

361 Jacques Derrida: Marx' Gespenster, S. 20. – Aus diesem Grunde sehen wir im Geist des Zweiten Buches weniger einen »appel à la raison« (La destination de l'homme, S. 79), wie Martial Gueroult meint, als vielmehr »[d]ie unabdingbar blinde Unterwerfung unter sein Geheimnis, das Geheimnis seines Ursprungs« (Jacques Derrida: Marx' Gespenster, S. 22), d.h. weniger den von Faust aufgerufenen (helfenden) Geist als vielmehr den (Verwirrung stiftenden) Geist von Hamlets Vater in Shakespeares gleichnamiger Tragödie. Denn so wie die pragmatische Paradoxie des Geistes (»Du sprichst mich von aller Abhängigkeit los; indem du mich selbst in Nichts, und alles um mich herum, wovon ich abhängen könnte, in Nichts verwandelst«; GA I/6, 247) im Zentrum des Zweiten Buches der BdM steht, ist die paradoxe Anweisung des Geistes in *Hamlet* (»If thou hast nature in thee, bear it not, / Let not the royal bed of Denmark be / A couch for luxury and damned incest. / But howsoever thou pursues this act, / Taint not thy mind«; 1.5.81–88) Ausgangspunkt für die weitere tragische Entwicklung des Dramas.

362 Jacques Derrida: Marx' Gespenster, S. 21. – Neben der widersprüchlichen Erschei-

tes, »unsinnliche Sinnlichkeit«[363] zu sein, spiegelt selbst jene skeptische Paradoxie der im Wissen unwirklich gewordenen Wirklichkeit wider, so dass der »betrügliche[] Geist«[364] zu einem wahren Gespenst[365] wird, einer »Lockung, Verlockung, [einem] teuflischen Trugbild«[366], sofern man der Etymologie des Wortes Glauben schenken darf.

Es bleibt schließlich »das Geheimnis seines Ursprungs«[367], das der Geist selbst nicht noch einmal ausweisen kann, eben weil er Geist, genauer: Gespenst, ist. Das Wissen (als *diskursives* Wissen) kann seinen eigenen Wahrheits- bzw. Wirklichkeitsanspruch nicht einlösen, eben weil es diskursives *Wissen* ist: »Alles Wissen [...] ist nur Abbildung, und es wird in ihm immer etwas gefodert, das dem Bilde entspreche. Diese Foderung kann durch kein Wissen befriedigt werden; und ein System des Wissens ist nothwendig ein System bloßer Bilder, ohne alle Realität, Bedeutung und Zweck.«[368]

So findet schließlich die Gemeinschaft des Ichs mit dem Geist ein jähes Ende – »[t]ill finally you hear how words are coming to an end. With every inane word a little nearer to the last. And how the fable too. The fable of one with you in the dark. The fable of fabling of one with you in the dark. And how better in the end labour lost and silence. And you as you always were. Alone«[369] – Allein, in der »Nacht der Welt«[370].

nung des Geistes, sichtbar, aber nicht körperlich zu sein, ließe sich auch auf die Paradoxie hinweisen, dass der Geist hörbar ist, ohne die dafür notwendigen Organe aufzuweisen, was an Franz Kafkas Wesen Odradek erinnert, das ohne Lungen zu lachen und zu sprechen vermag (Die Sorge des Hausvaters). Ähnlich fragt sich Augustinus, wie Gott vor aller (zeitlichen und körperlichen) Schöpfung die Schöpfungsworte aussprechen konnte (Bekenntnisse XI, 6,8).

363 Ebd.

364 GA I/6, 247.

365 So spricht Jacobi in seinem Nihilismusvorwurf davon, dass in der Wissenschaftlehre Fichtes Gott, den Menschen und die objektiven Wirklichkeit zu bloßen »*Gespenst[ern]*« (Jacobi an Fichte, S. 220) werden.

366 Jacques Derrida: Marx' Gespenster, S. 241. – Vgl. auch Friedrich Kluge: Etymologisches Wörterbuch der deutschen Sprache, S. 353.

367 Ebd., S. 22.

368 GA I/6, 252.

369 Samuel Beckett: Company, S. 46. – Auch in Becketts *Company* steht am Ende somit die skeptische Einsicht »that the real is, in terms of its verifiability, indistinguishable from the imagined« (David Read: Beckett's search for unseeable and unmakeable, S. 120).

370 Georg Wilhelm Friedrich Hegel: Jenaer Systementwürfe III, S. 172.

2.3 Drittes Buch: Glaube

Allein lässt der Geist das Ich mit sich selbst zurück. Mit Paul Natorp gesprochen befindet sich das Ich zu Beginn des Dritten Buches der *Bestimmung des Menschen* somit gewissermaßen am »Nullpunkt«[371] der Wirklichkeit, der als »*Indifferenzpunkt*«[372] der »Punkt des *Ursprungs* beider zugleich, des Seins als Denk-Sein, des Denkens als Sein-Denken, das Stehen am Scheidewege – der *Zweifel*«[373] ist: »Das eben ist der Sinn des Nullpunkts, daß er Ausgangspunkt für alles ist, daß er nichts hinter sich hat, aber alles vor sich. Das Αφελε πάντα des Plotin: ›Nimm alles weg!‹ dann wirst du zu allem gelangen: das ist der Sinn des Nullpunkts.«[374] Das Ich steht insofern »gleichsam an der Wegscheide des Ja und Nein, des Es ist, Es ist nicht, der Entscheid, ob rechts oder links, [ist] gefordert. In diesem Entscheid wird das *Ich* geboren und zwar gleich mit dem Keim der Freiheit, der Selbsteigenheit. Die Entscheidung ist von ihm gefordert, es hat sie zu treffen«[375].

2.3.1 *Fichte: Wirklichkeit als Aufgabe*

In diesem Sinne gelangt das Ich im Dritten Buch schließlich zu jenem »Punkt, an welchen das Bewußtseyn aller Realität sich anknüpft«[376]. Dieser liegt nicht im »bloße[n] Wissen«[377] bzw. in der »Speculation«[378] begründet, da diese ihrerseits immer nur in einen infiniten Begründungsregress ihres eigenen Wahrheitsanspruches, d.h. geradewegs in den Skepti-

371 Paul Natorp: Philosophische Systematik, S. 32.

372 Ebd., S. 31.

373 Ebd., S. 31f.

374 Ebd., S. 32. – Ähnlich meint auch Fichte, dass der Zweifel »überhaupt kein für sich bestehender, auf sich selbst ruhender Zustand [ist], der sein eigner Zweck sey, sondern er ist nur Uebergang von dem subjektiven Zustande der dunklen, schwankenden Einsicht, dem sich in sich selbst vernichtenden, und auflösenden Denken = Nichtdenken, zum klaren, auf sich selbst ruhenden Denken; endigt sich daher immer in Gewißheit, entweder, daß man etwas *nicht* wisse, noch wissen könne, oder daß man es wisse, und so wisse« (GA II/6, 207; Hervorhebung Fichtes).

375 Paul Natorp: Philosophische Systematik, S. 35.

376 GA I/6, 255.

377 Ebd., 253.

378 Ebd., 256.

zismus führen: »Fühle ich denn nun auch wirklich, oder denke ich etwa nur zu fühlen: ist nicht etwa alles, was ich Gefühl nenne, lediglich durch mein objectivierendes Denken vor mich hingestellt, und etwa der eigentliche erste Durchgangspunkt alles Objectivirens? Und denke ich denn auch wirklich oder denke ich nur zu denken? Und denke ich wirklich zu denken, oder denke ich etwa nur ein Denken des Denkens? Was kann die Speculation verhindern, so zu fragen, und so fortzufragen ins Unendliche? Was kann ich ihr antworten, und wo ist ein Punkt, da ich ihren Fragen Stillestand gebieten könnte?«[379]

Im Gegensatz zum *Theorein* des Wissens ist das Tun bzw. Handeln (*prattein*) jener »Mittelpunkt in meiner Seele, an welchem es [dieses außer der Vorstellung Liegende; H.M.] sich hängt und anheftet«[380] und das schließlich objektive Wirklichkeit begründet bzw. in Kraft treten lässt: »Ich habe das Organ gefunden, mit welchem ich diese Realität, und mit dieser zugleich wahrscheinlich alle andere Realität ergreife. Nicht das Wissen ist dieses Organ; kein Wissen kann sich selbst begründen und beweisen; jedes Wissen setzt ein noch Höheres voraus, als seinen Grund, und dieses Aufsteigen hat kein Ende. Der Glaube ist es; dieses freiwillige Beruhen bei der sich uns natürlich darbietenden Ansicht, weil wir nur bei dieser Ansicht unsere Bestimmung erfüllen können; er ist es, der dem Wissen erst Beifall gibt, und das, was ohne ihn bloße Täuschung seyn könnte, zur Gewißheit, und Ueberzeugung erhebt. Er ist kein Wissen, sondern ein Entschluß des Willens, das Wissen gelten zu lassen.«[381]

379 Insofern kommt der radikalen Skepsis im Zweiten Buch der BdM – wie auch in Descartes' *Meditationes de prima philosophia* – vor allem ein *methodischer* Status zu, um ein *fundamentum inconcussum* unserer Suche nach Wahrheit begründen zu können: »Wie Fichte erschüttert Descartes die natürliche Überzeugung von der unmittelbaren Wahrheit aller Aussagen auf der Basis des realistischen bzw. idealistischen Prinzips. Descartes führt dies durch in der Zweifelsbewegung der Meditationes, wo bloße Realitätsaussagen ohne Berücksichtigung des Wissens und bloß ideelle Aussagen (Wesenseinsichten) ohne Berücksichtigung von Realität als für ein Grundprinzip der Philosophie untauglich abgewiesen werden« (Franz Bader: Die Ursprünge der Transzendentalphilosophie bei Descartes, Bd. 1, S. 36f.).

380 Ebd., 253.

381 Ebd., 257. – Wie bei Jacobi liegt im Glaubensbegriff des Dritten Buchs »die Konzeption der Gründung aller mittelbaren, auf Beweisen beruhenden Gewißheit in einem unmittelbar Gewissen« (Günter Zöller: »Das Element aller Gewissheit«,

Damit spricht das Ich »de[n] entscheidende[n] Punkt der praktischen Konzeption Fichtes«[382] in seiner Wissenschaftslehre aus, wonach der »praktische Grundcharakter«[383] darin besteht, dass das Faktum »stets willensrelevant und *deshalb* keine Gegebenheit, sondern – im richtigen Sinne des Wortes *natura* – ein solches ist, das geboren werden soll. Das Faktum ist Anstoß zur praktischen Bewältigung«[384] – oder wie Fichte in den *Ultima Inquirenda* sagen wird: »Die Sinnenwelt ist da in einem Postulate an die Freiheit.«[385]

Aus diesem Grunde handelt es sich bei dem oben zitierten »freiwilligen Entschluß durchaus nicht um eine willkürliche Festsetzung, was wahr ist, sondern um die Erfüllung einer Mitbedingung, durch die allein Gewissheit in uns entsteht«[386], wie Reinhard Lauth betont: »Sein Produkt ist nicht eine blinde Annahme, sondern die Vereinigung von Denken und Wollen in eins.«[387]

Die Wirklichkeit ist uns nicht bloß (objektiv) gegeben, sondern vielmehr *auf*gegeben, so dass »die Vernunft [...] selbst nicht theoretisch seyn

S. 34) zugrunde, die Fichte »je nach systematischem Kontext als intellektuelle Anschauung, Tathandlung, Gewissen bzw. Glauben kennzeichnet« (ebd.). – Darüber hinaus geht der Einfluss Jacobis auf das Dritte Buch der BdM soweit, dass sich in ihm ganze Passagen aus Jacobis Brief an Fichte aus dem Jahre 1799 finden, wie Günter Zöller betont: »In fact, the Third Book of *The Vocation of Man* contains entire passages that are unidentified and unmarked quotations from those parts of Jacobi's open letter in which Jacobi describes his very own position« (Fichte's transcendental philosophy, S. 122). Siehe dazu auch Hansjürgen Verweyen: Einleitung, vor allem S. XVf. sowie S. XXIVff.

382 Reinhard Lauth: Der entscheidende Punkt der praktischen Konzeption Fichtes.

383 Ebd., 223f.

384 Ebd., S. 224. – Siehe dazu auch (im Hinblick auf die GWL) Erich Fuchs: Wirklichkeit als Aufgabe.

385 UI, S. 211. – In diesem *transzendentalphilosophischen* Sinne geht die bereits am Ende des Ersten Buches der BdM aufgeworfene Frage nach der Willensfreiheit des Menschen über den Rahmen naturwissenschaftlichen Denkens notwendig hinaus und ist – wie Max Planck betont – »überhaupt unabhängig von irgendeiner physikalischen oder biologischen Hypothese« (Positivismus und reale Außenwelt, S. 136f.).

386 GA I/6, 173.

387 Ebd., 173f. – Vgl. damit übereinstimmend auch Günter Zöller: Die Einheit von Intelligenz und Wille in der *Wissenschaftslehre nova methodo*, S. 110.

[könne], wenn sie nicht praktisch sey«[388], wie es bereits in der *Grundlage der gesammten Wissenschaftslehre* aus dem Jahre 1794 heißt: »[D]ie praktische Vernunft ist die Wurzel aller Vernunft.«[389] Jener Primat der praktischen Vernunft[390] drückt sich für das Ich darin aus, dass »[a]lle meine Ueberzeugung [...] nur Glaube [ist], und sie [...] aus der Gesinnung [kommt], nicht aus dem Verstande«[391].

Angesichts der unmittelbaren Begründung des wahlfreien bzw. deliberativen Willens in der Forderung an das Ich, dass »alle Realität durch das Ich schlechthin gesetzt seyn solle«[392], gibt es für das Ich somit »nur Einen Punkt, auf welchen ich unabläßig alles mein Nachdenken zu richten habe: was ich thun solle, und wie ich das Gebotene am zweckmäßigsten ausführen könne. Auf mein Thun muß alles mein Denken sich beziehen, muß sich als wenn auch entferntes Mittel für diesen Zweck betrachten lassen«[393].

Die Wirklichkeit unter dem Primat der praktischen Vernunft erscheint so als »Object und Sphäre meiner Pflichten«[394], die sich umgehend in der Forderung der *Interpersonalität* manifestiert: »Es schweben mir vor Erscheinungen im Raume, auf welche ich den Begriff meiner selbst übertrage: ich denke sie mir als Wesen meines gleichen. Eine durchgeführte Spekulation hat mich ja belehrt, oder wird mich belehren, daß diese vermeinte Vernunftwesen außer mir nichts sind, als Produkte meines eignen Vorstellens, daß ich nun einmal, nach aufzuweisenden Gesetzen meines Denkens, genöthigt bin, den Begriff meiner selbst außer mir selbst darzustellen, und daß, nach denselben Gesetzen, dieser Begriff nur auf gewisse bestimmte Anschauungen übertragen werden kann. Aber die Stimme meines Gewissens ruft mir zu: was diese Wesen auch an und für sich sey[e]n, du sollst sie behandeln, als für sich bestehende, freie, selbstständige, von

388 GA I/2, 399.

389 GA I/6, 265. – Aus diesem Grunde kann Fichte an anderer Stelle sein System auch als »System der Freiheit« (GA III/2, 298) bezeichnen.

390 Vgl. u.a. GA I/3, 332: »Das Wollen ist der eigentliche wesentliche Charakter der Vernunft [...]. Das praktische Vermögen ist die innigste Wurzel des Ich, auf dieses wird erst alles andere aufgetragen, und daran geheftet.«

391 GA I/6, 257.

392 GA I/2, 399.

393 GA I/6, 260.

394 Ebd., 263.

dir ganz und gar unabhängige Wesen. Setze als bekannt voraus, daß sie ganz unabhängig von dir und lediglich durch sich selbst sich Zwecke setzen können, störe die Ausführung dieser Zwecke nie, sondern befördere sie vielmehr nach allem deinem Vermögen. Ehre ihre Freiheit: ergreife mit Liebe ihre Zwecke, gleich den deinigen.«[395]

395 Ebd., 262. – Die *systematische* Begründung eines Setzens »vernünftiger Wesen ausser sich« (GA I/3, 347) hat Fichte bereits in der GNR gegeben. Dort, so Reinhard Lauth, geht Fichte »davon aus, daß das endliche Vernunftwesen ein freies Wesen ist, d.h. ein solches, das sich eine Tätigkeit zuschreibt, deren letzter Grund in ihm selber liegt. Das Vernunftwesen versteht sich als (frei) selbst bestimmend. Sich derartig selbst bestimmen als sich selbst bestimmende Tätigkeit kann das Vernunftwesen aber nur, wenn es diese (bestimmte, gesehene) selbstbestimmende Tätigkeit bestimmen, d.h. abgrenzen kann. Dazu müßte etwas weiteres gegeben sein, wovon es sie abgrenzen kann: dieses kann nur das Gegenteil, nämlich eine (gesehene, resp. empfangene) Determination sein. Man muß hierbei beachten, daß die bestimmende Tätigkeit, gleichgültig, ob sie ihrerseits eine bestimmende Tätigkeit oder eine Bestimmtheit bestimmt, nie unmittelbar gewußt wird, sondern immer nur in actu secundo gesehen werden kann. Um aber gesehen werden zu können, muß das in actu primo Gesehene bestimmt werden können. Gehen wir einmal von der Voraussetzung aus, das Ich sehe nur notwendige Bestimmungen (vulgär: tote Dinge) – so käme es nie zur Konzeption derselben, denn es könnte sie prinzipiell nicht abgrenzen. Es muß also ein ›Objekt‹ sehen, das eine Unterscheidung von Determination und Freiheit in ihm selber ermöglicht. Ein solches Objekt nun ist eine ›Aufforderung‹, ›ein Bestimmtseyn‹ derart, daß es ›eine Bestimmung des Subjekts zur Selbstbestimmung‹ enthält. Dieses merkwürdige Objekt muß so beschaffen sein, daß es nicht anders denn als freie Zwecksetzung verstanden werden kann, aber als eine solche, deren Zweck nur eine andere (weitere) freie Zwecksetzung sein kann, auf die in der ersten Zwecksetzung gerechnet ist, die aber gerade in der ersten Zwecksetzung bewußt und willentlich nicht realisiert werden soll. Eine ›Aufforderung‹ ist eine Zwecksetzung, die eine zweite Zwecksetzung (in dem Aufgeforderten) intendiert, welche ihrerseits zweckmäßig rückbezogen sein soll auf die erste Zwecksetzung, nämlich als (freie) ›Antwort‹« (Das Problem der Interpersonalität bei J. G. Fichte, S. 188). Insofern kann sich das setzende Ich nur aus einem »Aufruf«, d.h. *in Beziehung zu* einem anderen Ich setzen und als solches überhaupt erst konstituieren: »[D]ie Interpersonalität ist also nicht allein sittlich aus der Ich-Setzung gefordert, sondern auch transzendental-konstitutiv bedingt: das *Ich* kann sich nur als *interpersonales Ich* setzen, weil es sonst seine eigene Freiheit nicht setzen kann; denn diese kann

Darüber hinaus existieren für das Ich jedoch auch »vernunftlose Sachen«[396] bzw. Dinge, die nicht nur eigenen »Natur=Gesetzen«[397] gehorchen, die es wissenschaftlich zu erforschen gilt, sondern die eigene sinnliche Existenz sowohl bedrohen (etwa in Gestalt von Vulkanausbrüchen) als auch erhalten können (z.B. in Form von Trinkwasser) und ihrerseits einen zweckmäßigen Umgang erfordern: »Du sollst dich selbst, und deine sinnliche Kraft erhalten, üben, stärken, denn es ist im Plane der Vernunft auf diese Kraft mit gerechnet. Aber du kannst sie nur erhalten durch zweckmäßigen, durch einen den eignen innern Gesetzen dieser Sachen angemessenen Gebrauch. [...] Ich werde sonach genöthigt, diese Dinge zu betrachten, als stehend unter ihren eignen, von mir unabhängigen, obwohl durch mich zu erkennenden Natur=Gesetzen; ihnen sonach allerdings ein von mir unabhängiges Daseyn zuzuschreiben. Ich werde genöthigt, an solche Gesetze zu glauben, es wird mir Aufgabe, sie zu erforschen [...].«[398]

es in seinen eigenen Akten erst erfassen, wenn es Freiheit im ›Objekt‹ – im Gegensatz zur Determination erfaßt und abgegrenzt hat. Ein solches ›Objekt‹, das zugleich Determination [...] und Freiheit – nämlich ›Aufruf‹ als Aufforderung an die andere Freiheit ist –, ist aber allein die vernünftige Wirkung eines anderen Vernunftwesens, das zur Selbsttätigkeit auffordert« (Ebd., S. 189). – Siehe dazu auch Franz Bader: Systemidee und Interpersonalitätstheorie in Fichtes Wissenschaftslehre.

396 GA I/6, 262.

397 Ebd., 263.

398 Ebd. – Unter dem leitenden *systematischen* Gesichtspunkt der Freiheit müßten die unbelebten Dinge in Form von sinnlichen Empfindungen jedoch genauer als »Hemmungen der Spontaneität im Bewußtsein« (Die Konstitution der Zeit im Bewußtsein, S. 62) gedacht werden, wie Reinhard Lauth anmerkt: »Die Empfindungen kommen niemals bloß und allein als solche im Bewußtsein vor, sondern immer nur als angeschaute und verstandene; wir haben sie nie anders als in Formen des Anschauens und Begreifens aufgenommen. So treten die Empfindungen z.B. stets mit einem Grad an Intensität, als dauernd in einer Zeit, als vom Verstande von anderen Empfindungen und Nichtempfundenen unterschieden auf« (ebd.). Als solche sind sie jedoch immer schon »Akzidenzien an der Substanz der Spontaneität. Nur an einer sie tragenden Spontaneität können sie als Beschränkungen derselben, die sinnlich wahrgenommen werden, auftreten, und anders können sie im Bewußtsein nicht gegeben sein. Empfindungen sind also Erlebnismomente unserer (gehemmten) Spontaneität« (ebd.). Das Ding bzw. Objekt wird schließlich als eigenständige Realität der Hemmung außerhalb des Ichs hinzuge-

Insofern begründet zusammengefasst erst »der nothwendige Glaube an unsere Freiheit, und Kraft, an unser wirkliches Handeln, und an bestimmte Gesetze des menschlichen Handelns«[399] das Bewusstsein einer objektiven Realität; denn »[w]ir handeln nicht nicht, weil wir erkennen, sondern wir erkennen, weil wir zu handeln bestimmt sind«[400]. Dies gilt auch und im Besonderen für die Natur sowie deren Erforschung: Auch sie ist »durch meine eigne[n] Denkgesetze gebildet, und muß wohl mit denselben übereinstimmen; sie muß wohl mir überall durchaus durchsichtig und erkennbar, und durchdringbar seyn bis in ihr Inneres«[401].

Die moralische Grundlegung der Wirklichkeit in der Wissenschaftslehre Fichtes zeigt sich schließlich noch bei demjenigen, »der seine eigne sittliche Bestimmung sich nie gedacht hätte [...] oder der, wenn er sie sich überhaupt gedacht hätte, nicht den leisesten Vorsatz hegte, sie irgend einmal in einer unbestimmten Zukunft zu erfüllen«[402], insofern er für sich ein*fordert*, »nicht als ein vernunftloses Ding, sondern als ein freies selbstständiges Wesen behandel[t] [zu werden]«[403]. Denn gerade diese ureigensten Ansprüche »auf Achtung für seine Vernünftigkeit und Selbstständigkeit, und Erhaltung«[404] zeugen von einer »Ernsthaftigkeit und Verleugnung des Zweifels, und Glauben an eine Realität«[405]. Die Probe aufs Exempel bestünde nämlich darin, den Skeptiker selbst so zu behandeln, »als ob er entweder gar nicht vorhanden, oder ein Stück rohe Masse sey, – er wird bald des Scherzes vergessen, und ernsthaft unwillig über dich werden; es dir ernsthaft verweisen, daß du ihn so behandelst; behaupten, daß du dies gegen ihn nicht sollest, noch dürfest: dir sonach duch die That zugestehen, daß du allerdings auf ihn zu handeln vermögest, daß *er* sey, und *du* seyst, und *ein Medium deiner Einwirkung auf ihn* sey, und daß *du* wenigstens Pflichten gegen ihn habest«[406].

dacht: »Dieses Außensein wird tatsächlich nicht empfunden, sondern nur gedacht« (Ebd., S. 63).

399 GA I/6, 264.

400 Ebd., 265.

401 Ebd., 261.

402 Ebd., 263.

403 Ebd., 264 (Hervorhebungen Fichtes).

404 Ebd.

405 Ebd.

406 Ebd.

Aufgrund der intentionalen Struktur des Handelns, wonach man nicht wollen kann ohne *etwas* zu wollen, richtet sich dieses notwendig auf einen Zweck, den es zu realisieren beabsichtigt: »An jede *Handlung* knüpft in meinem Denken unmittelbar und nach den bloßen Gesetzen des Denkens sich an, ein in der Zukunft liegendes *Seyn*, ein Zustand, zu dem das Handeln sich verhält, wie das Wirkende zu dem Bewirkten.«[407]

Dabei bestimmt der Zweck jedoch nicht den Inhalt des moralischen Gebots, wie es etwa beim »Naturbedürfniß« der Fall ist, wo ich trinken muss, wenn ich durstig bin, »sondern umgekehrt, der unmittelbar gegebne Inhalt des Gebots bestimmt den Zweck«[408]. Das »Sittengesetz in unserm Innern«[409] eröffnet auf diese Weise »die Aussicht auf eine andere Welt; die da allerdings *Welt* ist, ein *Zustand* ist, und kein *Handeln*, aber eine *andere und bessere* Welt, als die für mein sinnliches Auge vorhandene«[410]. Mit jenem Sollensgebot geht insofern die Idee eines offenen Weltentwurfs einher, der die Sinnhaftigkeit unseres moralischen Handelns gewährleistet: »Jenes Gebot bürgt mir durch sich selbst für die sichere Erreichung dieses Zwecks. Dieselbe Gesinnung, mit der ich mein ganzes Denken und Leben auf dieses Gebot richte und hefte, und nichts sehe, außer ihm, führt zugleich die unerschütterliche Ueberzeugung bei sich, daß die Verheißung desselben wahr und gewiß sey, und hebt die Möglichkeit auf, das Gegentheil auch nur zu denken. Wie ich im Gehorsam lebe, lebe ich zugleich in der Anschauung seines Zwecks, lebe ich in der bessern Welt, die er mir verheißet.«[411]

De facto wird jedoch »die gegenwärtige Lage der Menschheit«[412] (damals wie heute) dieser Forderung nach einer anderen und besseren Welt nicht gerecht – sei es im Verhältnis der Menschen zur Natur, sei es im Verhältnis der Menschen untereinander: »Noch ist die größere Hälfte der Menschen ihr Leben hindurch unter harte Arbeit gebeugt, um sich und der kleinen Hälfte, die für sie denkt, Nahrung zu verschaffen; sind unsterbliche Geister genöthigt, alles ihr Dichten und Trachten, und ihre ganze Anstrengung auf den Boden zu heften, der ihre Nahrung trägt. Noch

407 Ebd., 265 (Hervorhebungen Fichtes).
408 Ebd., 266.
409 Ebd., 278.
410 Ebd., 266 (Hervorhebungen Fichtes).
411 Ebd.
412 Ebd.

ereignet es sich oft, dass, wenn nun der Arbeiter vollendet hat, und für seine Mühe sich seine und seiner Mühe Fortdauer verspricht, eine feindseelige Witterung in einem Augenblicke zerstört, was er Jahrelang langsam und wohlbedächtig verbreitete, und den fleißigen und sorgfältigen Mann, unverschuldet, dem Hunger und dem Elende Preis giebt; noch immer oft genug, dass Wasserfluthen, Sturmwinde, Vulkane, ganze Länder verheeren, und Werke, die das Gepräge eines vernünftigen Geistes tragen, mit ihren Werkmeistern zugleich dem wilden Chaos des Todes und der Zerstörung vermischen. Noch raffen Krankheiten die Menschen ins unzeitige Grab, Männer in der Blüthe ihrer Kräfte, und Kinder, deren Daseyn ohne Frucht und Folge vorübergeht; noch ziehen Seuchen durch blühende Staaten, lassen die wenigen, die ihnen entgehen, verwaist und des gewohnten Beistandes ihrer Genossen beraubt, einsam dastehen, und thun alles, was an ihnen ist, um das Land der Wildniß zurückzugeben, welches der Fleiß der Menschen sich schon zum Eigenthume errungen hatte.«[413]

Demgegenüber fordert die innere Stimme des Gewissens, die Menschen zu »cultiviren«[414], d.h. zu bilden, indem ihre geistigen, seelischen und körperlichen Anlagen zur vollen Entfaltung gebracht werden: »[E]s kann kein Geschlecht erzeugt seyn mit allen Anlagen zur vollkommenen Menschheit, das da bestimmt wäre, diese Anlagen nie zu entwickeln, und nie mehr zu werden, als das, wozu die Natur eines künstlicheren Thieres völlig hinreichte. Jene Wilden sind bestimmt, die Stammväter kräftiger, gebildeter und würdiger Generationen zu seyn; ausserdem ließe sich kein Zweck ihres Daseyns denken, noch die Möglichkeit dieses Daseyns in einer vernünftig eingerichteten Welt begreifen. Wilde Stämme können cultivirt werden, denn sie sind es schon geworden, und die cultivirtesten Völker der neuen Welt stammen selbst von Wilden ab.«[415]

413 Ebd., 267f.

414 Ebd., 271. – Ähnlich sieht es Kant als eine moralische Pflicht sich selbst gegenüber an, »die Naturanlage und Vermögen, von denen seine Vernunft dereinst Gebrauch machen kann, nicht unbenutzt und gleichsam rosten zu lassen« (MS A 110). Wie Fichte spricht Kant deshalb auch vom »Anbau (*cultura*) der Naturkräfte (Geistes-, Seelen- und Leibeskräfte)« (ebd.) als »Pflicht des Menschen gegen sich selbst« (ebd.).

415 Angesichts der aller Wirklichkeit zugrunde liegenden Freiheitsentscheidung des Subjekts liegt es auf der Hand, dass die Bildung der Menschen unter keinen Um-

Ferner gilt es, mit Hilfe des über die Natur gewonnen Wissens zu einer »zweckmäßige[n] Ausbildung der Natur«[416] zu gelangen, indem der Mensch gezielt in die Natur eingreift und so »ein neues belebendes Princip in ihr darstell[t]«[417]: »So soll uns die Natur immer durchschaubarer, und durchsichtiger werden bis in ihr geheimstes Innere, und die erleuchtete und durch ihre Erfindungen bewaffnete menschliche Kraft soll ohne Mühe dieselbe beherrschen, und die einmal gemachte Eroberung friedlich behaupten. Es soll allmählig keines größeren Aufwandes an mechanischer Arbeit bedürfen, als ihrer der menschliche Körper bedarf zu seiner Entwicklung, Ausbildung und Gesundheit, und diese Arbeit soll aufhören

ständen auf Zwang beruhen darf, wie Fichte selbst bereits 1794 in seinen Vorlesungen über die *Bestimmung des Gelehrten* unmissverständlich klar gemacht hat: »Der Mensch darf vernunftlose Dinge als Mittel für seine Zwecke gebrauchen, nicht aber vernünftige Wesen: er darf dieselben nicht einmal als Mittel für ihre eigene Zwecke brauchen; er darf nicht auf sie wirken wie auf todte Materie oder auf das Thier, so daß er bloß seinen Zweck mit ihnen durchsetze, ohne auf ihre Freiheit gerechnet zu haben. – Er darf kein vernünftiges Wesen wider seinen Willen tugendhaft, oder weise, oder glücklich machen. Abgerechnet, daß diese Bemühung vergeblich seyn würde, und daß keiner tugendhaft oder weise, oder glücklich werden kann, ausser durch seine eigene Arbeit und Mühe – abgerechnet also, daß das der Mensch nicht kann, soll er – wenn er es auch könnte oder zu können glaubte – es nicht einmal wollen, denn es ist unrecht, und er versetzt sich dadurch in Widerspruch mit sich selbst« (GA I/3, 39f.). – Stattdessen wird sich im Rahmen einer transzendentalphilosophischen Pädagogik (im Geiste Fichtes) alle interpersonale Kommunikation »immer im Modus der An-Determination vollzieh[en]«, wie Reinhard Lauth betont: »Unter An-Determination ist eine von einer Person hervorgerufene Determination einer zweiten Person zu verstehen, die von dieser als Übermittlung eines Sinnes aufzufassen ist, der nur dann realisiert wird, wenn er von dieser zweiten Person als solcher verstanden wird und in Freiheit durchvollzogen wird. Weil jede zwischenmenschliche Begegnung An-Determination ist, darum enthält sie wesensgesetzlich immer ebenso eine Komponente der bloßen Determination wie auch eine solche der Freisetzung. Jede An-Determination ist in Eins: *Aufgabe*, d.i. Gabe der Freiheit; *Aufruf*, d.i. Anmutung eines ureigenen Handelns; und *Aufforderung*, Übermittlung eines Sinnes und darin eines leitenden Wertes« (Von der Notwendigkeit einer transzendenten [sic!] Begründung der Pädagogik, S. 311). – Für eine ausführliche Begründung und Darlegung einer transzendentalen Theorie der Bildung siehe Johannes Schurr: Transzendentale Theorie der Bildung.

416 GA I/6, 268.

417 Ebd.

Last zu seyn; – denn das vernünftige Wesen ist nicht zum Lastträger bestimmt.«[418]

Insofern ist es »die Bestimmung unsers Geschlechts, sich zu einem Einigen, in allen seinen Theilen durchgängig mit sich selbst bekannten, und allenthalben auf die gleiche Weise ausgebildeten Körper zu vereinigen«[419], so dass schließlich eine Verständigung der Völker und Nationen unter- sowie miteinander möglich wird. Dazu ist jedoch die Errichtung eines »einigen wahren Staates«[420] vonnöten, der sich durch die »Errichtung einer rechtlichen Verfassung im Innern, und aus der Befestigung des Friedens zwischen den Einzelnen Rechtlichkeit im äußern Verhältnisse der Völker gegen einander«[421] auszeichnet[422]. Im Rahmen einer »bürgerlichen Verfassung«[423] soll schließlich »alle Versuchung zum Bösen, ja sogar die Möglichkeit, vernünftigerweise eine böse Handlung zu beschließen«[424] zu-

418 Ebd., 269. – Die im Anschluss an solche Äußerungen formulierte Kritik, dass »[d]ie ökologische Krise, hervorgerufen durch den hemmungslosen Eingriff des Menschen in das Leben der Natur, [...] jene Grenze von Fichtes Philosophie heute besonders deutlich vor Augen [führt]« (Arseni Gulyga: Die klassische deutsche Philosophie, S. 175), wiederholt nur reflexartig den Vorwurf, »Fichtes Philosophie kann kein wirkliches Objekt aufweisen« (ebd.), da sie sich »auf die Geisteswelt des Menschen« (ebd.) beschränkt. Wie wir jedoch im bisherigen Verlauf der Diskussion des Dritten Buchs der BdM sehen konnten, tritt Fichte entschieden für ein *interpersonales* Zusammenleben ein, das gerade deshalb einen *nachhaltigen* und *zweckmäßigen* Umgang mit der uns umgebenden Natur und ihren Ressourcen erfordert: »Du sollst dich selbst und deine sinnliche Kraft erhalten, üben, stärken, denn es ist im Plane der Vernunft auf diese Kraft mitgerechnet. Aber du kannst sie nur erhalten durch zweckmässigen, durch einen den eigenen inneren Gesetzen dieser Sachen angemessenen Gebrauch« (GA I/6, 263). – Zum Naturbegriff Fichtes siehe ausführlicher Reinhard Lauth: Die transzendentale Naturlehre Fichtes nach den Prinzipien der Wissenschaftslehre.

419 GA I/6, 271.

420 Ebd., 273.

421 Ebd., 274.

422 Wie jene rechtliche Verfassung genauer zu verstehen und wie diese vor allem zu begründen ist hat Fichte ausführlicher in der GNR beschrieben. Siehe dazu auch Carla De Pascale: »Die Vernunft ist praktisch«.

423 GA I/6, 275.

424 Ebd., 274.

nichte gemacht werden, indem »das Böse keine Vortheile [zeigt], sondern vielmehr die sichersten Nachtheile«[425].

Ein solcher freier Rechtsstaat begründet jedoch nicht nur den »innerlichen Frieden«[426], sondern trägt schließlich auch wesentlich zum Frieden zwischen den Staaten bei: »Schon um seines eignen Vortheils willen, schon um in seinem eigenen Bürger keinen Gedanken an Unrecht, Raub und Gewaltthätigkeit aufkommen, und ihm keine Möglichkeit des Gewinnes übrig zu lassen, außer durch Fleiß und Arbeitsamkeit in der vom Gesetze angewiesenen Sphäre, muss jeder Staat die Verletzung eines Bürgers des benachbarten Staates ebenso streng verbieten, so sorgfältig verhindern, so genau ersetzen lassen, und so hart bestrafen, als ob sie an dem eigenen Mitbürger ausgeübt wäre. Dieses Gesetz über die Sicherheit der Nachbaren ist nothwendiges Gesetz jedes Staates, der kein Räuberstaat ist.«[427]

425 Ebd., 275. – Im Strafrecht des Staates, wonach den Straftäter »unausbleiblich das Uebel [trifft], das er dem andern zufügen wollte« (GA I/6, 275), zeigt sich somit der Zwang als Prinzip der Legalität gegenüber dem der Freiheit für die Moralität: »Der Mensch wird durch den Staat in Anspruch genommen, u ist sein *Werkzeug*; sein Wille *zweites*, u. *Produkt* des Staatswillens als des ersten. So soll es seyn, in tantum, und inwiefern es so ist, ist das Recht gesichert. Wo bleibt der eigentl. freie Mensch, um dessen willen der Staat errichtet wurde[?] Jeder Mensch geht durch den Staat hindurch, aber nicht in ihm auf« (GA II/13, 225; Hervorhebungen Fichtes). – Diese Einsicht veranlasst Fichte in der RL–1812 deshalb zur Behauptung, dass der Staat letztlich »darauf aus [ist] sich aufzuheben« (GA II/13, 228); denn »[d]ie erste Entwiklung der Freiheit [ist die], daß der Staat, als willenbewegendes Princip wegfällt. [...] [denn sein letztes Ziel ist die Sittlichkeit]. Die Sittlichkeit hebt ihn ja auf« (GA II/13, 228f.). – Ähnliche (jedoch weniger systematisch ausgeführte) Gedanken finden sich bereits in Fichtes Vorlesungen über die *Bestimmung des Gelehrten* (1794), wo es heißt: »Das Leben im Staate gehört nicht unter die absoluten Zwecke des Menschen, was auch ein sehr großer Mann darüber sage; sondern es ist ein nur unter gewissen Bedingungen stattfindendes *Mittel zur Gründung einer vollkommenen Gesellschaft*. Der Staat geht, ebenso wie alle menschliche Institute, die bloße Mittel sind, auf seine eigene Vernichtung aus: *es ist der Zweck aller Regierung, die Regierung überflüßig zu machen*« (GA I/3, 37; Hervorhebungen Fichtes). – Vgl. auch damit übereinstimmend GA I/5, 226f.

426 GA I/6, 273.

427 Ebd.

Insofern ist es einem freien Staat unmöglich, sich »in die innern Angelegenheiten eines fremden Staates [einzumischen]«[428] oder diesen gar »mit Kriege zu überziehen«[429]. Darüber hinaus kann jedoch kein freier Staat »Räuberstaaten«[430], d.h. »Verfassungen, deren Oberherren Vortheile davon haben, wenn sie benachbarte Völker unterjochen«[431], neben sich dulden: »[D]ie Sorge für ihre eigne Sicherheit nöthigt alle freie Staaten, alles um sich herum gleichfalls in freie Staaten umzuschaffen, und so um ihres eigenen Wohles willen das Reich der Cultur über die Wilden, das der Freiheit über die Sklavenvölker rund um sich her zu verbreiten.«[432]

428 Ebd.

429 In dieser Hinsicht erinnern die Ausführungen stark an die Ideen von Kants *Zum ewigen Frieden* (1795), wo es etwa im fünften Präliminarartikel heißt: »Kein Staat soll sich in die Verfassung und Regierung eines andern Staates gewalttätig einmischen« (BA 11).

430 GA I/6, 273.

431 Ebd., 274

432 Ebd. – Angesichts der Unbedingtheit des moralischen Sollensanspruchs, der jeglichen Zwang apodiktisch verbietet (vgl. GA I/5, 211, 248f. und 253f.), sowie der Befugnis freier Staaten, Räuberstaaten notfalls gewaltsam dem Recht zu unterwerfen, scheinen hier »[d]ie persönliche Pflicht, die formelle Freiheit jedes *einzelnen* Mitmenschen um dessen Moralität willen auf jede Gefahr hin zu respektieren, und die Rechtspflicht des Staatsrepräsentanten, zur Sicherung des allgemeinen Rechtsfriedens, und damit der *rechtlichen* Freiheit *aller rechtlichen* Staatsbürger, Zwang auszuüben gegen den Rechtsbrecher [...] in Konflikt miteinander [zu geraten]« (Internationale Beziehungen als ethisches und juridisches Problem bei Fichte, S. 262f.), wie Richard Schottky meint. Schottky gelangt deshalb schließlich zu dem Schluss, »daß Fichtes Denken über die zwischenstaatliche Politik in Aporien endet« (Ebd., S. 270); denn: »Was soll der Regent eines unabhängigen Staates tun in einem Zustand des zwischenstaatlichen Krieges aller gegen alle, in dem jeder Staat den Verlust seiner Selbständigkeit riskiert, wenn er in der Konkurrenz um machtpolitische Expansion auch nur einen Schritt hinter seinen Rivalen zurückbleibt? Da die Selbständigkeit des individuellen Staates, sofern dieser das Gefäß einer Kulturnation ist, Fichte aus geschichts- und religionsphilosophischen Gründen als irdisch nicht überbietbarer Höchstwert erscheint, muß er es dem Staatsmann auferlegen, notfalls mit Zwang und List andere Staaten und Völker dem eigenen Willen zu unterwerfen, sie – auch gegen ihr Wollen und gegen ihre spezifischen Interessen – den Zwecken und machtpolitischen Bestrebungen seines eigenen Staates dienstbar zu machen, falls er ohne dies Vorgehen die machtpolitische Konkurrenzfähigkeit des eigenen Staates nicht langfristig glaubt sichern zu können. Damit aber erlegt er es dem Staatsmann auf, dem sittlichen Grundgesetz, das es verbietet, die Freiheit des anderen zu beeinträchtigen, be-

In den bisherigen Ausführungen über Interpersonalität, Bildung, Recht und Politik besteht schließlich »der Zweck unsers irdischen Lebens, den uns die Vernunft aufstellt, und für dessen unfehlbare Erreichung sie bürgt«[433]. Deshalb kann kein Zweifel bestehen, dass jener Zweck »*im Leben* und *durch das Leben* [erreichbar ist], denn die Vernunft gebietet mir *zu leben*; er ist erreichbar, denn – ich bin«[434]. Und dennoch kann der durch »das Sittengesetz in unserm Innern«[435] geforderte Zweck *nicht* »Zweck der irdischen Welt«[436] sein; denn »[i]n der Sinnenwelt, die an der Kette der materiellen Ursachen und Wirkungen fortläuft; in welcher das, was erfolgt, von dem abhängt, was vorher geschahe, kommt es nie darauf an, *wie, mit welchen Absichten und Gesinnungen* eine That unternommen würde, sondern *nur, welches diese That sey*«[437]. Würde es also lediglich darum gehen, einen bestimmten Endzustand der Menschheit herzustellen, »so bedürfte es lediglich eines unfehlbaren Mechanismus, der unser äußeres Handeln bestimmte, und wir brauchten nichts mehr zu seyn, als der ganzen Maschine wohleingepasste Räder. Die Freiheit wäre dann nicht bloß vergebens, sondern sogar zweckwidrig; der gute Wille vollkommen überflüssig«[438]. Da die Wirklichkeit, wie wir oben gesehen haben, jedoch als Aufgabe ausgewiesen wurde, *sollen* wir uns als frei bestim-

wußt zuwiderzuhandeln« (ebd.). – Ähnlich sieht auch Hansjürgen Verweyen darin den »wundesten Punkt der Fichteschen Erörterung überstaatlicher Fragen« (Recht und Sittlichkeit in J.G. Fichtes Gesellschaftslehre, S. 330). Siehe dazu ausführlich Hansjürgen Verweyen: Recht und Sittlichkeit in J.G. Fichtes Gesellschaftslehre, S. 321–338.

433 GA I/6, 276 (Hervorhebungen Fichtes).

434 Im Gegensatz dazu spricht Fichte noch in der SL von einem »unendliche[n] nie zu erreichende[n] Zweck« (GA I/5, 126): »Die Selbstständigkeit, unser letztes Ziel, besteht, wie oft erinnert worden, darin, daß alles abhängig ist von mir, und ich nicht abhängig von irgend etwas; daß in meiner ganzen Sinnenwelt geschieht, was ich will, schlechthin und bloß dadurch, daß ich es will, gleichwie es in meinem Leibe, dem Anfangspunkte meiner absoluten Kausalität, geschieht. Die Welt muß mir werden, was mir mein Leib ist. Nun ist dieses Ziel zwar unerreichbar, aber ich soll mich ihm doch stets annähern, also alles in der Sinnenwelt bearbeiten, daß es Mittel werde zur Erreichung dieses Endzwecks. Diese Annäherung ist mein endlicher Zweck« (Ebd., 208).

435 GA I/6, 278 (Hervorhebungen Fichtes).

436 Ebd.

437 Ebd., 279.

438 Ebd.

men, d.h. »nicht die mechanisch hervorgebrachte That, sondern die freie Bestimmung der Freiheit lediglich um des Gebotes, und schlechthin um keines anderen Zweckes willen – so sagt uns die innere Stimme des Gewissens«[439].

Insofern gilt es, zwischen *Tat* und *Wille* zu unterscheiden: »Der Wille ist das Wirkende und Lebendige der Vernunftwelt, so wie die Bewegung das Wirkende und Lebendige der Sinnenwelt ist. Ich stehe im Mittelpunkte zweier gerade entgegengesetzter Welten, einer sichtbaren, in der die That, einer unsichtbaren und schlechthin unbegreiflichen, in der der Wille entscheidet.«[440]

Wenngleich also meine – mir durch das Gewissen gebotenen – Taten in der sinnlichen Wirklichkeit mit Folgen einhergehen, die nicht »ersprieslich[] erscheinen«[441], so kann doch »für die andere Welt kann nichts Anderes, denn Gutes aus ihr folgen«[442]; denn »[d]as gegenwärtige Leben läßt sich vernünftigerweise nicht als die ganze Absicht meines Daseyns, und des Daseyns eines Menschengeschlechts überhaupt denken; es ist in mir Etwas, und es wird von mir Etwas gefordert, das in diesem ganzen Leben keine Anwendung findet, und für das Höchste, was auf der Erde hervorgebracht werden kann, völlig zwecklos und überflüssig ist. Der Mensch muss sonach einen über dieses Leben hinausliegenden Zweck haben«[443].

Dementsprechend bin ich jedesmal dann der sinnlichen, endlichen Welt enthoben, »sobald ich den Entschluß fasse, dem Vernunftgesetze zu gehorchen. [...] Ich ergreife durch jenen Entschluss die Ewigkeit, und streife das Leben im Staube und alle andere sinnliche Leben, die mir noch bevorstehen können, ab, und versetze mich hoch über sie. Ich werde mir selbst zur einigen Quelle alles meines Seyns und meiner Erscheinungen;

439 Übereinstimmend meint auch Kant in der GMS: »Der gute Wille ist nicht durch das, was er bewirkt oder ausrichtet, nicht durch seine Tauglichkeit zu Erreichung irgend eines vorgesetzten Zweckes, sondern allein durch das Wollen, d.i. an sich gut und, für sich selbst betrachtet, ohne Vergleich weit höher zu schätzen als alles, was durch ihn zu Gunsten irgend einer Neigung, ja wenn man will der Summe aller Neigungen, nur immer zu Stande gebracht werden könnte« (BA 3).

440 GA I/6, 280.

441 Ebd., 281.

442 Ebd.

443 Ebd., 282.

und habe von nun an, unbedingt durch etwas außer mir, das Leben in mir selbst. Mein Wille, den ich selbst, und kein Fremder, in die Ordnung jener Welt füge, ist diese Quelle des wahren Lebens und der Ewigkeit. Aber auch nur mein Wille ist diese Quelle; nur dadurch, daß ich diesen Willen für den eigentlichen Sitz der sittlichen Güte erkenne, und zu dieser Güte ihn wirklich erhebe, erhalte ich die Gewißheit und den Besitz jener übersinnlichen Welt«[444].

In diesem Sinne einer »Verzichtleistung auf das Irdische«[445] *bin* ich »unsterblich, unvergänglich, ewig; [...] ich soll es nicht erst *werden*. Die übersinnliche Welt ist keine zukünftige Welt; sie ist gegenwärtig; sie kann in keinem Punkte des endlichen Daseyns gegenwärtiger seyn, als in dem andern«[446]. Dabei ist das Ich »freilich genöthigt, zu glauben, das heißt, zu handeln, als ob ich dächte – dass durch mein Wollen meine Zunge, meine Hand, mein Fuß in Bewegung gesetzt werden könnten; wie aber ein bloßer Hauch, ein Druck der Intelligenz auf sich selbst, wie der Wille es ist, Princip einer Bewegung in der schweren irdischen Masse seyn könne, darüber kann ich nicht nur nichts denken, sondern selbst die bloße Behauptung ist vor dem Richterstuhle des betrachtenden Verstandes reiner baarer Unverstand; und auf diesem Gebiete muss die Bewegung der Materie sogar in mir selbst, rein aus inneren Kräften der bloßen Materie erklärt werden«[447], so dass sich an diesem Punkt nun auch die Diskussion über das Leib-Seele-Problem wieder aufnehmen läßt, die wir nach Kapitel 2.1 begonnen hatten. Demnach macht gerade die *leiblich-sinnliche* Welt jene Sphäre aus, in der ich laut Fichte »in mir selbst aufgefordert [bin] frei zu handeln«[448]. Insofern ist es jener *praktische* (voluntative) Akt des freien Setzens, der »Leib und Seele zusammenhält«, wie Günter Zöller es formuliert[449], bzw. jenen (wie wir oben gesehen haben theoretisch unbegreifli-

444 Ebd., 285.
445 Ebd., 287.
446 Ebd., 285.
447 Ebd., 286.
448 GA IV/3, 512.
449 Siehe Günter Zöller: »Setzen hält Leib und Seele zusammen«. – Folglich gilt die Einheit von Geist und Körper im Anschluss an Reinhard Lauths Descartesdeutung »*in der Weise einer praktikablen Vorstellung*, eines moralis sciendi modus, insofern sie nicht [theoretisch-spekulativ; H.M.] verdeutlicht werden kann« (Descartes' Konzeption des Systems der Philosophie, S. 166; Hervorhebung H.M.).

chen) Zusammenhang von mentalen und physischen Phänomenen immer schon *voraus*-setzt. Denn, so Fichte an anderer Stelle: »So gewiß ich eine Existenz setze, so gewiß muß ich mir eine Thätigkeit absprechen; um dieses zu können, muß ich mir sie innerlich bilden, zuschreiben; ich betrachte mich also auf eine doppelte Weise, als äußern u. innern Menschen. Dieses ist so zufolge den Gesetzen meines Denkens. Gäbe es eine andere Art zu erkennen für uns als diese, so würde auch nicht dasselbe folgen, wir würden uns nicht als äußern u. innern Menschen ansehen; aber da das erste ist, so auch das letzte. Es ist eine nothwendige doppelte Ansicht. Das Ich ist ein einfaches, sich selbst setzendes. Dieses Ich wird u. muß werden erkennend u. handelnd in einer Sinnenwelt, u. in so ferne wird das Ich doppelt angesehen, als Theil der Sinnenwelt u. als etwas innerlich thätiges, das ist Leib u. Seele; beydes ist dasselbe, nur verschieden angesehen. Es ist eben so, als wenn ich ein Objekt von verschiedenen Seiten ansehe; in einer Ansicht sehe ich es rund, in der andern länglich, die verschiedene Ansicht verändert es. Ich, aus 2 verschiedenen Gesichtspunkten angesehen, bin Leib u. Seele; aus einem höhern Gesichtspunkte aber angesehen bin ich nur eins. Leib u. Seele giebt es nur, in so ferne es durch das Ich gesetzt ist, u. beyde werden nothwendig gesetzt.«[450]

Und dennoch stehen auch die bisherigen Überlegungen unter dem kritischen Vorbehalt, dass »die meisten guten Entschließungen gehen für diese Welt völlig verloren [gehen], und andere scheinen sogar dem Zwecke entgegen zu wirken, den man sich bei ihnen vorsetzte«[451]. Es stellt sich insofern die Frage, ob der Zweck »durch die That, die aus diesem gesetzmäßigen Wollen erfolgt, *wirklich befördert* werde«[452], mit anderen Worten: »[W]ird denn diese meine Absicht immer erreicht? Bedarf es nichts weiter, als das Beste zu wollen, damit es geschehe?«[453]

Darin drückt sich gleichsam ein »Schlüsselproblem«[454] aus, wie Joachim Widmann erklärt, denn »[a]uch die klarste Erkenntnis des Sittengesetzes sagt nur, was geschehen *solle* – aber sie vermag nicht zu verbürgen, *daß* es auch wirklich geschehe. Wer darum allein auf das Sittengesetz

450 GA IV/1, 334.
451 GA I/6, 277.
452 Ebd., 282.
453 Ebd., 277.
454 Joachim Widmann: Johann Gottlieb Fichte, S. 236.

baut, kann nie wissen, ob sein sittliches Handeln außerhalb seiner subjektiven Individualität auch tatsächlich bewirkt, was es bewirken soll. Ohne eine zusätzliche Erkenntnisquelle, die ihm in derselben unmittelbaren Gewißheit wie das Sittengesetz begegnet, kann er lediglich *glauben*, daß sein sittliches Handeln den erwünschten Erfog hat, aber er kann es nicht *wissen*.«[455]

Insofern ist »[a]lles ethische Wollen und Handeln [...] in seiner Wurzel von einem unreflektierten *Glauben* an seine effektive *Sinnhaftigkeit* getragen. *Diesen* Glauben zu reflektieren und in *Wissen* zu verwandeln, stellt für Fichte die ureigenste Aufgabe der *religiösen Erkenntnis* dar«[456].

Im Dritten Buch der *Bestimmung des Menschen* wird diese basale Sinnhaftigkeit als ein »*Gesetz*«[457] bezeichnet, d.h. als eine »schlechthin ohne Ausnahme geltende Regel, nach welcher der pflichtmäßige Wille Folgen haben muß«[458]. Im Vergleich zu unserem wahlfreien Wille wäre dieses »Gesetz der übersinnlichen Welt«[459] somit näherhin als ein Wille zu bestimmen, »der rein, und blos als Wille wirkt, durch sich selbst, schlechthin ohne alles Wertzeug, oder sinnlichen Stoff seiner Einwirkung, der absolut durch sich selbst zugleich *That* ist und *Product*, dessen Wollen Geschehen, dessen Gebieten Hinstellen ist; in welchem sonach die Forderung der Vernunft, absolut frei und selbstthätig zu seyn, dargestellt ist. Ein Wille, der in sich selbst Gesetz ist, der nicht nach Launen und Einfällen, nach vorherigem Ueberlegen, Wanken und Schwanken sich bestimmt, sondern der ewig und unveränderlich bestimmt ist, und auf den man sicher und unfehlbar rechnen kann, so wie der Sterbliche sicher auf die Gesetze seiner Welt rechnet. Ein Wille, in welchem der gesetzmäßige Wille endlicher Wesen unausbleibliche Folgen hat; aber auch nur dieser ihr Wille; indem er für alles Andere unbeweglich, und alles Andere für ihn so gut als gar nicht vorhanden ist«[460].

455 Ebd.
456 Ebd.
457 GA I/6, 289.
458 Ebd.
459 Ebd., 291.
460 Ebd., 292. – Franz Bader zufolge hat sich Fichte bereits gegen Ende des Zweiten Buchs »zur Einsicht des prädeliberativen Willens [vorgetastet]« (Zu Fichtes Lehre vom prädeliberativen Willen, S. 217), wenn er schreibt: »Ich will frey seyn [...] heißt: ich selbst will mich machen, zu dem, was ich seyn werde. Ich müsste so-

Insofern kommt die ethische Tat »nicht dadurch zu sinngemäßem Erfolg, daß das Individuum dies glaubend erhofft, sondern allein dadurch, daß die geglaubte außerindividuell wirkende Macht effektiv *existiert*«[461]. In diesem Sinne legen die bisherigen Überlegungen auch »[d]ie Basis des religiösen Glaubens«[462], der die »Ueberzeugung einer Ordnung oder eines Gesetzes [...] [beinhaltet], nach welchem aus der pflichtmässigen Gesinnung auch wirklich der absolute Vernunftzweck hervorgeht, wonach in der That erreicht und verwirklicht wird, was der Einzelne in seinem

nach [...], was ich werden soll, in gewisser Rücksicht schon seyn, ehe ich es bin, um mich dazu auch nur machen zu können« (GA I/6, 210). So weiß ich im Wollen nicht nur, dass ich will, wie Ives Radrizzani erklärt, »sondern unlöslich damit verbunden und ohne Vermittlung will ich. Und ich könnte nicht wissen, daß ich will, wenn ich nicht wollte: im Wollen sind ein theoretischer und praktischer Aspekt unlösbar verbunden. Folglich ist der reine Wille das Prinzip, das erlaubt, die Sphäre der Vorstellung zu überwinden, auf die man im zweiten Buch begrenzt blieb« (Die *Bestimmung des Menschen*, S. 33). – Die *systematische* Bedeutung des reinen Willens für die Konzeption der Wissenschaftslehre wird in Kapitel 3.2 im Anschluss an die *Wissenschaftslehre nova methodo* ausführlich dargelegt.

461 Joachim Widmann: Johann Gottlieb Fichte, S. 237.

462 GA II/5, 160. – Laut Kant ist deshalb auch das *sittliche* Handeln eines tugendhaften Atheisten getragen vom Glauben an »das Dasein eines *moralischen* Welturhebers, d.i. Gottes« (KdU B 429), wie er am Beispiel Baruch de Spinozas erklärt: »Wir können also einen rechtschaffenen Mann (wie etwa den Spinoza) annehmen, der sich fest überredet hält, es sei kein Gott und (weil es in Ansehung des Objekts der Moralität auf einerlei Folge hinausläuft) auch kein künftiges Leben; wie wird er seine eigene innere Zweckbestimmung durch das moralische Gesetz, welches er tätig verehrt, beurteilen? Er verlangt von Befolgung desselben für sich keinen Vorteil, weder in dieser noch in einer anderen Welt; uneigennützig will er vielmehr nur das Gute stiften, wozu jenes heilige Gesetz allen seinen Kräften die Richtung gibt. Aber sein Streben ist begrenzt; und von der Natur kann er zwar hin und wieder einen zufälligen Beitritt, niemals aber eine gesetzmäßige und nach beständigen Regeln [...] eintreffende Zusammenstimmung zu dem Zwecke erwarten, welchen zu bewirken er sich doch verbunden und angetrieben fühlt. [...] Den Zweck also, den dieser Wohlgesinnte in Befolgung der moralischen Gesetze vor Augen hatte und haben sollte, müßte er allerdings als unmöglich aufgeben, oder will er auch hierin dem Rufe seiner sittlichen inneren Bestimmung anhänglich bleiben und die Achtung, welche das sittliche Gesetz in ihm unmittelbar zum Gehorchen einflößt, nicht durch die Nichtigkeit des einzigen, ihrer hohen Forderung angemessenen idealistischen Endzwecks schwächen (welches ohne einen der moralischen Gesinnung widerfahrenden Abbruch nicht geschehen

pflichtmässigen Handeln bloss erstreben kann«[463], wie Fichte schon 1799 in den *Rükerinnerungen, Antworten, Fragen* erklärt. Denn »[i]n der Forderung, pflichtmässig zu wollen, liegt sonach zugleich die Forderung, etwas Bestimmtes also zu wollen. Dass dieses Bestimmtwerden des Willens durch die Stimme des Gewissens (nicht durch Räsonnement über die Folgen [...]) untrüglich sey, wird *geglaubt*: – abermals nicht aus Räsonnement oder irgend welchen allgemeinen Begriffen, sondern ursprünglich und unmittelbar. Es tritt schon hier Religion ein; oder eigentlicher, hier ist das erste Verbindungsglied zwischen reiner Moral und Religion. Nun erfolgt jedoch ferner aus jener Willensbestimmung eine Handlung: aus dieser entspringen andere, mir selbst unübersehbare Folgen in der Welt der vernünftigen Wesen (denn auf diese allein sehe ich, und die Sinnenwelt ist mir überall nur Mittel). Diese Folgen kann ich nicht berechnen; sie stehen schlechthin nicht mehr in meiner Gewalt: dennoch glaube ich, dass sie gut sind und dem Vernunftzwecke gemäss, glaube es mit derselben *ursprünglichen* Gewissheit, die mich zum ersten Handeln veranlasste, könnte sogar nicht handeln, wenn mich nicht auch dieser Glaube überall begleitete. Dies ist nun Religion. Ich glaube, wenn ich es mir auch nicht so deutlich und nicht in dieser begrifssmässigen Formel denke, an ein Princip, zufolge dessen aus jeder pflichtmässigen Willensbestimmung die Beförderung des Vernuftzweckes im allgemeinen Zusammenhange der Dinge sicher erfolgt. Aber dies Princip ist schlechthin unbegreiflich der Art und Weise seines Wirkens nach: doch wird es seinem Vorhandenseyn nach (auch hier fehlen Sprach- und Begrifssbestimmungen) absolut gesetzt, mit derselben Ursprünglichkeit des Glaubens, wie an die Stimme des Gewissens geglaubt wird. Beides ist nicht eins, aber schlechthin unabtrennlich von einander«[464].

kann): so muß er, welches er auch gar wohl tun kann, indem es an sich wenigstens nicht widersprechend ist, in praktischer Absicht, d.i. um sich wenigstens von der Möglichkeit des ihm moralisch vorgeschriebenen Endzwecks einen Begriff zu machen, das Dasein eines *moralischen* Welturhebers, d.i. Gottes annehmen« (Ebd., B 427ff.). – Manfred Walther bestätigt diese Annahme der fundamentalen Sinnhaftigkeit der Wirklichkeit für Spinozas Lehre sittlicher Autonomie, wenn er schreibt, dass diese »auf dem Vertrauen in die Ordnung des Kosmos als ihrem letzten Fundament [beruht]« (Metaphysik als Anti-Theologie, S. 121).

463 GA II/5, 160.

464 GA II/5, 162f. (Hervorhebungen Fichtes).

Folglich wendet sich Fichte entschieden gegen jede Form von theologischem Anthropomorphismus[465], der Gott eine Persönlichkeit – z.B. als Schöpfer der Welt – zuspricht: »Jener ewige Wille ist also allerdings Weltschöpfer, so wie er es allein seyn kann, und wie es allein einer Schöpfung bedarf; *in der endlichen Vernunft*. Diejenigen, welche ihn aus einer ewigen trägen Materie eine Welt bauen lassen, die dann auch nur träge und leblos seyn könnte, wie durch menschliche Hände verfertigte Geräthe – und kein ewiger Fortgang, einer Entwickelung aus sich selbst, oder die es sich anmuthen, das Hervorgehen eines materiellen Etwas aus dem Nichts zu denken, kennen weder die Welt, noch Ihn. Es ist überall Nichts, wenn nur die Materie Etwas seyn soll, und es bleibt überall und in alle Ewigkeit Nichts. Nur die Vernunft ist; die unendliche an sich, die endliche in ihr und durch sie. Nur in unseren Gemüthern erschafft er eine Welt, wenigstens das, *woraus* wir sie entwickeln, und das, *wodurch* wir sie entwickeln: – den Ruf zur Pflicht; und übereinstimmende Gefühle, Anschauung und Denkgesetze.«[466]

Indem wir Gott eine Persönlichkeit zuschreiben, würden wir nämlich lediglich die »Schranken«[467] unseres diskursiven Bewusstseins auf Gott selbst übertragen und somit den *qualitativen* Unterschied zwischen Unbedingtem und Bedingtem aufheben, so dass Fichte in Bezug auf Gott meint: »Ich verhülle vor dir mein Angesicht, und lege die Hand auf den Mund. Wie du für dich selbst bist, und dir selbst erscheinest, kann ich nie einsehen, so gewiss ich nie du selbst werden kann. Nach tausendmal tausend durchlebten Geisterleben werde ich dich noch ebensowenig begreifen als jetzt, in dieser Hütte von Erde. – Was ich begreife, wird durch mein bloßes Begreifen zum Endlichen; und dieses lässt auch durch unendliche Steigerung und Erhöhung sich nie ins Unendliche umwandeln. Du bist vom Endlichen nicht dem Grade, sondern der Art nach verschieden. Sie machen dich durch jene Steigerung nur zu einem größeren Menschen, und immer zu einem größeren; nie aber zum Gotte, zum Unendlichen, der keines Maaßes fähig ist. – Ich habe nur dieses discursiv fort-

465 Zu Fichtes Anti-Kreationismus siehe ausführlich Günter Zöller: Ex aliquo nihil. Für Fichtes eingehende Kritik der Annahme einer Persönlichkeit Gottes siehe Falk Wagner: Der Gedanke der Persönlichkeit Gottes bei Fichte und Hegel, S. 20–112.

466 GA I/6, 296 (Hervorhebungen Fichtes).

467 Ebd., 297.

schreitende Bewußtseyn, und kann kein anderes mir denken. Wie dürfte ich dieses dir zuschreiben? In dem Begriffe der Persönlichkeit liegen Schranken. Wie könnte ich jenen auf dich übertragen, ohne diese?«[468]

Wenngleich Fichte mit diesen Aussagen über Gott, »den kein Name nennt, und kein Begriff umfasst«[469], an die Tradition einer negativen Theologie (*apophatike theologia*), etwa Plotins[470], Dionysius Areopagitas[471] oder Nikolaus' von Kues[472], anknüpft, so unterscheidet sich die Gotteskonzeption Fichtes davon jedoch dadurch, dass sie die Spannung aufrechterhält zwischen einem *deus absconditus* und einem *deus revelatus*: »Gott Ist nicht nur, innerlich und in sich verborgen; sondern er ist auch Da, und äußert sich[.]«[473] Obschon Gott begrifflich-diskursiv niemals erfasst werden kann (und insofern verborgen bleibt), so offenbart er sich doch vollständig im moralischen Sollensanspruch: »Das Absolute *offenbart sich* dem absoluten Bilden; in seinem inneren Sein ist es unzugänglich.«[474]

Zusammenfassend ist die *religio* – sowohl in Form der Bindung (*religare*) an ein Unbedingtes als auch in Form der Aufmerksamkeit (*relegere*) auf den Unterschied zwischen Unbedingtem und Bedingtem – somit konstitutiv in die *conditio humana* eingelassen: »Religion [ist] ein *Vernunftstandpunkt*.«[475]

Dies zeigt sich auch und besonders im Gedanken des »Weltplans«[476], der den »apriorischen Rahmen [abgibt], innerhalb dessen die Geschichte so frei sie auch einerseits sein mag, doch andrerseits ablaufen muß«[477]. Dieser ergibt sich unmittelbar aus der Grundbestimmung der *Geschich-*

468 Ebd.
469 Ebd., 296.
470 Siehe z.B. Plotin: Enneade V 1, 6, 13 oder V 4, 1, 5–13.
471 Siehe Dionysius Areopagita: Von der mystischen Theologie, III-V.
472 Siehe etwa Nikolaus von Kues: De docta ignorantia I 4–5.
473 GA I/9, 94.
474 Reinhard Lauth: Kann Schellings Philosophie von 1804 als System bestehen?, S. 295.
475 Reinhard Lauth: Zur derzeitigen weltgeschichtlichen Situation im Lichte transzendentaler Erkenntnisse, S. 577. Siehe dazu auch GA I/9, 110ff.
476 GA I/6, 298.
477 Reinhard Lauth: Der Begriff der Geschichte nach Fichte, S. 364.

te[478] im Sinne Fichtes, wonach »[d]er ganze Endzweck der Vernunft ist reine Thätigkeit derselben, schlechthin durch sich selbst und ohne eines Werkzeuges außer sich zu bedürfen, – Unabhängigkeit von allem, das nicht selbst Vernunft ist, absolute Unbedingtheit«[479].

Die Geschichte der Menschheit ist somit vor dem Hintergrund des »interpersonalen Nexus«[480] zu denken, d.h. der »Uebereinstimmung unser aller über die zum Grunde zu legende, gleichsam vorausgegebene Sinnenwelt, als Sphäre unserer Pflicht, welche, die Sache genau angesehen, ebenso unbegreiflich ist, als unsere Uebereinstimmung über die Produkte unserer gegenseitigen Freiheit«[481].

Und dennoch widerspricht die Bestimmung des Sinns der Geschichte als »Realisation des Guten«[482] nicht der (offenkundigen) Existenz des Bösen; denn durch die moralische Weltordnung »scheinen sogar die Leidenschaften und Laster der Menschen zur Erreichung des Besseren mitzuwirken; – *nicht an und für sich*; in diesem Sinne kann aus dem Bösen nie Gutes hervorgehen, sondern, indem sie den entgegengesetzten Lastern das Gleichgewicht halten, und endlich durch ihr Uebermaaß diese, und mit ihnen zugleich sich selbst vernichten. Die Unterdrückung hätte nie die Oberhand gewinnen können, wenn nicht Feigheit, Niederträchtigkeit und gegenseitiges Mistrauen der Menschen untereinander ihr den Weg geeb-

478 Im Unterschied zum Geschichtlichen bestimmt Fichte das *Historische* als »das bloße Auffassen des Mannigfaltigen als solchen, in seinem Faktischen« (GA II/8, 8), d.h. Empirischen, so dass das Historische »nur durch seinen Zusammenhang mit den Entscheidungen der Vergangenheit und den Erwartungen der Zukunft« (Der Begriff der Geschichte nach Fichte, S. 358) geschichtlich wird, wie Reinhard Lauth hervorhebt.

479 GA I/6, 284. – In den GdgZ heißt es auch: »*[D]er Zweck des Erdenlebens der Menschheit ist der, daß sie in demselben alle ihre Verhältnisse mit Freiheit nach der Vernunft einrichte*« (GA I/8, 198; Hervorhebungen Fichtes).

480 Reinhard Lauth: Der Begriff der Geschichte nach Fichte, S. 358.

481 GA I/6, 295. – Insofern besteht der *systematische* Ort der Geschichte für die Transzendentalphilosophie Fichtes darin, dass »Geschichte [...] eine Vermittlung des reinen Wissens mit dem konkreten Leben [ist]. Geschichte ist von der einen Seite her rein begrifflich zu entfalten; von der anderen Seite her enthält sie ein Unbegreifliches, die Empirie. Geschichte offenbart, wie die Einheit des Begreifens und des Unbegreiflichen zu verstehen ist« (Reinhard Lauth: Der Begriff der Geschichte nach Fichte, S. 357f.).

482 Reinhard Lauth: Der Begriff der Geschichte nach Fichte, S. 376.

net hätten. Sie wird so lange steigen, bis sie die Feigheit und den Sklavensinn ausrottet, und Verzweiflung den verlorenen Muth wieder weckt. Dann werden die beiden entgegengesetzten Laster einander vernichtet haben, und das Edelste in allen menschlichen Verhältnissen, dauernde Freiheit, wird aus ihnen hervorgegangen seyn«[483].

Dabei ist das Böse notwendig, wie Reinhard Lauth erklärt, »zum einen, weil sonst keine Freiheit sein könnte. Wer frei sein soll, muß sich auch *gegen* das Sittengesetz entscheiden können. Das Böse ist Mittel, zum andern, weil es die Sittlichkeit provoziert«[484]. Die Geschichte der Menschheit vollzieht daher die Erfüllung der Wirklichkeit in der sittlichen Liebe – »[d]iese[r], nicht die seinige, noch die unsrige, sondern diese erst uns beide zu zweien scheidende, so wie zu Einem bindende Wechselliebe«[485] – in der »der Wille des Anderen, ohne seine objektive Selbständigkeit zu verlieren, zutiefst mein Wille, so wie mein Wille sein [wird]«[486], und schließlich »der Einzelne sich selbst [findet], und versteht, und [...] sich selbst [liebt] nur in einem andern«[487]. Wir sind insofern aufgefordert, das Gute »durch das freie Ja zu dem ewigen im sittlichen Wert beschlossenen Ja der Liebe«[488] zu verwirklichen – ein Ja, das freilich nicht mit dem I-A des Esels zu verwechseln ist, dem zufolge »*bejahen nichts weiter ist als tragen,*

483 GA I/6, 298f.

484 Reinhard Lauth: Der Begriff der Geschichte nach Fichte, S. 373f. – Angesichts der Existenz des Weltplans stellt sich jedoch auch die Frage, ob »die Geschichte nicht anderes als die sich notwendig in der Zeit entfaltete Vernunft [sei]« (Ebd., S. 367). Fichte selbst entkräftet diese scheinbare Antinomie zwischen personaler Willkürfreiheit und Determination durch den Weltplan, indem er letztere »[k]eineswegs [als] ein[en] Eingriff Gottes in die Zeit« (StL, 472) verstanden wissen will, »sondern [als] ein schlechthin qualitatives Seyn seiner Erscheinung, absolut und über aller Zeit; welches nur als Grund des Zeitlichen in der Zeit sich zeigt: und zwar eine qualitative Bestimmung des Willens, ursprünglich gegeben auf eine gewisse Weise, ebenso, wie nach demselben Gesetze gegeben ist auf eine gewisse Weise bestimmte Sinnenwelt; eine *sittliche* Grundlage der Welt, wie es gibt eine *natürliche*« (ebd.). – Vgl. dazu Marco Ivaldo: Fichtes Vorsehungsgedanke, S. 163f. sowie Reinhard Lauth: Der systematische Ort von Fichtes Geschichtskonzeption in seinem System, S. 104.

485 GA I/9, 166.

486 Reinhard Lauth: Der Begriff der Geschichte nach Fichte, S. 377.

487 GA I/6, 307.

488 Reinhard Lauth: Ethik in ihrer Grundlage aus Prinzipien entfaltet, S. 141.

auf sich nehmen[,] [a]uf das Wirkliche, wie es ist, eingehen, die Realität, wie sie ist, auf sich nehmen«[489].

Angesichts der Tatsache, dass dieses transzendentale Grund-Ja »[s]eit sehr langer Zeit [...] alles, was ich mich zu denken, zu schreiben, zu lehren oder zu lesen bemühe [mobilisiert oder durchquert]«[490], wie Jacques Derrida selbst betont, soll im Folgenden das Denken des französischen Philosophen in seinen grundlegenden Aussagen mit Fichtes Wissenschaftslehre in Verbindung gebracht werden und schließlich als transzendentale Differenztheorie im Geiste Fichtes identifiziert werden[491].

2.3.2 *Transzendentale Differenztheorie: Jacques Derrida*

Derrida geht es – wie er selbst sagt – in erster Linie darum, »über den Sinn, die Funktion, vor allem die Voraussetzung des *Ja*: vor der Sprache, in der Sprache, aber auch in einer Erfahrung der Pluralität der Sprachen«[492] nachzudenken: Warum können wir überhaupt *ja* (und damit

489 Gilles Deleuze: Nietzsche und die Philosophie, S. 196.

490 Jacques Derrida: Ulysses Grammophon, S. 85.

491 Die folgende Lesart Derridas bezieht sich vor allem auf dessen Texte über die doppelte Affirmation des *Ja, ja* (*oui, oui*) aus den 1980er Jahren (*Nombre de oui*; *Ulysses Grammophon*) sowie dessen Schriften zur Politischen Philosophie, Rechts- und Religionsphilosophie aus den 1990er Jahren (*Gesetzeskraft*; *Glaube und Wissen*; *Marx' Gespenster*; *Marx & Sons*) und 2000er Jahren (*Schurken*). Sie grenzt sich dabei bewusst von Deutungen etwa Richard Rortys (Philosophy as a kind of writing), Stanley Fishs (Consequences, S. 112) sowie Christopher Norris' (Deconstruction, S. xii) ab, die Derridas Philosophie wahlweise als bloße Literatur, Relativismus oder gar Skeptizismus verstehen und die für das Verständnis von Derridas Denken weit über die Philosophie hinaus prägend geworden sind. So greift etwa der renommierte Wirtschaftswissenschaftler Jagdish Bhagwati diese Interpretation auf und versteigt sich zum Vorwurf, dass Derridas Dekonstruktivismus letztlich zu einem antiintellektuellen Zynismus und Anarchismus führe (Free trade today, S. 7). – Im Unterschied dazu lesen wir *Derrida mit Fichte*, d.h. rekonstruieren zentrale Behauptungen Derridas mit der Transzendentalphilosophie Fichtes, um so strukturelle, d.h. theorietechnische, wie inhaltliche Entsprechungen bzw. Isomorphien aufzuzeigen und schließlich die theoretische Substanz beider Denker zu erweisen.

492 Jacques Derrida: Ulysses Grammophon, S. 99. – Der zitierte Aufsatz ist ursprünglich ein Vortrag gewesen, den Derrida 1984 aus Anlass des Neunten Internationalen James Joyce Symposiums in Frankfurt am Main über Joycens Roman *Ulysses* (1922) hielt und der um »Joycens Ja-sagen« (S. 57), wie es sich vor allem im inne-

auch *nein*) sagen? Oder allgemein mit Leibniz gefragt: »*[W]arum gibt es überhaupt etwas und nicht nichts?*«[493]

Derridas Antwort besteht darin, das *Ja* als die »transzendentale Bedingung jeder performativen Dimension«[494] und damit jeglichen Tuns in Wirklichkeit zu bestimmen: »Ein Versprechen, ein Schwur, ein Befehl, eine Verpflichtung implizieren immer ein *ja, ich unterschreibe*. Das *ich* des *ich unterschreibe* sagt und sagt sich *ja*, selbst wenn es ein Simulakrum unterschreibt, Jedes von einer performativen Markierung erzeugte Ereignis, jede Schrift im weiten Sinn verpflichtet ein *ja*, ob es nun als solches phänomenalisiert, das heißt verbalisiert oder adverbalisiert ist oder nicht.«[495]

Darüber hinaus wird das *Ja* nicht nur von jeder Behauptung über das *Ja*, sondern auch von jeder Verneinung und jeder Gegenüberstellung vorausgesetzt, wie Derrida an anderer Stelle[496] betont. Insofern ist das *Ja* Derrida zufolge »absolutely originary«[497] und als solches »the moment of institution, of the origin«[498], dem »nothing precedes«[499], so dass es schließlich einer »ursprünglichen Affirmation« (*affirmation originaire*[500]) gleichkommt, wie Derrida betont: »Bevor das *Ich* des *Ich bin* bejaht oder ab-

ren Monolog Molly Blooms im achtzehnten und letzten Kapitel findet, zum Thema hat. Vgl. zu den folgenden Ausführungen Harald Münster: *Oui-dire* und reines Wollen.

493 Gottfried Wilhelm Leibniz: In der Vernunft begründete Prinzipien der Natur und Gnade, S. 427.

494 Jacques Derrida: Ulysses Grammophon, S. 101. – Ähnlich spricht auch Paul Natorp vom »vollen Jasinn des Heraustretens, Sichherausstellens, voll wahrhaften Sichdarstellens [der Wirklichkeit; H.M.]« (Philosophische Systematik, S. 46).

495 Ebd.

496 Siehe Jacques Derrida: Nombre de oui, S. 642. – Neben *Ulysses Grammophon* ist es vor allem der Aufsatz *Nombre de oui*, in dem Derrida seine Überlegungen zur doppelten Affirmation des *Ja, ja* (*oui, oui*) am ausführlichsten darlegt. Ausgehend von einem Zitat des Angelus Silesius aus Michel de Certeaus Schrift *La fable mystique*, wonach Gott nur immer Ja spricht (S. 239), entwickelt Derrida seine Überlegungen zu einer »ursprünglichen Affirmation« (*affirmation originaire*), die seine Ausführungen in *Ulysses Grammophon* in Teilen wiederholen, aber auch ergänzen.

497 Jacques Derrida: Deconstruction in nutshell, S. 27.

498 Ebd.

499 Ebd.

500 Jacques Derrida: Nombre de oui, S. 640.

lehnt, setzt es sich vor: nicht als *ego*, bewußtes oder unbewußtes Ich, männliches oder weibliches Subjekt, Geist oder Fleisch, sondern als vorperformative Kraft, die in der Form des ›ich‹ zum Beispiel markiert, daß *ich* sich an andere adressiert, so unbestimmt er oder sie auch sei: ›Ja-ich‹, ›ja-ich-sage-dem-anderen‹, selbst wenn *ich* ›nein‹ sagt und sogar wenn *ich* sich adressiert, ohne etwas zu sagen.«[501]

Als solches ist das *Ja* somit – um mit Reinhard Lauth zu sprechen[502] – auf der Ebene der Primärreflexion anzusiedeln, die jenseits aller Unterscheidungen die Bedingung der Möglichkeit von Wirklichkeit (verstanden als Diskursivität, sei es in Form von Subjekt und Objekt in der Erkenntnis oder in Form von Signifikant und Signifikat in der Sprache oder sei es in Form von Vorher und Nachher in der Zeit oder in Form von Nebeneinander und Auseinander im Raum) überhaupt ausmacht: »Wir befinden uns hier an einem Ort, der *noch nicht* der Raum *ist*, wo sich die großen Fragen nach dem Ursprung der Negierung, der Bejahung oder Verneinung entfalten können und müssen.«[503]

Im Rückgriff auf Franz Rosenzweig spricht Derrida deshalb vom *Ja* auch als »Urwort«[504] (*mot originaire*[505]), das – wenngleich es doch ohne Zweifel *in* der Sprache (*au langage*[506]) erscheint – immer schon in allen anderen Worten miteinbeschlossen ist (*impliqué par tous les autres mots*[507]) und so gleichsam deren »lautloser Begleiter« (*compagnon silencieux*[508]) darstellt: »Das ist die Kraft des Ja, daß es überall haftet, daß unbegrenzte Möglichkeiten von Wirklichkeit in ihm liegen. Es ist das Urwort der Sprache, eines von denen, durch die – nicht etwa Sätze, sondern erst einmal überhaupt satzbildende Worte, die Worte als Satzteile, möglich werden. Ja ist kein Satzteil, aber ebensowenig das kurzschriftliche Sigel eines Satzes, obwohl es als solches verwendet werden kann, sondern es ist der stille Begleiter aller Satzteile, die Bestätigung, das ›Sic‹, das ›Amen‹

501 Jacques Derrida: Ulysses Grammophon, S. 102.
502 Siehe Reinhard Lauth: Begriff, Begründung und Rechtfertigung der Philosophie, S. 117ff.
503 Jacques Derrida: Ulysses Grammophon, S. 101.
504 Siehe Franz Rosenzweig: Der Stern der Erlösung, S. 29.
505 Jacques Derrida: Nombre de oui, S. 644.
506 Ebd.
507 Ebd.
508 Ebd.

hinter jedem Wort. Es gibt jedem Wort sein Recht auf Dasein, es stellt ihm den Sitz hin, auf dem es sich niederlassen mag, es ›setzt‹. Das erste Ja in Gott begründet in alle Unendlichkeit das göttliche Wesen. Und dies erste Ja ist ›im Anfang‹.«[509]

In diesem Sinne kommt das *Ja* der »ursprünglich-synthetischen Einheit der Apperzeption« aus Kants *Kritik der reinen Vernunft* gleich, d.h. dem »Ich denke, das alle meine Vorstellungen begleiten können muß«, wie Derrida erklärt[510]. Denn wie das *Ja* ist auch das *Ich denke* »ursprünglich«[511] bzw. irreduzibel (*irréductible*[512]) sowie »Grund der Begriffe der Objekte überhaupt«[513]: »Il *fait* être et il *laisse* être tout ce qui peut se dire.«[514] Ferner ist es »das Vehikel aller Begriffe überhaupt, und mithin auch der transzendentalen«[515]: »Tout énoncé ontologique ou transcendantal suppose le *oui* ou la *Zusage*.«[516]

Im *Ja* ist somit jene »Selbst-Setzung seiner selbst«[517] begründet, ohne die kein Erkennen, kein Denken, kein Sprechen, schlichtweg keine Wirklichkeit möglich ist, wenngleich kein Erkennen, kein Denken und kein Sprechen sie (diskursiv) zu fassen vermag ohne nicht selbst paradox zu werden, indem sie Differenz als Einheit erkennt, denkt oder kommuniziert: »Die Selbstsetzung im *ja* oder *Ay* ist jedoch weder tautologisch noch narzißtisch, ebensowenig ist sie egologisch, selbst wenn sie die Bewegung der zirkulären Wiederaneignung einleitet, die Odyssee, die all diesen bestimmten Modalität Statt geben kann. Sie hält den Kreis offen, den sie anbricht. Auch sie ist noch nicht performativ, noch nicht transzendental, obwohl sie von jeder Performativität, *a priori* von jeder konstativen Theoriezität, von jedem Wissen und jeder Transzendentalität vorausgesetzt bleibt. Aus dem gleichen Grund ist sie vorontologisch, wenn die Ontologie sagt, was ist oder das Sein dessen sagt, was ist.«[518]

509 Franz Rosenzweig: Der Stern der Erlösung, S. 29.
510 Siehe Jacques Derrida: Nombre de oui, S. 644.
511 KrV A 106.
512 Jacques Derrida: Nombre de oui, S. 640.
513 KrV A 106.
514 Jacques Derrida: Nombre de oui, S. 644.
515 KrV B 399.
516 Jacques Derrida: Nombre de oui, S. 648.
517 Jacques Derrida: Ulysses Grammophon, S. 106.
518 Ebd., S. 107.

Damit wiederholt Derrida Fichtes These vom Primat der praktischen Vernunft als »Wurzel aller Vernunft«[519] und greift zugleich implizit dessen Lehre vom reinen Willen als *Wollen des Wollens*[520]auf. Denn dem deliberativen Wollen der Wahlfreiheit geht immer schon ein prädeliberatives oder reines Wollen voraus, indem sich dieses immer schon *als gewolltes* will, wie Franz Bader betont: »Wesentlich ist dabei, daß der Wille in der Wahl des bestimmten Inhalts zugleich *sich* will, also *sich* bestimmt, zu wollen, und nur im Horizonte dieses Sichbestimmens, das Fichte die in sich zurückgehende Tätigkeit des Ichs nennt, einen Inhalt will. Nur im reflexiven Wollen des Wollens also wird ein bestimmter Inhalt gewollt, nie wird ein Inhalt bloß und rein inhaltsbezogen gewollt. [...] Gegenüber diesem deliberativen Willen ist der prädeliberative Wille nach Fichte ein nicht-übergeordneter Wille, ein immer schon durch sich bestimmter (bzw. ein sich immer schon bestimmender) Wille. Er ist – negativ gesprochen – kein beratschlagender, kein erwägender, kein das Wollen als alternativ-freien Zweck entwerfender Wille, kein Wille also, der erst nach vorhergehender Unbestimmtheit und Bestimmbarkeit will, sondern dessen Wesen und Sein es ist – positiv gesprochen –, zu wollen und sich zu wollen; ein Wille, der schon konstitutiv will oder, wie man in der Antike sagte, von Natur aus (physei) bzw. substantiell will und sich will. – Weil dieser Wille zu seinem Selbstbestimmungsakt nicht erst über-geht, sondern dieser *ist*, bedarf er auch nicht der Zeitform zu seiner Realisierung, sondern ist ein vor- und überzeitlicher Vollzug.«[521]

Dementsprechend ist auch im Dritten Buch der *Bestimmung des Menschen* von einem Willen die Rede, »der rein, und blos als Wille wirkt, durch sich selbst, schlechthin ohne alles Wertzeug, oder sinnlichen Stoff seiner Einwirkung, der absolut durch sich selbst zugleich *That* ist und *Product*, dessen Wollen Geschehen, dessen Gebieten Hinstellen ist; in

519 GA I/6, 265. – So macht Derrida an anderer Stelle deutlich, dass sich »[e]ine ›Verantwortung‹ oder ›Entscheidung‹ [...] nicht in einem *Wissen als solchem* fundieren oder rechtfertigen[läßt], ohne den Sprung irgendeiner Diskontinuität oder radikalen Heterogenität zwischen den beiden Bereichen. Ich spreche lieber abstrakt von ›Verantwortung‹ und ›Entscheidung‹ anstelle von ›praktischer‹, ›ethischer‹, ›juridischer‹ oder ›politischer Vernunft‹ [...] (Schurken, S. 194).

520 Vgl. etwa Reinhard Lauth: Zur grundsätzichen Richtung der philosohischen Fichte-Forschung, S. 58 sowie Jürgen Stolzenberg: Reiner Wille, S. 638.

521 Franz Bader: Zu Fichtes Lehre des prädeliberativen Willen, S. 214f.

welchem sonach die Forderung der Vernunft, absolut frei und selbstthätig zu seyn, dargestellt ist. Ein Wille, der in sich selbst Gesetz ist, der nicht nach Launen und Einfällen, nach vorherigem Ueberlegen, Wanken und Schwanken sich bestimmt, sondern der ewig und unveränderlich bestimmt ist, und auf den man sicher und unfehlbar rechnen kann, so wie der Sterbliche sicher auf die Gesetze seiner Welt rechnet. Ein Wille, in welchem der gesetzmäßige Wille endlicher Wesen unausbleibliche Folgen hat; aber auch nur dieser ihr Wille; indem er für alles Andere unbeweglich, und alles Andere für ihn so gut als gar nicht vorhanden ist«[522]

Mit anderen Worten: Jedes wahlfreie Wollen ist *als solches* immer schon gewollt bzw. jedes *Ja* immer schon ein *Ja, ja* (*oui, oui*), wie Derrida bemerkt: »Le ›premier‹ [oui] est déjà, toujours, une confirmation: *oui, oui*, un *oui* qui va de *oui à oui* ou qui vient de *oui à oui*.«[523] Man sollte sich deshalb fragen, so Derrida, »warum das *ja* immer als ein ›*ja, ja*‹ ankommt. Ich sage, das *ja*, und nicht das Wort ›ja‹; denn es kann *ja* geben ohne ein Wort.

PS. (2. Januar 1987.) Ein *ja* ohne Wort kann also kein *Urwort* sein. Dennoch gleicht es ihm, und das ist das ganze Rätsel, so wie man Gott gleichen kann. Und es ist wahr, daß das *ja*, von dem zum Beispiel Rosenzweig spricht, nur die Ursprünglichkeit eines *Urwortes* hat, um ein stilles, stummes Wort zu sein, eine Art Transzendental der Sprache, vor jedem affirmativen Satz und jenseits von ihm. Es ist das *Ja* Gottes, das *Ja* in Gott.«[524]

Insofern bleibt das *Ja* in gewisser Weise ein »Fremdling« in der Sprache (*étranger au langage*[525]), da es sich jedem prädikativen Diskurs (*discours prédicatif*[526]) notwendig entzieht: »Présupposé par toute proposition, il ne se confond avec la position, thèse ou thème, d' aucun langage.«[527]

Das reine Wollen des *Ja, ja* (*oui, oui*) kann deshalb nicht diskursiv gewusst oder kommuniziert werden, sondern ist uns vielmehr *unmittelbar* bewusst – es »trägt sein Auge schon in sich«[528], wie Fichte sagen würde, denn als *yes* führt es immer schon seine *eyes* mit sich, wie Derrida betont:

522 GA I/6, 292.
523 Jacques Derrida: Nombre de oui, S. 644f.
524 Jacques Derrida: Ulysses Grammophon, S. 98.
525 Jacques Derrida: Nombre de oui, S. 644.
526 Ebd., S. 648.
527 Ebd.
528 GA II/6, 150.

»Das letzte *Yes*, das letzte Wort, die Eschatologie des Buches schenkt sich nur dem *Lesen*, weil es sich nur durch eine unhörbare Majuskel, als unhörbarer, nur sichtbarer Rest, von den anderen unterscheidet, als die buchstäbliche Einverleibung des ja im Auge der Sprache, des *yes* in die *eyes*. Augensprache [Langue d'œil].«[529]

Wie bei Fichte das reine Wollen als unbedingte »Stimme des Gewissens, die jedem seine besondere Pflicht auflegt«[530] bzw. als »categorische Foderung, als bestimmtes absolutes Sollen«[531] erscheint, so manifestiert sich auch bei Derrida jenes transzendentale *Ja* als »Forderung der Gerechtigkeit«[532] bzw. »nicht-dekonstruierbares Gebot der Gerechtigkeit«[533], das »*per definitionem* ungeduldig, unnachgiebig und bedingungslos [ist]«[534]. Denn das ur-originäre *Ja* (*le oui archi-originaire*[535]) kommt einem absoluten Performativ (*performatif absolu*[536]) gleich, das weder etwas beschreibt noch feststellt, sondern vielmehr zu einer Zustimmung bzw. einem Versprechen auffordert: »Le oui archi-originaire ressemble à un performatif

529 Jacques Derrida: Ulysses Grammophon, S. 67. – In diesem Sinne begründet das Grund-Ja zur Wirklichkeit überhaupt erst »die Bedeutungs*fähigkeit* der Sprache« (Werner Hamacher: Lectio, S. 162); denn »Sprache setzt und Sprache bedeutet (da sie etwas zusammenfügt), aber Sprache kann nicht Bedeutung setzen; sie kann Bedeutung nur in ihrer bekräftigten Falschheit wiederholen (oder reflektieren)« (Shelleys Entstellung, S. 171f.), wie Paul de Man betont. Insofern ist »›Sprache‹ [...] nicht zu verstehen als gegebene Struktur oder als teleologischer Prozeß, sondern als der Imperativ, daß es eine Sprache überhaupt erst geben solle. Wir *gebrauchen* Sprache nicht, ohne daß wir sie zunächst *brauchen* und also fordern – und mit ihr uns selbst« (Werner Hamacher: Lectio, S. 183). Vor aller »wirklichen« Sprache gebietet dieser Imperativ, so Werner Hamacher, »daß es eine Sprache – eine Bedeutung und eine Deutung – geben müsse. Er spricht nicht eigentlich. Er ist – in jedem Sinn – der Sprache voraus. Er ist – und sein Sein ist – ein *Problem*« (Ebd., S. 186). Insofern will das *Ja*, »*daß Sprache ist*, will das *Urereignis*, das jegliches Ereignis allererst ermöglicht« (Giorgio Agamben: Die Sprache und der Tod, S. 141), so dass in und mit ihm »der Mensch der Sprache sein *Ja*wort, ihrem Stattfinden seine Zustimmung gibt« (ebd.).

530 GA I/6, 293.

531 GA IV/2, 134.

532 Jacques Derrida: Marx' Gespenster, S. 51.

533 Jacques Derrida: Marx & Sons, S. 130, Anm. 64.

534 Jacques Derrida: Marx' Gespenster, S. 51.

535 Jacques Derrida: Nombre de oui, S. 648.

536 Ebd., S. 647.

absolu. Il ne décrit et ne constate rien mais engage dans une sorte d'archi-engagement, d'alliance, de consentement ou de promesse qui se confond avec l'acquiescement donné à l'énonciation qu'il accompagne toujours, fût-ce silencieusement et même si celle-ci devait être radicalement négative.«[537]

Wir sind also immer schon vom *Ja, ja* des reinen Wollens aufgerufen, in einer freien Stellungnahme, die Zusage und das Versprechen des *Ja* an die Wirklichkeit (als Wirklichkeit) in einem gleichsam zweiten *Ja* nachzuvollziehen bzw. zu wiederholen: »Promis dès le ›premier‹, le ›second‹ *oui* doit arriver comme un renouvellement absolu, de noveau absolument inaugural et ›libre‹.«[538]

Insofern begründet jenes Sollen, Wirklichkeit diskursiv, d.h. als Relationalität bzw. Beziehung (sei es in Form von Subjekt und Objekt, Signifikant und Signifikat oder sei es in Form von Ich und Anderem) zu realisieren (d.h. das Wissen als Relation »gelten zu lassen«[539], wie es in der *Bestimmung des Menschen* heißt), unmittelbar Interpersonalität, derzufolge wir immer schon aufgefordert sind, in uns das Andere (in Form des Sollens) sowie uns selbst im Anderen (in Form der Anerkennung des Anderen als *alter ego*, d.h. freier Selbstzweck) zu bejahen. Derrida versteht dies in gleicher Weise, wenn er hervorhebt, dass das *Ja* das »Sich-an-den-anderen-adressieren«[540] markiert: »*Ja*, Bedingung jeder Unterschrift [und somit jeder Identität; H.M.] und jeden Performativs, richtet sich an anderes, das es nicht konstituiert, und das es nur zu *fragen* anfangen kann, als Antwort auf eine immer vorgängige Frage, *es zu fragen, ja* zu sagen. Die Zeit erscheint erst von dieser singulären Anachronie her. Diese Verpflichtungen können fiktiv, trügerisch, immer umkehrbar bleiben, die Adresse teilbar oder unbestimmt, das ändert nichts an der Notwendigkeit der Struktur. Sie bricht *a priori* jeden möglichen Monolog. [...] Aber man versteht, warum der Anschein eines Monolog sich hier aufdrängen kann, eben aufgrund des *ja, ja*. Das ja sagt nichts und fragt um nichts anderes als um ein anderes *ja*, das *ja* eines anderen, von dem wir sehen werden,

537 Ebd.
538 Jacques Derrida: Nombre de oui, S. 649.
539 GA I/6, 257.
540 Jacques Derrida: Ulysses Grammophon, S. 102.

daß es analytisch – oder durch *Synthese a priori* – in dem ersten *ja* enthalten ist.«[541]

An anderer Stelle setzt Derrida deshalb auch Intentionalität (verstanden als Korrelationsapriori von Bewußtsein und Gegenständlichkeit im Sinne Edmund Husserls[542]) mit dem ethischen Akt der Anerkennung des Anderen als irreduzibles *alter ego* gleich; denn, so fragt Derrida: »Ist die Intentionalität nicht die Achtung selbst? Die ewige Irreduzibilität des Andern auf das Selbst, des Andern aber, der dem Selbst *als* anders *erscheint*? Ohne dieses Phänomen des Andern als Andern nämlich gäbe es die Möglichkeit der Achtung nicht. Das Phänomen der Achtung setzt die Phänomenalität und die Ethik der Phänomenologie voraus.«[543]

Die Anerkennung des Anderen als »transzendentales alter *ego*«[544] macht Derrida zufolge den Anderen überhaupt erst zu einem anderen *Ich*, da er andernfalls »vollständig in der Welt unter[ginge] und [nicht], wie ich selbst, [...] Ursprung der Welt [wäre]«[545]. Insofern käme die Aberkennung des *ego* bzw. der Ichhaftigkeit einem Akt der Gewalt gleich, da ich den Anderen auf diese Weise gleichsam bloß als »Stein oder [...] sprachloses Wesen in *meiner reellen Ökonomie*«[546] behandeln würde, wie Derrida hervorhebt: »Der Andere als alter ego bedeutet der Andere als Anderer, der auf *mein* ego irreduzibel ist, eben weil er ego, weil er die Gestalt des ego besitzt. Die Ichheit des Andern macht es möglich, daß er, wie ich, ›ego‹ sagt; deshalb ist er ein Anderer.«[547]

Zusammenfassend gilt für Derrida somit, daß »der Andere als Anderer ein Phänomen des ego [ist]: Phänomen einer bestimmten für das ego als ego im allgemeinen [...] irreduziblen Nicht-Phänomenalität. Es ist nämlich unmöglich, dem alter ego [...] zu begegnen, es ist unmöglich, es in der Erfahrung und in der Sprache zu achten, ohne daß dieser Andere in seiner Andersheit für ein ego (überhaupt) *erscheint*. Man wäre nicht imstan-

541 Ebd., S. 103.
542 Siehe Edmund Husserl: Ideen zu einer reinen Phänomenologie und phänomenologischen Philosophie, Bd. 1, §§ 87ff.
543 Jacques Derrida: Gewalt und Metaphysik, S. 184.
544 Ebd., S. 190.
545 Ebd.
546 Ebd., S. 191.
547 Ebd.

de zu sprechen oder irgendeine Vorstellung vom schlechthin Andern zu haben, gäbe es kein Phänomen des schlechthin Andern als solchen«[548].

Insofern ist die grundlegende Einsicht (sowohl Fichtes als auch Derridas), dass der Andere immer als alter *ego* erscheint, nicht als Unterdrückung oder gar bloße Reduzierung des Anderen auf das Ich zu verstehen (wie etwa Levinas meint[549]), sondern vielmehr als echte Anerkennung des Anderen *als ebenso freies Vernunftwesen* aufzufassen, das – wie auch ich – sich selbst Zweck ist und niemals bloß Mittel zum Zweck (wie dies der kategorische Imperativ in seiner zweiten Vorstellungsart[550] von uns fordert): »Die Rede über das Sein setzt die Verantwortung des *ja* voraus: ja, was gesagt wird, wird gesagt, ich antworte, oder es wird der Interpellation des Seins geantwortet, etc. Den telegraphischen Stil beibehaltend, werde ich also die Möglichkeit des Ja und des Ja-lachens an jenem Ort situieren, an dem die transzendentale Egologie, die Onto-Enzyklopädie, die große spekulative Logik, die Fundamentalontologie und das Seinsdenken sich auf ein Denken der Gabe und der Sendung öffnen, die sie voraussetzen und nicht in sich schließen können. [...] Die Selbstaffirmation des *ja*

548 Ebd., S. 187f.

549 »Die abendländische Philosophie war meistens eine Ontologie: Indem sie einen mittleren und neutralen Terminus, der das Seinsverständnis gewährleistet, einschiebt, reduziert sie das Andere auf das Selbe. Dieser Primat des Selben war die Lektion des Sokrates. Vom Anderen nur annehmen, was in mir ist, als ob ich von Ewigkeit her besäße, was mir von außen zukommt! [...] Erkennen läuft darauf hinaus, das Seiende von nichts her zu packen oder es auf nichts zurückzuführen, ihm seine Andersheit zu nehmen. [...] Was die Dinge angeht, so vollzieht sich eine Auslieferung, in ihrer Konzeptualisierung. Was den Menschen betrifft, so kann der Terror, der einen freien Menschen unter die Herrschaft eines anderen bringt, zur Auslieferung führen. Für die Dinge besteht das Werk der Ontologie darin, das Individuum – nur das Individuum existiert – nicht in seiner Individualität, sondern in seiner Allgemeinheit – von der allein es Wissenschaft gibt – zu ergreifen. Hier vollzieht sich die Beziehung zum Anderen nur durch einen dritten Terminus hindurch, den ich in mir finde. Das Ideal der sokratischen Wahrheit beruht also auf der essentiellen Genügsamkeit des Selben, auf seiner Identität als Selbst, auf seinem Egoismus. Die Philosophie ist eine Egologie« (Emmanuel Levinas: Totalität und Unendlichkeit, S. 51ff.).

550 »*Handle so, daß du die Menschheit sowohl in deiner Person, als in der Person eines jeden andern jederzeit zugleich als Zweck, niemals bloß als Mittel brauchest*« (GMS BA 66f.).

kann sich nur an den anderen adressieren, wenn sie sich zu sich zurückruft, wenn sie sich *ja, ja* sagt.«[551]

Im Zentrum von Derridas Denken wirkt somit eine »pure and unconditional affirmation«[552], die – als Gerechtigkeit – *undekonstruierbar*[553] ist, weil sich aus ihr jegliche Dekonstruktion überhaupt erst speist bzw. ihren *drive* erhält, wie Derrida selbst betont: »Justice, if it has to do with the other, with the infinite distance of the other, is always unequal to the other, is always incalculable. You cannot calculate justice. Levinas says somewhere that the definition of justice – which is very minimal but which I love, which I think is really rigorous – is that *justice is the relation to the other*. That is all. Once you relate to the other as the other, then something incalculable comes on the scene, something which cannot be reduced to the law or the history of legal structures. That is what gives deconstruction its movement, that is, constantly to suspect, to criticize the given determinations of culture, of institutions, of legal systems, not in order to destroy them or simply to cancel them, but to be just with justice, to respect this relation to the other as justice.«[554]

551 Jacques Derrida: Ulysses Grammophon, S. 108.

552 John D. Caputo: Jacques Derrida, S. 7. – In diesem Sinne ist auch Derridas grundsätzliche Äußerung zu verstehen, wonach sich die Dekonstruktion »nicht auf eine Methode (Reduktion auf das Einfache) noch auf eine Analyse« (Peter Engelmann: Philosophien, S. 60) beschränkt; sie geht vielmehr »über die kritische Bestimmtheit und sogar über die Idee des Kritischen hinaus. Deshalb ist sie nicht negativ [...]. Für mich begleitet sie immer eine Forderung zur Bejahung, ich würde sogar sagen, daß sie nie ohne Liebe vor sich gehen kann« (ebd.).

553 »The undeconstructible is the subject matter of pure and unconditional affirmation – ›viens, oui, oui‹ (come, yes, yes) – something unimaginable and inconceivable by the current standards of imagining and conceiving. The undeconstructible is the stuff of a desire beyond desire, of a desire to affirm that goes beyond a desire to possess, the desire of something for which we can live without reserve« (John D. Caputo: Jacques Derrida, S. 7). – Vgl. dazu auch die Äußerungen Derridas im Gespräch mit Michail Ryklin in Michail Ryklin: Dekonstruktion und Destruktion, S. 26.

554 Jacques Derrida: Deconstruction in a nutshell, S. 17f. – Folglich betrachtet Derrida – wie auch Fichte in der BdG oder in der RL–1812 – das Recht unter einem kritischen Vorbehalt angesichts der »Gleichartigkeit der Gewalt als Ausübung des Rechts und des Rechts als Gewaltausübung« (Jacques Derrida: Gesetzeskraft, S. 75): »Die Gewalt [d.h. der Zwang; H.M.] ist der Rechtsordnung nicht äußerlich. Sie bedroht das Recht in dessen Innerem«, so dass das Recht schließlich in einem

Deshalb unterscheidet auch Derrida im Anschluss an Kant[555] und Fichte[556] das Recht bzw. Legalität von der Gerechtigkeit bzw. Moralität: »Das Recht ist nicht die Gerechtigkeit. Das Recht ist das Element der Berechnung; es ist nur (ge)recht, daß es ein Recht gibt, die Gerechtigkeit indes ist unberechenbar: sie erfordert, daß man mit dem Unberechenbaren rechnet.«[557]

Und dennoch hat »das Nicht-Dekonstruierbare, das in diesem Zusammenhang den Namen der Gerechtigkeit im Unterschied zum Recht erhält –, [...] nicht die Form einer fundierende Grenze, an der sich eine Art von radikalem Zweifel beruhigt oder stößt. Vielmehr handelt es sich um ein Gebot, gegenüber dem jede Konstruktion oder jede Grundlegung unangemessen ist. Dieses Gebot ist keine unendliche Idee im Sinne Kants. Und auch keine Utopie [...]. Weder vereinigt sich dieses nicht dekonstruierbare Gebot der Gerechtigkeit, noch identifiziert es sich mit sich selbst [...], sondern befiehlt mit aller Dringlichkeit und ohne Aufschub hier und jetzt; und die Unangemessenheit von allem, was sich daran misst und was es in Bewegung setzt, ist zugleich die Möglichkeit, aber auch die Notwendigkeit einer Geschichte«[558].

Insofern eröffnet auch bei Derrida das *undekonstruierbare* Sollen der Gerechtigkeit überhaupt erst den Horizont der *Geschichte*, in der sich

paradoxalen Antagonismus begründet ist: »Jenes, was das Recht bedroht, gehört ihm bereits an, gehört zum Recht des Rechts, gehört zum Recht auf das Recht, gehört zum Ursprung des Rechts – ursprünglich« (Ebd., S. 76).

555 Siehe KpV A 126ff.

556 Vgl. GA I/3, 425–429.

557 Jacques Derrida: Marx & Sons, S. 33f. – Derrida selbst bringt an anderer Stelle jenes *Unberechenbare* mit dem Begriff der »Würde« aus Kants GMS (BA 76ff.) in Verbindung und bestätigt so indirekt den von uns vorgeschlagenen Bezugsrahmen der Transzendentalphilosophie, in dem wir Derrida lesen: »Die Rolle, die zum Beispiel die ›Würde‹ in der *Grundlegung zur Metaphysik der Sitten* spielt, gehört zur Ordnung des Unberechenbaren. Im Reich der Zwecke ist sie das, was keinen ›Marktpreis‹ hat und nicht durch berechenbare Äquivalente ersetzt werden kann. Die Würde eines vernünftigen Wesens (die der menschlichen Person zum Beispiel, und sie ist für Kant das einzige Beispiel) ist als Zweck an sich unkalkulierbar. Sie ist universell und hat doch zugleich Ausnahmestatus. ›Also ist Sittlichkeit und die Menschheit, so fern sie derselben fähig ist, dasjenige, was allein Würde hat‹« (Schurken, S. 179f.). – Siehe dazu auch Jacques Derrida: Marx' Gespenster, S. 127, Anm. 6 sowie Ders.: Schurken, S. 201f.

558 Jacques Derrida: Marx & Sons, S. 129f., Anm. 64.

eben jene Gerechtigkeit in Form der Anerkennung des Anderen *als Selbstzweck* vollziehen soll: »[E]s gäbe kein Werden, keine Transformation, keine Geschichte und keine Vervollkommnungsfähigkeit des Rechts, wenn es dabei nicht an eine Gerechtigkeit appellierte, die es dennoch stets übersteigt.«[559] In den Worten Fichtes: »*[D]er Zweck des Erdenlebens der Menschheit ist der, daß sie in demselben alle ihre Verhältnisse mit Freiheit nach der Vernunft einrichte.*«[560]

Derrida bezeichnet die Forderung der (noch zu realisierenden) Gerechtigkeit auch als »das Messianische«[561] bzw. als »universale Struktur der Erfahrung«[562], das er jedoch von jedem spezifischen (christlichen, jüdischen oder muslimischen) Messianismus unterschieden wissen will: »As soon as you address the other, as soon as you are open to the future, as soon as you have a temporal experience of waiting for the future, of waiting for someone to come: that is the opening of experience. Someone is to come, is *now* to come. Justice and peace will have to do with this coming of the other, with the promise. Each time I open my mouth, I am promising something. When I speak to you, I am telling you that I promise to tell you something, to tell you the truth. Even if I lie, the condition of my lie is that I promise to tell you the truth. So the promise is not just one speech act among others; every speech act is fundamentally a promise. This universal structure of the promise, of the expectation for the future, for the coming, and the fact that this expectation of the coming has to do with justice – that is what I call the messianic structure.«[563]

559 Jacques Derrida: Schurken, S. 204.

560 GA I/8, 198.

561 Jacques Derrida: Marx & Sons, S. 78.

562 Ebd.

563 Jacques Derrida: Deconstruction in a nutshell, S. 22f. – Folglich unterscheidet auch Derrida das Geschichtliche vom (bloß) Historischen: »*Das Kommen des anderen kann nur dort als besonders und einzigartiges Ereignis hervortreten, wo keine Vorwegnahme des anderen kommen sieht; nur dort, wo der andere, der Tod und das radikal Böse (uns) jederzeit überraschen können. Möglichkeiten, die die Geschichte zu eröffnen und zugleich zu unterbrechen vermögen, zumindest den* gewöhnlichen *Lauf der Geschichte. Von diesem gewöhnlichen Lauf handeln die Philosophen, die Historiker und häufig auch die Klassiker (die klassischen Theoretiker) der Revolution. Die Geschichte unterbrechen oder entzweien, Geschichte machen, indem man darin eine Entscheidung trifft, eine Entscheidung, die zum*

In diesem Sinne ist auch für Derrida unser gerechtes, d.h. moralisches Handeln immer schon getragen von einem (in der praktischen Vernunft grundgelegten) *Glauben*[564] an eine außerindividuell wirkende Macht, welches für die effektive Sinnhaftigkeit unseres moralischen Tuns bürgt und die bei Fichte – wie wir gesehen haben – als »moralische[] Welt-Ordnung«[565] bezeichnet wird:»*Das abstrakt Messianistische, um das es hier geht, ist von Anfang an Teil der Glaubenserfahrung, der Erfahrung des Glaubens, der Erfahrung eines Kredits, den man nicht auf das Wissen zurückführen kann, und der Erfahrung einer Zuverlässigkeit, die in der Bezeugung den ›Grund‹ für jedes Verhältnis zum anderen legt.*«[566]

Gott ist insofern als »Gläubiger« jenes Kredits zu verstehen – »Gott: der Zeuge als das ›Nennbar-Unennbare‹, der anwesend-abwesende Zeuge, der Zeuge, der in jedem möglichen Eid, in jedem Einsatz und jeder Hinterlegung (eines Pfandes) anwesend und zugleich abwesend ist«[567].

Auf diese Weise wiederholt Derrida schließlich auch Fichtes Bestimmung der Religion als Vernunftstandpunkt[568], denn – so Derrida – »[d]ieser Glaube ist eine andere Weise, *Vernunft zu bewahren*, so verrückt er sich auch ausnehmen mag. Wenn das semantische Minimum, das man in allen Sprachen den Lexiken der Vernunft entnehmen kann, die letzte Möglichkeit eines Konsenses oder wenigstens einer universell versprochenen und dem anderen bedingungslos geschenkten Zuwendung ist, dann bleibt die Vernunft das Element oder der Atem eines Glaubens ohne Kirche und ohne Leichtgläubigkeit, die Voraussetzung dafür, daß es so etwas gibt wie Bürgschaft oder Selbstverpflichtung [gage], Kredit oder Glaub-

Kommen des anderen führen kann und die dann dem Anschein nach untätige Gestalt einer Entscheidung des anderen *annimmt*« (Glaube und Wissen, S. 32).

564 Wie auch Fichte in der BdM an mehreren Stellen von der »Pflichtmäßigkeit« (GA I/6, 291) als dem »einige[n] Band« (ebd.) spricht, das »vereinigt und hält in sich, und ordnet unter sich [...] alle endlichen Vernunftwesen« (ebd.), so spricht auch Derrida vom »Glauben[] [foi], der Glaubwürdigkeit [crédit], der Glaubensüberzeugung [croyance], ohne die es kein soziales Band gäbe, keine Hinwendung zum anderen, keine Redlichkeit, kein einzuhaltendes Versprechen, eine Ehre, also keine bindende Treue [foi jurée] und keine Selbstverpflichtung [gage]« (Schurken, S. 207).

565 GA I/5, 351.

566 Jacques Derrida: Glaube und Wissen, S. 33.

567 Ebd., S. 48. – Vgl. auch Jacques Derrida: Glaube und Wissen, S. 102.

568 Siehe GA I/9, 110ff.

würdigkeit [crédit], Zeugenschaft ohne Beweis; daß es so etwas gibt wie den Glauben [croyance] *an* den anderen oder *in* den anderen – und also auch des Meineids«[569].

Insofern speisen sich Religion und Vernunft nach Derrida aus »d[er]selbe[n] einzigartige[n] Quelle«[570] – im Sinne der praktischen Vernunft – und gehen aus von einem »gemeinsamen Kräftevorrat, von der Hilfsquelle des bezeugenden Einsatzes, des Pfandes der Bezeugung, das in jeder performativen Handlung liegt und das dazu verpflichtet, dem anderen Rede und Antwort zu stehen, sowie für die wirksame Ausführung [...] sich verantwortlich zu zeigen: Antwort *vor* dem anderen, in seinem Angesicht, Verantwortung *für* ein anderes«[571].

2.3.3 *Zusammenfassung*

In diesem Sinne finden sich bei Derrida – wenngleich nicht in derselben systematischen bzw. formalen Präzision – zentrale wie grundlegende *inhaltliche* Elemente transzendentalphilosophischen Denkens nach Fichte wieder: Ausgehend von einer Dekonstruktion des diskursiven (in theoretisch-spekulativer Vernunft begründeten) Wissens, die »einen Aufbau, ein Artefakt auseinander[nimmt], um seine Struktur, seine Maserung, oder [...] sein Skelett sichtbar zu machen, um aber auch, gleichzeitig, die ruinöse Unsicherheit einer formalen Struktur aufzudecken, die nichts zu erklären vermag, weil sie weder ein Mittelpunkt, noch ein Prinzip, noch eine Kraft, ja nicht einmal der Lauf der Dinge im weitesten Sinn dieses Wortes ist«[572], gelangt Derrida zur grundsätzlichen *praktischen* Konstitution der Wirklichkeit im *Ja* (*oui*), das schon immer ein *Ja, ja* (*oui, oui*) ist und als solches die Struktur eines Wollens des Wollens bzw. eines Wol-

569 Jacques Derrida: Schurken, S. 208. – Ähnlich behauptet Derrida in *Glaube und Wissen*, dass »*[e]inzig die universalisierbare Kultur dieses Glaubens – nicht die Kultur eines anderen Glaubens, die die Kultur, die sich vor jedem Glauben als eine universale ausgibt – [es] erlaubt [...], einen ›vernünftigen‹ und allgemeinen oder universalen Diskurs über die ›Religion‹ vorzubringen*« (S. 33).

570 Jacques Derrida: Glaube und Wissen, S. 49

571 Ebd.

572 Peter Engelmann: Philosophien, S. 60. – Zur Kritik des Wissens siehe auch *Deconstruction in a nutshell*, wo Derrida im Rahmen des *Villanova Roundtable* betont: »To speak of justice is not a matter of knowledge, of theoretical judgment. That's why it's not a matter of calculation« (S. 17).

lens aufweist, das sich – im Sinne von Fichtes *reinen Wollen* – selbst »bewill«[573]. Dieses manifestiert sich im undekonstruierbaren und damit unbedingten Sollensanspruch der Gerechtigkeit, wonach der Andere als freier Selbstzweck anzuerkennen ist. Insofern steht die Gerechtigkeit dem Recht, das immer »mit der Befugnis zu zwingen verbunden ist«[574], gegenüber und eröffnet die Möglichkeit sowie die Notwendigkeit einer Geschichte, welche die Vergangenheit und Zukunft als Realisierung der Gerechtigkeit bzw. des moralisch Gesollten umfasst. Alle diese Überlegungen münden schließlich in die Einsicht, dass die in freier Stellungnahme übernommene Forderung der Gerechtigkeit immer schon getragen ist von einem Glauben an die effektive Sinnhaftigkeit und Wirksamkeit unseres moralischen Handelns in der Welt, d.h. von der »*Glaubenserfahrung, der Erfahrung des Glaubens, der Erfahrung eines Kredits, den man nicht auf das Wissen zurückführen kann, und der Erfahrung einer Zuverlässigkeit, die in der Bezeugung den ›Grund‹ für jedes Verhältnis zum anderen legt*«[575].

Dabei ist sich Derrida wie Fichte voll bewusst, dass die frei zu ergreifende Möglichkeit bzw. Chance des Glaubens (und damit der Gerechtigkeit bzw. des Guten) zugleich »das höchste Risiko einbegreifen [muß], die Bedrohung durch das *radikal Böse*, die Drohung des *radikal Bösen.* Sonst wäre jenes, für das sie eine Chance darstellt, kein Glaube, sondern ein Programm und Beweis, eine Vorausberechnung, eine Voraussagbarkeit und eine Vorsehung, ein reines Wissen und reines Können, das heißt: eine Aufhebung der Zukunft«[576].

Exkurs: Dekonstruktion Gottes: Fichte und das Problem des Bösen

Jenes »radikal Böse« bezeichnet Kant zufolge »einen natürlichen Hang zum Bösen«[577], d.h. »ein *radikales*, angebornes (nichts destoweniger aber

573 Vgl. Reinhard Lauth: Zur grundsätzlichen Richtung der philosophischen Fichte-Forschung, S. 58.

574 MS A 35.

575 Jacques Derrida: Glaube und Wissen, S. 33.

576 Ebd., S. 77.

577 RGV A 25. – Um möglichen Missverständnissen entgegenzutreten, stellt Kant klar, dass »hier unter der Natur des Menschen nur der subjektive Grund des Gebrauchs seiner Freiheit überhaupt (unter objektiven moralischen Gesetzen), der vor allem in die Sinne fallenden Tat vorhergeht, verstanden werde; dieser Grund

von uns selbst zugezogenes) *Böse* in der menschlichen Natur«[578], und steht somit in schroffem Gegensatz zur grundlegenden Sinnhaftigkeit der Wirklichkeit, wie sie in Form der moralischen Weltordnung von der Transzendentalphilosophie im Geiste Fichtes behauptet wird: »Wenn Gott ist, wie kann es etwas außer Gott geben, das Gottwidrige, Ungöttliche: Leiden, Tod, Böses? Dies ist das fundamentale Problem der Theodizee. Wir stellen die Frage: Schließt nicht die Existenz des Vollkommenen die des Unvollkommenen, wenigstens die des Unvollkommenen als eines Bösen aus? Die Tatsache der Sinn-Unvollkommenheit der Welt ist der schwerste Einwand gegen Gott. Wenn es Gott gibt und wenn Gott ein allgütiges und allmächtiges Wesen ist, wie kann er dann zulassen, daß irgendwo etwas Sinn-Unvollkommenes ist, daß – konkret gesprochen – Menschen leiden, wahnsinnig werden, Böses tun und mit wachsendem Erfolg tun und daß die Welt voll all der furchtbaren Greuel und grausamen Zufälligkeiten ist, vor denen wir nur immer wieder die Augen und unser Gefühl verschließen, weil wir sonst nicht leben können?«[579]

Fichte selbst hat dem Problem des Bösen – im Unterschied zu Kant[580] – keine eigene Schrift gewidmet. Marco Ivaldo zufolge finden sich jedoch »[d]ie ausführlichsten Texte Fichtes zu unserem Thema [...] im *System der Sittenlehre nach den Principien der Wissenschaftslehre* (1798), § 15, und in den 1796 in Jena gehaltenen Moralvorlesungen, die als *Collegium über die Moral im Sommerhalben Jah. 17.96* überliefert worden sind«[581].

Fichtes Behandlung des Problems fällt demnach nicht in die Ontologie, sondern in die Freiheitsphilosophie, wie Ivaldo hervorhebt: »Weder

mag nun liegen, worin er wolle. Dieser subjektive Grund muß aber wiederum selbst ein Actus der Freiheit sein (denn sonst könnte der Gebrauch, oder Missbrauch der Willkür des Menschen, in Ansehung des sittlichen Gesetzes, ihm nicht zugerechnet werden, und das Gute oder Böse in ihm nicht moralisch heißen). Mithin kann in keinem die Willkür durch Neigung *bestimmenden* Objekte, in keinem Naturtriebe, sondern nur in einer Regel, die die Willkür sich selbst für den Gebrauch ihrer Freiheit macht, d.i. in einer Maxime, der Grund des Bösen liegen« (Ebd., A 6f.).

578 Ebd.

579 Reinhard Lauth: Die Frage nach dem Sinn des Daseins, S. 271.

580 MpVT (1791).

581 Marco Ivaldo: Das Problem des Bösen bei Fichte, S. 154. – Zum Problem des Bösen bei Fichte siehe auch ausführlicher Friedrich Billicsich: Das Problem des Übels in der Philosophie des Abendlandes, Bd. 2, S. 263–293.

stellt das Böse nach Fichte ein dem Sein (dem Guten) gegenüberstehendes und ontologisch gleichrangiges Prinzip im Sinne eines metaphysischen Dualismus dar, noch ist es Nicht-Sein, physischer oder metaphysischer Seinsentzug, wie es in der Tradition der spekulativen Theodizee gedacht worden ist. Die Transzendentalphilosophie behandelt das Problem des Bösen vom Gesichtspunkt der *Freiheit* her, genauer: vom Gesichtspunkt des moralischen Urteilens und des Sichbestimmens des freien Willens eines endlichen vernünftigen Wesens in bezug auf das Sittengesetz.«[582]

Konkret besteht für Fichte der Ursprung des Bösen in der Trägheit des Menschen, wie er selbst betont: »*Trägheit* sonach, die durch lange Gewohnheit sich selbst ins unendliche reproducirt, und bald gänzliches Unvermögen zum Guten wird, ist das wahre, angebohrne, in der menschlichen Natur selbst liegende radicale Uebel: welches sich aus derselben auch gar wohl erklären läßt. Der Mensch ist von Natur *faul*, sagt Kant sehr richtig.«[583]

Das Böse im Menschen hat somit seinen Grund im »Nichtgebrauch seiner Freiheit«[584], wie es in der *Sittenlehre* heißt, bzw. im »Mißbrauch der Freiheit«[585], wie die *Bestimmung des Menschen* meint. In diesem Sinne dient das Böse gleichsam als negative Folie »zur moralischen Besserung des Menschen [...], indem und nur indem es von der beurteilenden Freiheit deutlich erkannt und bekämpft wird, d.h. indem es die Sittlichkeit provoziert«[586], wie Ivaldo im unmittelbaren Anschluss an das Dritte Buch der *Bestimmung des Menschen* hervorhebt; dort heißt es: »Insofern ist alles gut, was da *geschieht*, und absolut zweckmäßig. Es ist nur Eine Welt möglich, eine durchaus gute. Alles, was in der dieser Welt sich ereignet,

582 Marco Ivaldo: Das Problem des Bösen bei Fichte, S. 155f.

583 GA I/5, 185 (Hervorhebungen Fichtes). – Interessanterweise verwendet Fichte im Gegensatz zu Kant den Begriff des »Übels«, der »in strenger Terminologie [...] das Malum physicum [bezeichnet], das Böse dagegen das Malum morale« (Die Entscheidung zum Bösen oder Guten im einzelnen Menschen, S. 137), wie Wilhelm Jacobs hervorhebt. Vgl. dazu genauer Wilhelm G. Jacobs: Die Entscheidung zum Bösen oder Guten im einzelnen Menschen, S. 137ff.

584 GA I/5, 169.

585 GA I/6, 299.

586 Marco Ivaldo: Das Problem des Bösen bei Fichte, S. 157. – Ebenso auch Reinhard Lauth: Der Begriff der Geschichte nach Fichte, S. 374.

dient zur Verbesserung und Bildung der Menschen, und vermittelst dieser zur Herbeiführung ihres irdischen Ziels.«[587]

Fichte zufolge ist demnach »[d]ie Welt [...] in jedem Augenblike die beste, nicht zwar etwa für Glükseeligkeit, u. Genuß, sondern für die sittliche Bildung aller«[588], denn die Welt bietet »jederzeit eine Möglichkeit (bzw. eine Reihe von Möglichkeiten) an, um das Pflichtgebot zu inkarnieren, allerdings nur dann, wenn der Mensch *diese* Möglichkeit bzw. Möglichkeiten aufmerkt«[589].

Angesichts der von der Transzendentalphilosophie deutlich vorgetragenen »Idee der Sinnfülle«[590] in Gott wird jedoch der Widerspruch zur gegenwärtigen widersinnigen Welt nur um so größer – ein Widerspruch, »*der nicht hinwegsystematisiert werden kann*«[591], wie Reinhard Lauth betont: »Das bonum infinitum prägt sich in uns aus, und wir besitzen infolgedessen eine Idee der Sinnfülle, deren Licht zweifelloses Leben bedeutet – aber wir schauen in ein All, das ebenso zweifellos widersinnig ist, so daß wir ihm ohne Widerspruch keine Sinnfülle zuerkennen können, ja, das auch in der Zukunft niemals einen vollen Sinn erhalten kann; wir blicken in eine dunkle, hoffnungsverlöschende Nacht.«[592]

Aus diesem Grunde soll im Anschluss an Fichte das Theodizeeproblem in seiner Problemstellung als »logisches Konsistenzproblem«[593] kritisch hinterfragt werden, um die Unmöglichkeit seiner theoretischen Auflösung nicht bloß negativ zu konstatieren, sondern aus der Struktur der Problemstellung selbst heraus zu begreifen und so zumindest eine logische und begriffliche Klärung zu erreichen, die uns rückwirkend auf die Problematik eines Gottesbegriffes verweist, der in der theoretisch-spekulativen Vernunft begründet ist[594].

587 GA I/6, 299 (Hervorhebung Fichtes). – Siehe auch ebd., 298.

588 GA II/13, 367.

589 Marco Ivaldo: »Das Wort wird Fleisch«, S. 192, Fn. 61.

590 Reinhard Lauth: Die Frage nach dem Sinn des Daseins, S. 331.

591 Ebd., S. 332.

592 Ebd.

593 Ingolf Dalferth: Die Wirklichkeit des Möglichen, S. 309. – Ähnlich sprechen auch John Leslie Mackie vom Problem des Bösen als einem »wesentlich [...] logische[n] Problem« (Das Wunder des Theismus, S. 240) und Armin Kreiner vom »Theodizee-Problem als Widerspruchsproblem« (Gott im Leid, S. 17).

594 Siehe zum Folgenden bereits Harald Münster: Deconstructing god.

In seiner traditionellen Formulierung ist das Theodizeeproblem auf folgende Weise überliefert: »Entweder will Gott die Übel aufheben und kann nicht, oder er kann und will nicht oder er will nicht und kann nicht oder er will und kann. Wenn er will und nicht kann, ist er schwach – und das trifft für Gott nicht zu. Wenn er kann und nicht will, ist er neidisch – und das ist ebenso unvereinbar mit Gott. Wenn er nicht kann und nicht will, ist er neidisch und schwach – und dementsprechend kein Gott. Wenn er aber will und kann, wie das allein angemessen für Gott ist – *wo kommen dann die Übel her, und warum hebt er sie nicht auf?*«[595]

Angesichts dieser Problemstellung lassen sich in der Geschichte der Philosophie sowie Theologie grundsätzlich drei Lösungsansätze unterscheiden[596]:

So lässt sich einerseits die Existenz der Übel in der Welt überhaupt in Frage stellen oder gar bestreiten, wie dies etwa bei Thomas von Aquin zum Ausdruck kommt: »Es kann nicht sein, daß das Übel irgendein Sein bedeutet oder irgendeine Form oder Natur. Es bleibt also nur, daß mit dem Wort Übel eine gewisse Abwesenheit des Guten bezeichnet wird. Und darum sagt man, daß das Übel weder existiert noch ein Gut ist.«[597]

Diese Privationstheorie, welche das Übel als Mangel an Gutem (*privatio boni* bzw. *steresis tou agathou*) auffasst, wurde in der Tradition auch von Augustinus vertreten, wonach »das Übel weiter nichts ist als Ausfall

595 Hermann Usener: Epicurea, Fr. 374, S. 252f. (Übersetzung nach Reinhard Feldmeier: Theodizee?, S. 24). – Die Zuschreibung dieser Argumentation an Epikur durch Laktanz (*De ira dei*, 13,20f.) ist jedoch fraglich, wie Reinhard Feldmeier bemerkt, denn »Epikur hatte keinen ethischen Gottesbegriff. Seine Götter verbringen ihr Leben in selbstzufriedener Seligkeit, ohne sich um das Elend und den Schmutz dieser Wirklichkeit zu scheren – eben darin besteht ihre Glückseligkeit (und ihr Vorbildcharakter für den Weisen)!« (Theodizee?, S. 24, Fn. 2). Aus diesem Grund, so Feldmeier weiter, »dürfte sich Epikur das Theodizeeproblem auch gar nicht gestellt haben«. Bezeichnenderweise hat Graziano Arrighetti den o.g. Text auch nicht in seine Edition der Fragmente Epikurs aufgenommen.

596 Der folgende skizzenhafte Überblick orientiert sich vor allem an Gerhard Streminger: Gottes Güte und die Übel in der Welt, S. 178–318 sowie Armin Kreiner: Gott im Leid, S. 49–239 und Ingolf Dalferth: Die Wirklichkeit des Möglichen, S. 314–318.

597 Thomas von Aquin: Summe der Theologie I, 1, 48 (Übersetzung nach Reinhard Lauth: Die Frage nach dem Sinn des Daseins, S. 271, Fn. 1).

[privatio] an Gut, der schließlich bis zum Nichtsein führt«[598]. Insofern gibt es kein substantielles Übel, da dieses bloß akzidentellen Charakter hat, wie Augustinus betont: »Also ist alles, was da seiend ist, gut, und jenes Böse, dessen Ursprung ich suchte, ist nicht Wesenheit [substantia]; denn wäre es Wesenheit, so wäre es gut.«[599]

Neben der Modifikation des Begriffs des Übels kann man jedoch andrerseits auch den Gottesbegriff mit seinen Prädikaten der Allmacht, Allgüte und Allwissenheit differenzierter interpretieren, um die Widersprüche des Theodizeeproblems auszuräumen, wie Ingolf Dalferth erklärt: »Gottes *Güte* etwa muss nicht besagen, dass Gott nur und ausschließlich Gutes will. Sie könnte auch so verstanden werden, dass Gott mehr Gutes will als Übles; dass er manches will, was übel ist, und anderes Üble zwar nicht will, aber zulässt, wenn, wenn es um anderer größerer Güter willen unumgänglich ist; dass er alles mögliche Gute will, damit auch das, was nur aufgrund bestimmter Übel möglich wird und damit auch diese Übel will oder zulässt; dass er die Gesamtheit der Übel nie die Gesamtheit des Guten übertrumpfen lässt usf.«[600]

So argumentiert etwa Gottfried Wilhelm Leibniz in seiner *Confessio philosophi*, dass »[d]ie Sünden geschehen [...], weil die Universalharmonie der Dinge, die das Licht durch Schatten hervorhebt, es so mit sich bringt«[601]. Dementsprechend gehören »[d]ie Sünden [...] nicht zu den Dingen, die Gott entweder will oder macht, weil er sie ja, wenn er sie im einzelnen, d.h. für sich betrachtet, nicht gut findet; sie gehören vielmehr jenen Dingen an, bei denen Gott erkennt, daß sie als Folge in der ganzen

598 Augustinus: Bekenntnisse III, 7, 12.

599 Ebd. VII, 12, 18.

600 Ingolf Dalferth: Die Wirklichkeit des Möglichen, S. 315. – Darunter gehört mit Gerhard Streminger auch jener (spezifisch christliche) Umgehungsversuch, wonach Gott »Anteil [nimmt] an unserem Leid, indem er selbst [in der Person Jesu Christi; H.M.] die schwersten Leiden auf sich genommen hat. Da Leid gerade das ist, was Gott mit seinen Geschöpfen verbindet, kann es kein Übel sein« (Gottes Güte und die Übel in der Welt, S. 178). – Ferner ließe sich auch jener Lösungsversuch hinzurechnen, wonach unserer Verständnis von Güte nicht dem Gottes entspricht, d.h. Gottes Maßstäbe nicht die unsrigen (endlichen) sind: »Natürlich gibt es vieles, das uns als negativ, als unvereinbar mit Gottes Güte erscheint, aber wer bist du Mensch, daß du richten willst den Allmächtigen?« (Gerhard Streminger: Gottes Güte und die Übel in der Welt, S. 178).

601 Gottfried Wilhelm Leibniz: Confessio philosophi, S. 53.

besten, von ihm erwählten Harmonie der Dinge unterlaufen, und weil in der gesamten Reihe der Harmonie ihre Existenz durch größere Güter aufgewogen wird; daher duldet er die Sünden bzw. läßt sie zu, obwohl er sie ausscheiden würde, wenn es absolut möglich wäre, dies zu tun, d.h. eine andere, bessere Reihe der Dinge ohne sie zu wählen. Die ganze Reihe aber, so muß man sagen, erlaubt er nicht, sondern will er, und damit zugleich die Sünden, insoweit man sie nicht für sich allein, sondern in ihrer Verflechtung mit der ganzen Reihe betrachtet. Denn die Universalharmonie, die allein durch ihre Existenz Gott vollkommen erfreut, bewirkt dies nicht durch Teile, sondern durch die Gesamtheit der Reihe«[602].

Und ähnlich meint auch Augustinus in seinem *Enchiridion de fide, spe et caritate*: »In diese Schöpfung ist auch das sogenannte Böse gut eingeordnet und hat seinen ihm zugewiesenen Platz. Es dient dazu, das Gute in hervorragender Weise herauszuheben, damit es um so besser gefalle und preiswürdiger sei, wenn man es mit dem Bösen vergleicht. Denn der allmächtige Gott, dem, wie es auch die Ungläubigen anerkennen, ›die höchste Herrschaft über alle Dinge zusteht‹, weil er das höchste Gut ist, könnte nichts Böses in seinen Werken dulden, wenn er nicht so allmächtig und gut wäre, um auch aus dem Bösen Gutes schaffen zu können.«[603]

Ferner ließen sich auch die Begriffe der Allwissenheit und Allmacht Gottes so verstehen, dass Gott nicht einfach *uneingeschränkt* alles weiß und vermag, was er will, sondern nur alles, was logisch möglich ist (im Sinne der zweiwertigen Logik, die u.a. in den Prinzipien vom zu vermeidenden Widerspruch sowie vom ausgeschlossenen Dritten begründet ist): »Da Gott alles bewirken kann, was sein kann, nicht aber das, was einen Widerspruch in sich birgt, so heißt er gebührendermaßen allmächtig.«[604]

Insofern wäre das Böse als *malum morale*[605] eine Folge der menschlichen Willensfreiheit und damit dem Verantwortungsbereich von Gottes Allmacht entzogen, wie Ingolf Dalferth erklärt: »Gott wirkt freie Geschöpfe, die aus Freiheit Böses wirken, aber Gott wirkt nicht das Böse, das sie frei tun. Ja er könnte das gar nicht, selbst wenn er es wollte, weil es

602 Ebd., S. 57.

603 Augustinus: Enchiridion de fide et spe caritate I, 11.

604 Thomas von Aquin: Summe der Theologie I^a q. 24 a. 3.

605 Zur Unterscheidung von *malum morale, malum physicum* und *malum metaphysicum* siehe Gottfried Wilhelm Leibniz: Die Theodizee von der Güte Gottes I, § 21, S. 241f.

dann nicht mehr von den Geschöpfen frei hervorgebrachtes und damit von ihnen zu verantwortendes Böses wäre.«[606]

Schließlich lässt sich angesichts der Übel in der Welt das Dasein Gottes schlichtweg verneinen: »Wer Gottes Existenz leugnet, für den gibt es auch kein Theodizeeproblem.«[607]

In strikter Abgrenzung zu diesen traditionellen Lösungsperspektiven soll es im Folgenden ausschließlich darum gehen, die *Berechtigung* des Theodizeeproblems *als logisches Konsistenzproblem* kritisch zu beleuchten. Denn bei genauerer Betrachtung der Problemstellung wird deutlich, dass die oben genannte erste Prämisse des *Modus ponens*, der das Theodizeeproblem konstituiert, einen Fehlschluss darstellt: Ohne die zusätzliche Annahme, dass der *Begriff Gottes* konsistent, d.h. logisch widerspruchsfrei (im Sinne der Prinzipien vom zu vermeidenden Widerspruch sowie vom ausgeschlossenen Dritten) ist, wäre die erste Prämisse falsch: *Ex contradictione sequitur quodlibet*. Aus diesem Grunde müsste der korrekte *Modus ponens*, der dem Theodizeeproblem zugrunde liegt, lauten:

Erste Prämisse: Wenn Gott existiert und allmächtig, allwissend, allgütig *und* rational ist, dann gibt es kein Übel.

Zweite Prämisse: Gott existiert und ist allmächtig, allwissend, allgütig *und* rational.

Konklusion: Es gibt kein Übel.

Doch mit welchem Recht (*quid iuris*) wird diese Schlussfolgerung gezogen?

Angesichts unserer bisherigen differenztheoretischen Überlegungen, wonach der »Grundsaz aller Reflexion [...] eine Disjunktion, u. ein Gegensaz ist«[608], ist zunächst festzuhalten, dass Gott – als Unbedingtes bzw.

606 Ingolf Dalferth: Die Wirklichkeit des Möglichen, S. 316. – Dieses Argument der Willensfreiheit ist im angloamerikanischen Raum auch als sog. »*free will defence*« bekannt und hat prominente Vertreter wie Alvin Plantinga (siehe z.B. *The free will defence*) oder Richard Swinburne (siehe etwa *The problem of evil*, S. 84–102). Siehe dazu ausführlich Armin Kreiner: Gott im Leid, S. 207–239.

607 Ingolf Dalferth: Die Wirklichkeit des Möglichen, S. 317. – So wurde in der atheistischen Denktradition das Theodizeeproblem wiederholt zum Ausgangspunkt eines Versuches »vom Leiden in der Welt auf die Wahrheit des Atheismus zu schließen« (so der Untertitel von Bernward Gesang: Angeklagt: Gott). Siehe dazu auch John L. Mackie: Das Wunder des Theismus, S. 401.

608 GA II/6, 200.

Absolutes – nicht durch irgendwelche Unterscheidungen, wie z.B. stark und schwach, männlich oder weiblich etc., bedingt sein kann. Stattdessen ist »Gott selbst [...] nicht *durch* das Denken, sondern an ihm vernichtet sich das [diskursive] Denken«[609], wie Fichte betont: »Es, das Absolute, ist nicht an sich *unbegreiflich*: denn dies hat keinen Sinn; es ist nur unbegreiflich, wenn der Begriff an ihm sich versucht, und diese Unbegreiflichkeit ist seine einzige Qualität.«[610]

Insofern ist Gott das, dem nichts gegenübersteht (»cui nihil opponitur«), wie Nikolaus von Kues formuliert[611], und gleicht seinem Begriff nach dem paradoxalen Dritten der zweiwertigen, aristotelischen Logik, die in den Prinzipien der Identität, der Bivalenz, des ausgeschlossenen Dritten sowie vom zu vermeidenden Widerspruch begründet ist: »Bei Gott muß man, soweit das möglich ist, in einem einfachen Begriff das Widersprechende zusammenfassen, indem man den Gegensätzen im Vorgriff voraus ist. So darf man in Gott nicht Unterscheidung und Ununterschiedenheit als zwei gegensätzliche Dinge auffassen, sondern muß sie im Vorgriff als in ihrem absoluten einfachen Prinzip fassen, wo Unterscheidung nichts anderes als Ununterschiedenheit ist.«[612]

Unser diskursiver, d.h. in theoretisch-spekulativer Vernunft gegründeter Begriff von Gott ist in dieser Hinsicht grundsätzlich paradoxal verfasst: In Gott müssen wir Differenz als *In*differenz bzw. Unterscheidbarkeit als *Un*unterscheidbarkeit denken. Dies führt jedoch umgehend in eine Paradoxie wie Niklas Luhmann erklärt: »Wer beide Seiten zugleich verwenden will, verstößt gegen den Sinn der Unterscheidung. Es geht nicht, es liefe auf eine Paradoxie hinaus. Denn man müßte dann in einem Zuge das Verschiedene als dasselbe bezeichnen.«[613]

609 TdB–1813, S. 563 (Hervorhebung Fichtes).

610 GA II/8, 58 (Hervorhebung Fichtes). – Vgl. auch Fichtes Bemerkung in einem Brief an Schelling vom 15.1.1802: »Das absolute *selbst* aber ist kein Seyn, noch ist es ein Wissen, noch ist es Identität, oder Indifferenz beider: sondern es ist eben – *das absolute* – und jedes zweite Wort ist vom Uebel« (GA III/5, 113; Hervorhebungen Fichtes).

611 Nikolaus von Kues: De docta ignorantia I, 5 n.14

612 Nikolaus von Kues: De docta ignorantia I, 19 n.57.

613 Niklas Luhmann: Die Paradoxie der Form, S. 247.

Mit anderen Worten: Die Frage nach der Einheit führt in die Paradoxie der Selbigkeit des Differenten[614]. Gott gleicht insofern dem »höchste[n] Paradox des Denkens, etwas zu entdecken, was es selbst nicht denken kann«[615]; denn aufgrund unseres diskursiven Denkens bzw. »rationis discursus«[616], wie Cusanus sagt, entzieht sich das Absolute immer wieder unseren Versuchen, es *begrifflich* zu fassen, wie auch der Dichter weiß:

»Dein Gesicht, das quälend umrißlose,
tief im Dunst – ich machts nicht aus.
›Herr‹, so sprach ich und versprach mich,
sprach ein Ungedachtes aus.

Groß, ein Vogel, flog der Name Gottes
aus dem Innern, war nicht mehr.
Vor mir Dunst und Nebel, dichter.
Hinter mir ein Käfig, leer.«[617]

Wenngleich wir zwar überall das Unbedingte suchen, so finden wir doch immer nur Dinge[618], da dieses unser diskursives Erkenntnisvermögen notwendig übersteigt, wie bereits Kant festgestellt hat: »Denn das, was uns notwendig über die Grenze der Erfahrung und aller Erscheinungen hinaus zu gehen treibt, ist das Unbedingte, welches die Vernunft in den Dingen an sich selbst notwendig und mit allem Recht zu allem Bedingten, und dadurch die Reihe der Bedingungen als vollendet verlangt. Findet sich nun, wenn man annimmt, unsere Erfahrungserkenntnis richte sich nach den Gegenständen als Dingen an sich selbst, dass das Unbedingte ohne Widerspruch gar nicht gedacht werden könne.«[619]

Unser diskursiver Begriff Gottes ist folglich grundsätzlich widersprüchlich verfasst und die Annahme, dass der Gottesbegriff konsistent (im Sinne der zweiwertigen Logik) sei, dient vielmehr als bloßes *Supplement*[620], diese begriffliche Inkonsistenz bzw. Unvollständigkeit zu verde-

614 Ebd., S. 256.

615 Sören Kierkegaard: Philosophische Brocken, S. 36.

616 Nikolaus von Kues: De docta ignorantia I, 4 n.12.

617 Ossip Mandelstam: Gedichte, S. 21.

618 Novalis: Blüthenstaub, S. 413.

619 KrV B xx.

620 »Das Supplement fügt sich hinzu, es ist ein Surplus; Fülle, die eine andere Fülle bereichert, die Überfülle der Präsenz. Es kumuliert und akkumuliert die Präsenz.

cken. Dieser Umstand zeigt sich auch in weiteren unauflösbaren Paradoxien, die den Begriff Gottes umgeben: Die Paradoxie der Allwissenheit[621], die Paradoxie der Allmacht[622], die Paradoxie der Vorsehung[623] und – im Hinblick auf das Christentum – die Paradoxie der Inkarnation[624].

Insofern ist das »Misslingen aller philosophischen Versuche in der Theodizee«, wie es bereits von Kant in seinem gleichnamigen Aufsatz aus dem Jahre 1791 konstatiert wurde, *notwendig*: »Der Ausgang dieses Rechtshandels vor dem Gerichtshofe der Philosophie ist nun: daß alle bis-

(...) Es gesellt sich nur bei, um zu ersetzen. Es kommt hinzu oder setzt sich unmerklich *an-(die)-Stelle-von*; wenn es auffüllt, dann so, wie wenn man eine Leere füllt« (Jacques Derrida: Grammatologie, S. 250). Im Falle des Theodizeeproblems dient die Annahme, Gott sei zweiwertige Rationalität, als ein Supplement, weil sie die vollständige (begriffliche bzw. theoretisch-spekulative) Intelligibilität Gottes behauptet, wie Susan Neiman erklärt: »Das Problem des Bösen begann damit, daß Gottes Absichten durchschaut werden sollten« (Das Böse denken, S. 410).

621 Im Anschluss an Georg Cantors Potenzmengenaxiom, wonach die Potenzmenge von X von größerer Mächtigkeit ist als X (für den Beweis siehe Georg Cantor: Gesammelte Abhandlungen, S. 442ff.), lässt sich zeigen, dass der Begriff eines allwissenden Wesens (wobei – der Tradition folgend – unter »Allwissenheit« das »Wissen aller wahren Propositionen« verstanden wird; vgl. Edward Wierenga: The nature of god, S. 59) selbstwidersprüchlich sein muss: »Für ein allwissendes Wesen *O*, so lautet das Argument, gilt für jede wahre Aussage *s*, daß *O* weiß, daß *s*. Die Vereinigung aller dieser Aussagen bildet dann die Menge *T* aller Wahrheiten. Doch nach dem Cantorschen Potenzmengenaxiom ist die Potenzmenge von *T* von größerer Mächtigkeit als *T*. Darüber hinaus läßt sich jedem Element aus dieser Potenzmenge eineindeutig eine wahre Aussage zuordnen. Somit gibt es mehr wahre Aussagen als *T* Elemente besitzt. Es gibt daher stets Wahrheiten, die außerhalb der von *O* gewußten Menge von wahren Aussagen liegen. Es kann daher aus logischen Gründen kein allwissendes Wesen geben« (Elke Brendel: Allwissenheit und »offenes Philosophieren«, S. 9). – Die hier wiedergegebene Argumentation geht auf Arbeiten Patrick Grims zurück. Für eine eingehendere Behandlung siehe deshalb Patrick Grim: The incomplete universe, S. 71–89 sowie Patrick Grim: Logic and limits of knowledge and truth.

622 Wenn Gott allmächtig ist, dann kann er einen Stein schaffen, der so schwer ist, das er ihn nicht heben kann, was bedeutet, dass er nicht allmächtig ist.

623 Wenn Gott allwissend ist, dann weiß er den Ausgang jeder menschlichen Entscheidung bevor diese getroffen wurde, was bedeutet, dass es keine Willensfreiheit des Menschen geben kann.

624 »Die Ewigkeit geht ins Zeitliche ein, das Unermessliche ins Maß, der Schöpfer ins Geschöpf, (...) das Unfigurierbare in die Figur, das Unsagbare in die Rede, das Unerklärliche ins Wort, das Unbegrenzbare in den Ort, das Unsichtbare ins Ge-

herige Theodizee das nicht leiste was sie verspricht, nämlich die moralische Weisheit in der Weltregierung gegen die Zweifel, die dagegen aus dem, was die Erfahrung an dieser Welt zu erkennen gibt, gemacht werden, zu rechtfertigen; obgleich freilich diese Zweifel als Einwürfe, so weit unsre Einsicht in die Beschaffenheit unsrer Vernunft in Ansehung der letztern reicht, auch das Gegenteil nicht beweisen können.«[625]

Denn jeglicher Versuch sowohl einer Rechtfertigung als auch einer Widerlegung der Existenz Gottes angesichts der Übel in der Welt übernimmt bzw. affirmiert implizit jenen diskursiven, d.h. in theoretisch-spekulativer Vernunft begründeten Gottesbegriff, der im Theodizeeproblem allein verhandelt wird und der von uns als inkonsistent erwiesen wurde.

Zusammenfassend lässt sich somit festhalten, dass die zusätzliche Annahme der Rationalität Gottes (im Sinne der zweiwertigen Logik, der u.a. die Prinzipien vom zu vermeidenden Widerspruch und vom ausgeschlossenen Dritten zugrunde liegen), unhaltbar und deshalb zu überwinden ist: »Für die Wissenschaftslehre ist das Absolute absolut frei, es ist relationslos und steht unter keiner Notwendigkeit.«[626]

Im Anschluss an Fichte und Nikolaus von Kues konnten wir vielmehr zeigen, dass Gott *jenseits* aller Unterscheidungen[627] bzw. *epekeina tes ousias*[628] – wie Platon es formuliert – zu denken ist. Als solches müssten wir uns Gott aber als *In*-Differenz vorstellen, in dem alle Gegensätze in eins fallen: »Gegensätzliche Bestimmungen kommen darum nur den Gegenständen zu, die ein Mehr oder Weniger zulassen, und zwar zeigen sie sich hier in verschiedener Weise. Dem absolut Größten [d.h. Gott; H.M.] kommen sie in keiner Weise zu, da es über allen Gegensätzen steht. Weil also nun das absolut Größte in absoluter Aktualität alles ist, was sein kann, und zwar derart frei von irgendeiner Art des Gegensatzes, daß im Größten das Kleinste koinzidiert, darum ist das absolut Größte gleicher-

sehene ...« (Bernhardin von Siena zitiert nach Georges Didi-Huberman: Fra Angelico, S. 43). – Interessanterweise sind alle oben genannten Paradoxien der (Allmacht, der Allwissenheit sowie der Inkarnation Gottes im Christentum) Paradoxien der Selbstreferenz: In jedem Fall wird eine Eigenschaft Gottes auf Gott selbst angewandt und führt so zu den o.g. Problemen.

625 MpVT A 209.

626 Reinhard Lauth: Fichtes Sicht der Philosophie Spinozas, S. 36.

627 Siehe StL, S. 551.

628 Platon: Politeia 509b.

weise erhaben über alle bejahende und verneinende Aussage. All das, was als sein Sein begriffen wird, ist es ebensosehr wie es dieses nicht ist, und all das, was als Nichtsein an ihm begriffen wird, ist es ebensosehr nicht, wie es dieses ist.«[629]

Die fundamentale Widersprüchlichkeit eines *diskursiven* Gottesbegriffs dürfen wir jedoch nicht als »the perplexity dead end of a false path«[630] verstehen, sondern müssen sie vielmehr als »every path's point of origin«[631] begreifen. Insofern ließe sich dieser Umstand mit Willard van Orman Quine auch als »veridical, or truth-telling paradox«[632] bezeichnen, das *notwendig* mit der Erkenntnis Gottes »per discretionem«[633], d.h. mittels unseres diskursiv verfassten Denkens und Sprechens, einhergeht. In diesem Sinne gilt es, den *restringierten* Gottesbegriff, der dem Theodizeeproblem zugrunde liegt und dieses überhaupt erst konstituiert, zu dekonstruieren. Fichte hat in seiner Wissenschaftslehre genau dies getan, indem er – wie wir oben bereits gesehen haben – zunächst jeglichen diskursiv gewonnenen Gottesbegriff, etwa den eines personalen Schöpfergottes, einer radikalen Kritik unterzog: »Die W[issenschafts].-L[ehre]. könnte des Atheismus nur der beschuldigen […], welcher einen todten Gott will: todt innerlich in der Wurzel, ungeachtet er hinterher mit dem scheinbaren Leben, mit Zeitexistenz, Willen, und oft sogar mit blinder Willkühr beschenkt wird; wodurch nun weder *sein* [d.h. Gottes; H.M.] Leben, noch das unsrige begreiflich, und Nichts gewonnen wird, als daß zu der Menge endlicher Wesen, deren in der Erscheinung mehr, als genug vorkommen, noch Eins mehr der Anzahl nach, übrigens eben so beschränkt und endlich, wie sie [die endlichen Wesen; H.M.], und generisch gar nicht von ihnen verschieden hinzukommt.«[634]

629 Nikolaus von Kues: De docta ignorantia I, 4 n.12.

630 William Rasch: The self-positing society, S. 10.

631 Ebd.

632 Willard van Orman Quine: The ways of paradox, S. 3.

633 Nikolaus von Kues: Idiota de sapientia I, 5.

634 GA II/8, 116 (Hervorhebung Fichtes). – Ähnlich drastisch bezeichnet Fichte in der BdM das Bild, welches sich »[d]er grübelnde Verstand« von Gott macht, als »ein widersprechendes Missgeschöpf […], lächerlich dem bloß Verständigen, verhaßt und abscheulich dem Weisen und Guten« (GA I/6, 297)

Im Anschluss an Kants Erkenntniskritik[635] zeigt Fichte, dass der Begriff Gottes nicht in einer – wie auch immer gearteten – *theoretisch-spekulativen* Vernunft grundgelegt werden kann, sondern ausschließlich in der praktischen Vernunft begründet sein muss: »Moralische Weltordnung u. Gott sind eins. [...] Es wird nicht geschlossen von dem Daseyn der moral[ischen]. Welt auf einen moral[ischen]. Urheber. Man könnte sagen: Der Grund der Moralität in mir ist Gott. Das kann aber nicht seyn. Oder, Gott ist Ursache von der Mögl[ichkeit]. der Moralität in der Sinnenwelt; das ist auch nicht, sondern beydes ist, wie gezeigt worden, eins, es findet gar kein Schluß statt. [...] Gott ist die moral[ische]. Weltordnung, das die moral[ische]. Welt ordnende selbst.«[636]

Denn wie wir bereits oben gesehen haben, entäußert sich Gott (als »Gesetz«[637] bzw. »reiner Wille«[638]) im kategorischen sittlichen Sollensanspruch, der als solcher (d.h. *als Offenbarung des Unbedingten im Bedingten*) dem Prinzip vom ausgeschlossenen Dritten sowie vom zu vermeidenden Widerspruch unterworfen ist, wenngleich sich uns sein inneres Wesen begrifflich-diskursiv nicht erschließt: »Gott Ist nicht nur, innerlich und in sich verborgen; sondern er ist auch Da, und äußert sich;«[639] denn: »Das Wesen Gottes drückt sich aus in dem sittlichen Handeln des Menschen.«[640]

Streng genommen lässt sich deshalb im Rahmen der Wissenschaftslehre Fichtes das Theodizeeproblem nicht formulieren, da es einen Gottesbegriff voraussetzt, der von ihr bereits kritisch überwunden wurde. Fichtes eminent *praktischer*, d.h. in praktischer Vernunft allein fundierter Gottesbegriff widerspricht vielmehr jenem, der im Theodizeeproblem verhandelt wird, und widersteht so der Versuchung einer – im Sinne Kants – »doktrinalen«[641] Rechtfertigung Gottes, die sich immer bloß auf dem Boden einer theoretisch-spekulativen Vernunft bewegen kann und daher zum Scheitern verurteilt ist: »Eine theoretische Auflösung erweist sich also endgültig als unmöglich. Bedeutet das aber für unser Dasein, daß die-

635 Siehe KrV B xx.
636 GA IV/1, 415.
637 GA I/6, 289
638 Ebd., 291.
639 GA I/9, 94.
640 GA IV/4, 191.
641 Siehe MpVT A 212.

se theoretische Unauflöslichkeit auch eine entschlossene Existenzführung unmöglich macht? Nein, das bedeutet sie nicht.«[642]

Im Anschluss an Fichte stellt die Existenz des Bösen somit kein »logisches Konsistenzproblem«[643], sondern schließlich eine eminent praktische *Aufgabe* dar: »Die Welt ist in jedem Augenblike die beste, nicht zwar etwa für Glükseeligkeit, u. Genuß, sondern für die sittliche Bildung aller.«[644]

642 Reinhard Lauth: Die Frage nach dem Sinn des Daseins, S. 352.

643 Ingolf Dalferth: Die Wirklichkeit des Möglichen, S. 309.

644 GA II/13, 367. – In diesem Sinne schließt sich Fichte der Idee Kants einer sog. »authentischen Theodizee« an, bei der – im Gegensatz zu einer bloß doktrinalen Rechtfertigung Gottes – »Gott durch unsre Vernunft selbst der Ausleger seines durch die Schöpfung verkündigten Willens [wird]« (MpVT A 212).

3 Fichte im Rückblick: Die *Bestimmung des Menschen* vor dem Hintergrund der *Wissenschaftslehre nova methodo*

Nachdem der eigentliche Gedankengang der *Bestimmung des Menschen* vollständig nachvollzogen und mit Hilfe zeitgenössischer differenztheoretischer Ansätze rekonstruiert wurde, lassen sich nun abschließend die gedankliche Entwicklung sowie zentrale Begriffe von Fichtes populärphilosophischer Schrift (wie etwa der des »reinen Willens« aus dem Dritten Buch) in die bisherige esoterische, d.h. wissenschaftliche Arbeit Fichtes (der Jahre 1794 bis 1799) in Jena einordnen.

Konkret sollen rückblickend Kernaussagen der *Bestimmung des Menschen* vor dem Hintergrund von Fichtes Vorlesungen über die sog. »Wissenschaftslehre nova methodo«, die er unmittelbar vor dem Verfassen der *Bestimmung des Menschen* vorgetragen hat, in ihrer systematischen Funktion benannt und verständlich gemacht werden. Zu diesem Zweck werden jedoch zunächst Text und Überlieferungsumstände sowie der systematische Standpunkt der neu bearbeiteten Wissenschaftslehre Fichtes näher erörtert.

3.1 Text und Überlieferung der *Wissenschaftslehre nova methodo*

Fichte kündigte erstmals im Wintersemester 1796/1797 Vorlesungen an, in denen die »*fundamenta philosophiae transcendentalis (die Wissenschaftslehre) nova methodo*«[1] dargelegt werden sollen. Darüber hinaus trug Fichte seine *Wissenschaftslehre nova methodo* in den folgenden Wintersemestern 1797/1798 und 1798/1799 vor[2]. Obwohl diese Fassung der Wissenschaftslehre von Fichte nie als selbstständiges Werk vollständig[3] veröffent-

1 Zitiert nach GA IV/2, 4.

2 Vgl. GA IV/4, 145.

3 Lediglich der Anfang ist unter dem Titel *Versuch einer neuen Darstellung der Wissenschaftslehre* 1797 im *Philosophischen Journal einer Gesellschaft Teutscher Gelehrter* publiziert worden. Siehe GA IV/2, 3.

licht bzw. autorisiert wurde sowie Fichtes eigenes Manuskript fehlt, so liegen doch zwei[4] studentische Mitschriften *in toto* vor, die eine eigenständige Behandlung rechtfertigen: die sog. »Hallesche Nachschrift«[5] und die sog. »Krause-Nachschrift«[6], auf die im Folgenden vornehmlich Bezug genommen wird.

Beiden kommt »eine besondere Bedeutung zu«[7], da sie »– von dem abgebrochenen ›Versuch einer neuen Darstellung der Wissenschaftslehre‹ abgesehen –«[8] die einzigen Dokumente der ersten Wissenschaftslehre sind, »die Fichte *vollständig* entfaltet hat (von den vier zu ihr gehörigen Disziplinen abgesehen). An ihren Ausführungen kann man ersehen, welche Entwicklung das System und die Methode seiner Darstellung seit den Veröffentlichungen von 1794/95 genommen haben«[9].

Wenngleich sich die beiden vollständigen Nachschriften am meisten am Anfang unterscheiden[10] (»die Krause-Nachschrift hat zwei Einleitungen, von denen die erste kein Pendant in der Halleschen Nachschrift

4 Eine dritte Nachschrift aus dem Nachlass von Friedrich August Eschen ist lediglich fragmentarisch überliefert, da ihr Anfang fehlt. Sie stellt vermutlich Fichtes Vorlesungstext aus dem Wintersemester 1796/1797 dar und ist »insgesamt knapper formuliert […] als die beiden anderen (späteren) Nachschriften« (GA IV/3, 148). Siehe dazu Näheres in GA IV/3, 145–149.

5 Der Schreiber dieser Kollegnachschrift mit dem Titel *Wissenschaftslehre nach den Vorlesungen von Hr. Pr. Fichte* ist unbekannt; sie wird deshalb nach ihrem Fund- und Aufbewahrungsort Halle an der Saale als »Hallesche Nachschrift« bezeichnet. Siehe GA IV/2, 1–15 für eine ausführliche Diskussion von Textgestalt und -entstehung sowie ferner die Einleitung von Daniel Breazeale in seiner englischsprachigen Übersetzung der WLnm.

6 Die Nachschrift mit dem Titel *Fichte's Vorlesungen über die Wissenschaftslehre, gehalten zu Jena im Winter 1798/99. nachgeschrieben von K. Chr. Fr. Krause* stammt aus dem handschriftlichen Nachlass von Karl Christian Friedrich Krause. GA IV/3, 309–320 liefert eine eingehende Erläuterung des Textes sowie seines Verhältnisses zu den anderen beiden Nachschriften.

7 GA IV/2, 12. – Zur Bedeutung der WLnm innerhalb der Fichteforschung siehe auch Heinz Heimsoeth: Fichtes Systementwicklung in seiner Jenenser Vorlesungen, S. 167 sowie Günter Zöller: Die Individualität des Ich in Fichtes zweiter Jenaer Wissenschaftslehre (1796–99), S. 642f.

8 GA IV/2, 12.

9 Ebd.

10 Vgl. GA IV/3, 314.

hat«[11] und ist »in den ersten sechs Paragraphen etwas ausführlicher, in den letzten Teilen eher knapper formuliert«), sind doch »eine Reihe von Gemeinsamkeiten der Krause-Nachschrift mit der Halleschen (und auch der von Eschen geschriebenen) Nachschrift festzustellen. Die wohl gewichtigste ist die sehr große Übereinstimmung der nunmehr drei bekannten Nachschriften im Gedankengang, in derselben Aufeinanderfolge der Gedankenschritte, als auch in der Gliederung der Paragraphen wie auch deren Untergliederungen«[12]. Ferner stimmen die Nachschriften auch darin überein, »daß sie den nahezu gleichlautenden Text der Paragraphen-Zusammenfassungen (›Diktate‹) haben«[13].

All dies legt die Vermutung nahe, dass die drei Nachschriften »zwar auf eine gemeinsame Grundlage [...] zurück[gehen], [...] aber aus mehreren, am ehesten drei, verschiedenen Vorlesungen [stammen], wobei die hier in Frage stehende Krausesche eindeutig auf das Wintersemester 1798/99 zu datieren ist, wie Titel und Schlussanmerkung beweisen. Da die Wissenschaftslehre nova methodo in diesem Wintersemester das letzte Mal vorgetragen wurde – Fichte begab sich im Juli 1799 nach dem Verlust seiner Professur von Jena nach Berlin –, bleiben für die Datierung der beiden anderen Nachschriften nur mehr frühere Semester. [...] Bei aller Übereinstimmung der nunmehr bekannten Fassungen der Wissenschaftslehre nova methodo im inhaltlichen Aufbau und der Abfolge der Hauptgedanken bis hin zu gelegentlichem gleichen Wortlaut kann man mit großer Sicherheit ausschließen, daß sie Nachschriften ein und derselben Lehrveranstaltung sind. Zu groß sind die Unterschiede in der Detailausführung«[14].

Fichte selbst hat sich in seinen Briefen wiederholt darüber geäußert, worin das Neue seiner *Wissenschaftslehre nova methodo* besteht. So be-

11 Erich Fuchs: Einleitung, S. XIX.

12 GA IV/3, 314. – Ähnlich spricht auch Ives Radrizzani davon, dass beide Nachschriften »étroitement parallèles« (Vers la fondation de l'intersubjectivité chez Fichte, S. 9) seien.

13 GA IV/3, 315. – Für weitere Gemeinsamkeiten siehe ebd., 315f.

14 GA IV/3, 316. – Darüber hinaus kann auch Fichtes eigene spätere Bezugnahme auf die neue Bearbeitung der Wissenschaftslehre *im Singular* (so etwa in einem Brief vom 28. Oktober/2. November 1799 an seine Frau) als Beleg dafür gelten, dass lediglich *eine einzige* Vorlesungsgrundlage für alle Vorlesungen vorgelegen hat. Vgl. dazu GA IV/3, 319f.

nennt er zum einen *didaktische Mängel* seiner bisherigen Ausführungen zur Wissenschaftslehre, vor allem in *Ueber den Begriff der Wissenschaftslehre oder der sogenannten Philosophie* von 1794 sowie der *Grundlage der gesammten Wissenschaftslehre* aus demselben Jahr: »Der Schluß meines Programms, und der theoretische Theil der Grundlage der W.L. ist äußerst dunkel; ich weiß es sehrwohl, die W.L. hat überhaupt einen innern Grund der Dunkelheit, und sogar Unverständlichkeit für manche Köpfe [...] in sich selbst.«[15]

Und im Januar 1801 schreibt er rückblickend: »Meine gedruckte Wißenschaftslehre trägt zu viele Spuren des Zeitraums, in dem sie geschrieben, und der Manier zu philosophiren, der sie der Zeit nach folgte. Sie wird dadurch undeutlicher, als eine Darstellung des transcendentalen Idealismus zu seyn bedarf. Weit mehr sind zu empfehlen [...] meine Aufsätze im philosophischen Journal [, d.i. dem *Philosophischen Journal einer Gesellschaft Teutscher Gelehrter*; H.M.].«[16]

Zum anderen kritisiert Fichte auch *systematische Defizite* der Darstellung von 1794/1795: So »fehlt [es] der Wissenschaftslehre durchaus nicht in den Principien; wohl aber fehlt es ihr an Vollendung; die höchste Synthesis nemlich ist noch nicht gemacht, die Synthesis der GeisterWelt«[17].

Im Unterschied zu den bisherigen Ausführungen über die Wissenschaftslehre ist die neue Wissenschaftslehre Fichtes Wissenschaftslehre »nach einem ganz entgegen gesezten Gange s[eines]. Compendiums v[on]. 1794. Wo er [Fichte; H.M.] v[om]. Theoretischen i.e. v[on]. dem was erklärt werden soll – zum praktischen Theil der Philosophie i.e. *woraus* erklärt werden soll – übergeht«[18], wie es zu Beginn der Halleschen Nachschrift erklärend heißt: »In seinen [neuen] Vorlesungen findet aber die bisher gewöhnliche Abtheilung der Philosophie in theoretische und praktische nicht statt. Sondern er trägt Philosophie *überhaupt* vor – theoretische und praktische vereinigt, fängt nach einem weit natürlicheren Gange vom praktischen an, oder zieht da wo es zur Deutlichkeit [et]was beiträgt, das praktische ins theoretische herüber um aus jenem dieses zu erklären. – Eine Freiheit, die der Verfasser sich damals, als er seine Wis-

15 GA III/2, 315.
16 GA III/5, 9.
17 Ebd., 45.
18 GA IV/2, 17 (Hervorhebungen Hallesche Nachschrift).

senschaftsLehre in Druck gab – sich noch nicht herauszunehmen getraute«[19].

Darüber hinaus äußert sich Fichte in der *Wissenschaftslehre nova methodo* (im Anschluss an Paragraph 10) auch über die neue *Methode*, die seinen Ausführungen zugrunde liegt; demnach gibt »[e]s [...] mehrere Methoden eine Materie synthetisch abzuhandeln

(1) indem man von einem Widerspruche ausgeht u. diesen nur dadurch zu lösen sucht, daß man das und das p. annimmt. Diese Art oder Methode ist in Docens gedruckter Wiss=Lehre [von 1794; H.M.] befolgt. Sie ist die schwerste und daher Ursache, daß er vom Publikum u. einigen seiner ehemaligen Zuhörer nicht verstanden wurde.

(2) eine ander[e] Methode ist: wenn man [e]s gleich von Anfang [an] eine Hauptaufgabe vorsezt; u. dieselbe durch mittelbare Sätze zu lösen sucht. Nach dieser sind wir bisher [in der *Wissenschaftslehre nova methodo*; H.M.] verfahren.«[20]

3.2 Der systematische Standpunkt der *Wissenschaftslehre nova methodo*

Dementsprechend wirft Fichte gleich zu Beginn seiner Vorlesungen über die *Wissenschaftslehre nova methodo* (in der Ersten Einleitung der Krause-Nachschrift) zunächst die Frage auf: »[W]ie kommen wir dazu anzunehmen, daß noch auser unsrer Vorstellung würkliche Dinge da seien?«[21], deren Beantwortung letztlich der »Zwek des Philosophierens«[22] sei.

Philosophiegeschichtlich waren es vor allem *skeptische* Denker, welche danach fragten, »ob wohl unsere Vorstellungen objective Gültigkeit hät-

19 Ebd.

20 Ebd., 107f. – Im Unterschied dazu war es Fichte zufolge in der GWL »nach Veranlassung damaliger Zeitumstände der Hauptzweck zu zeigen, all unser Bewußtseyn habe seinen Grund in unsern Denkgesetzen, welches immer wahr bleibt« (GA IV/2, 150).

21 GA IV/3, 324. Vgl. GA IV/2, 18. – So bezeichnet es Kant in der Vorrede zur zweiten Auflage der KrV gar als »Skandal der Philosophie und allgemeinen Menschenvernunft, das Dasein der Dinge außer uns [...] bloß auf *Glauben* annehmen zu müssen, und, wenn es jemand einfällt es zu bezweifeln, ihm keinen genugtuenden Beweis entgegenstellen zu können« (B xxxix; Hervorhebung Kants).

22 GA IV/3, 324. Vgl. GA IV/2, 18.

ten«[23] – so etwa David Hume, der Kant – nach dessen eigener Aussage – aus seinem »dogmatischen Schlummer«[24] geweckt habe. Für Fichte zeichnet sich der sog. »Dogmatismus« innerhalb der Philosophie dadurch aus, dass er die Existenz von Dingen an sich behauptet und unsere Vorstellungen der Außenwelt als »Producte der Dinge«[25] begreift, wohingegen der Idealismus davon ausgeht, dass die Vorstellung der Außenwelt »aus einem vorauszusetzenden Vorstellenden«[26] zu erklären ist, demgemäß »[i]ch [...] mir nur des Bewustseins bewust [bin], und der Bestimmungen des Bewustseins; auch diese sind Vorstellungen«[27]. Während für den Dog-

23 GA IV/3, 325.

24 Immanuel Kant: Prolegomena zu einer jeden künftigen Metaphysik, A 13. – Anlass war Humes Skeptizismus bezüglich der Kausalitätsverknüpfung von Ursache und Wirkung, deren Notwendigkeit letztlich nicht auf empirischem Wege begründet werden kann: »Blicken wir auf die uns umgebenden Außendinge und betrachten wir die die Wirksamkeit der Ursachen, so sind wir in keinem einzelnem Falle in der Lage, irgendeine Kraft oder einen notwendigen Zusammenhang zu entdecken, irgendeine Eigenschaft, welche die Wirkung [effect] an die Ursache [cause] bindet und die eine zur unausbleiblichen Konsequenz der anderen macht. Wir finden nur, daß die eine in Wirklichkeit tatsächlich auf die andere folgt. Den Stoß einer Billardkugel begleitet eine Bewegung der zweiten. Das ist alles, was den *äußeren* [outward] Sinnen erscheint. Der Geist erlebt keine Empfindung, keinen *inneren* [inward] Eindruck von dieser Folge der Gegenstände: Demzufolge gibt es in keinem einzelnen, bestimmten Falle von Ursache und Wirkung etwas, das auf die Vorstellung der Kraft oder des notwendigen Zusammenhangs [necessary connexion] hinwiese« (David Hume: Eine Untersuchung über den menschlichen Verstand, S. 85f.).

25 GA IV/3, 333. – Vgl. dazu Wilhelm Lütterfelds: Die Wissenschaftslehre *nova methodo*, S. 117.

26 GA IV/3, 333.

27 Ebd. – Im 20. Jahrhundert findet sich rückblickend bei Leszek Kołakowski und Isaiah Berlin ein ähnlich dualistisches Verständnis der Geschichte der westlichen Philosophie. Während jedoch Kołakowski einen grundsätzlichen Antagonismus »zwischen der Philosophie, die das Absolute verewigt [personifiziert im Priester; H.M.] , und der anderen Philosophie [in Gestalt des Narren; H.M.], die die anerkannten Absoluta in Frage stellt« (Der Priester und der Narr, S. 39f.) ausmacht – und in diesem Zusammenhang explizit auf Fichtes Verdienst hinweist, »daß er die einfache Beobachtung gemacht hat: die Bewegung des Geistes könne nicht ohne Hindernisse erfolgen, die er überwindet« (Ebd., S. 41) – unterscheidet Berlin im Anschluss an den Ausspruch des Archilochos »Der Fuchs weiß viele Dinge, aber der Igel weiß eine große Sache« zwischen Denkern, »die alles auf einzige, zentrale Einsicht beziehen, auf ein mehr oder weniger zusammenhängendes oder

matiker das Subjekt »bloß leidend«[28] bzw. passiv und damit unfrei erscheint, geht der Idealist laut Fichte »von dem Bewustein der Freiheit«[29], d.h. von einem »Handeln des menschlichen Geistes«[30] aus. So heißt es etwa bei Kant in der *Kritik der reinen Vernunft*: »Wollen wir die *Rezeptivität* unseres Gemüts, Vorstellungen zu empfangen, sofern es auf irgendeine Weise affiziert wird, *Sinnlichkeit* nennen, so ist dagegen das Vermögen, Vorstellungen selbst hervorzubringen, oder die *Spontaneität* des Erkenntnisses, der *Verstand*.«[31]

Dementsprechend erklärt Kant unsere Erkenntnis der Außenwelt – im Sinne des Idealismus – *genetisch* und geht insofern »transcendental«[32] vor, indem er »innerhalb des Bewusstseins [bleibt], [...] aber [zeigt], wie ein Herausgehen möglich ist, oder, wie wir zu der Annahme kommen, daß den Vorstellungen Dinge auser uns entsprechen«[33].

Und dennoch ist Kant in seinen Schriften nie über Kritiken, »d.h. vorläufige Untersuchungen über die Philosophie«[34] hinausgekommen, wie Fichte betont: »Die Kantisch[e]. Philosophie ist nur durch Induction nicht aber durch Deduction bewiesen. Sie sagt: Wenn man diese oder jene

klar gegliedertes System, im Rahmen dessen sie verstehen, denken und fühlen – ein einziges, universales, gestaltendes Prinzip, das allein allem, was sie sind und sagen, Bedeutung verleiht« (Der Igel und der Fuchs, S. 51) und Intellektuellen, »die viele, oft unzusammenhängende und sogar widersprüchliche Ziele verfolgen« (ebd.).

28 GA IV/3, 333. Vgl. auch ebd., 462.

29 Ebd., 334.

30 Ebd., 325. Siehe auch ebd., 350f.

31 KrV B 75 (Hervorhebungen Kants).

32 GA IV/3, 335.

33 Im Gegensatz dazu ist der Dogmatismus Fichte zufolge als »transcendent« (GA IV/3, 335) zu bezeichnen, da er »aus dem Bewustsein herausgehend« (ebd.) Dinge an sich annimmt, ohne deren Gültigkeit noch einmal legitimieren zu können. Im Anschluss an Kant meint »transzendental« die Bezugnahme auf die aller empirischen Erfahrung zugrunde liegenden apriorischen, d.h. vorempirischen Bedingungen der Möglichkeit derselben. Siehe dazu ausführlich Otfried Höffe: Immanuel Kant, S. 65–70.

34 GA IV/3, 325. – So spricht Kant selbst in der Vorrede zur zweiten Auflage der KrV davon, dass diese »nicht ein System der Wissenschaft selbst« (B xxii), sondern vielmehr »ein Traktat von der Methode« sei, indem sie »den ganzen Umriß derselben, sowohl in Ansehung ihrer Grenzen, als auch den ganzen inneren Gliederbau derselben [verzeichnet]« (B xxiif.).

Gesetze annehme, wäre das Bewustsein zu erklären; sie gilt daher nur als Hypothese.«[35]

Insofern hat Kant für Fichte die zentrale Fragestellung der Philosophie: »wie kommen wir dazu, gewißen Vorstellungen objective Gültigkeit beizumeßen, nicht beantwortet[.]«[36] Im Gegensatz dazu leiste »[d]ie Wissenschaftslehre [...] dieß«[37]: So macht Fichte in seiner *Wissenschaftslehre nova methodo* »eigens das Zustandekommen der Anschauungs- und Denkformen zum Thema«[38] und bestimmt auf diese Weise »die praktischen Konstitutionsbedingungen der Objektwelt im Ich«[39]. Zu diesem Zweck vollzieht Fichte eine zweifache Denkbewegung[40], bestehend aus einem reduktiven Aufstieg vom empirischen Bewusstsein zu dessem letzten intelligiblen Einheitsgrund (den Paragraphen 1 bis 13) sowie einem deduktiven Abstieg vom Intelligiblen zum Empirischen (in den Paragraphen 14 bis 19): »Bis in den vorigen § [13; H.M.] stiegen wir von unten [dem Empirischen; H.M.] herauf zum intelligiblen, jetzt [ab Paragraph 14; H.M.] ist der Weg umgekehrt[.]«[41]

Dabei setzt die *Wissenschaftslehre nova methodo* im ersten Paragraphen zunächst unmittelbar mit einer Aufforderung an seine Zuhörer bzw. Leser ein: »Postulat[:] Man denke sich den Begriff Ich, und denke dabei an sich selbst«[42], um im unmittelbaren Anschluss daran zu erklären: »Jeder versteht[,] was dieß heißt, jeder denkt darunter etwas, er fühlt sein Bewustsein auf eine gewiße Weise bestimmt, daß er sich eines gewißen be-

35 GA IV/3, 325. – Ähnlich meint auch Schelling in einem Brief an Hegel vom 6. Januar 1795: »Kant hat die Resultate gegeben: die Prämissen fehlen noch. Und wer kann Resultate verstehen ohne Prämissen?« (Briefe und Dokumente, Bd. 2, S. 57). – Vgl. dazu auch GA IV/3, 326.

36 GA IV/3, 328.

37 Ebd.

38 Günter Zöller: Geist oder Gespenst?, S. 298.

39 Franz Bader: Zu Fichtes Lehre vom prädeliberativen Willen, S. 212.

40 Vgl. Franz Bader: Zu Fichtes Lehre vom prädeliberativen Willen, S. 213 und Günter Zöller: Die Einheit von Intelligenz und Wille in der *Wissenschaftslehre nova methodo*, S. 98. – Im Unterschied dazu gliedert Ulrich Schwabe die *Wissenschaftslehre nova methodo* in vier Teile: »Teil 1) Grundlagen §§ 1–4, Teil 2) Reale Synthesis §§ 5–12, Teil 3) Grundlagenreprise §§ 13–16, Teil 4) Ideale Synthesis §§ 17a–19« (Individuelles und transindividuelles Ich, S. 339).

41 GA IV/3, 455. Vgl. auch GA IV/2, 132 sowie 145 und 178.

42 GA IV/3, 345.

wust ist. Man bemerke nun, wie man es mache, indem man diesen Begriff denkt«[43].

Auf diese Weise fängt Fichte seine kritische Untersuchung – entsprechend seiner obigen Bemerkung – beim empirischen »diskursiven Denken endlich-vernünftiger Subjekte«[44] an und fordert seine Hörer bzw. Leser konkret auf, sich dieser Tätigkeit in all ihren Aspekten bewusst zu werden[45]. Dabei bedeutet Denken gemäß dem »Reflexionsgesez des Entgegensezens«[46] zunächst *Unterscheiden*: »In dem ich z.B. die Wand denke, bin ich das denkende und die Wand ist das Gedachte. Ich bin nicht die Wand, und die Wand ist nicht Ich, beide – das denkende und das Gedachte werden also unterschieden.«[47]

Insofern drückt sich im (diskursiven) Denken des Ich »seine freie Thätigkeit«[48], (arbiträre) Unterscheidungen vorzunehmen, aus, so dass »ich [...] also, wie in allem Denken das handelnde [bin]«[49].

Reflektiert nun das Ich jedoch auf sich selbst (*als* Ich), so geht seine Denktätigkeit nicht auf etwas außer ihm Befindliches, wie etwa die Wand, sondern auf bzw. in sich selbst zurück, wie Fichte erklärt: »Nun soll ich das ich denken[;] ich bin also, wie in allem Denken das handelnde; mit derselben Freiheit mit der ich die Wand denke, denke ich auch das Ich, beim Denken des ich, wird auch etwas gedacht, es wird aber das denkende und das Gedachte nicht so unterschieden wie bei dem Denken der Wand.

43 Ebd.

44 Günter Zöller: Geist oder Gespenst?, S. 299.

45 In diesem Sinne schließt Fichte – wie auch in der BdM (siehe vorliegende Arbeit, S. 83) – formal an die Vorstellung einer Anamnesis bei Platon (z.B. in den Dialogen *Menon*, *Phaidon*, *Theaitetos*, *Phaidros* und *Symposion*) an, die in gleicher Weise eine in sich zurückgehende Bewegung der Erkenntnis beschreibt, die »indem sie zu ihrer letzten Wurzel zurückgeht, Selbsterkenntnis des erkennenden Geistes vom eigenen Gesetz seiner Erkenntnis [bleibt], welches, über alle besondere Gegenständlichkeit und besondere Erkenntnis eines Gegenständliches hinaus, es ganz in eigenes Erzeugnis des Gedankens wandelt« (Platos Ideenlehre, S. 179), wie Paul Natorp erklärt.

46 GA IV/3, 352. – An anderer Stelle heißt es darüber kurz: »Ein sich setzen läßt sich [nicht] verstehen[,] ohne daß ein sich nicht sezen zugleich mit gesezt werde« (GA IV/3, 351f.).

47 GA IV/3, 345.

48 Ebd.

49 Ebd.

Beide sind eins, das denkende und das Gedachte[.] Beim Denken der Wand geht meine Thätigkeit auf etwas auser mir, beim Denken des Ich geht sie aber auf ich zurück.«[50]

Folglich zeichnet sich das Ich durch seine in sich gehende, d.h. *re*-flektierende Tätigkeit aus bzw. *ist* diese selbst; denn »[i]n sich zurückgehende Thätigkeit und Ich sind eins, beide erschöpfen einander gegenseitig[.]«[51]

In diesem Sinne kann das Ich nicht als etwas objekthaftes oder substanzhaftes Gegenständliches[52] gedacht werden, sondern *ist* vielmehr *substantieller Selbstsetzungsakt* (»Thathandlung«[53]) von Denken und Gedach-

50 Ebd.

51 Ebd.

52 Bereits Kant hat die Behauptung »Die Seele ist Substanz« (KrV A 344) als »Paralogismus der reinen Vernunft«, d.h. als einen fehlerhaften Vernunftschluss bezeichnet. Siehe dazu näher KrV A 348–351.

53 GA IV/3, 344. – Fichte benutzt diesen Begriff in Abgrenzung zu Karl Leonhard Reinholds Terminus der »*Tatsache*«. Reinhold, der sich laut Fichte »das unsterbliche Verdienst [machte], die philosophirende Vernunft [...] darauf aufmerksam zu machen, daß die gesammte Philosophie auf einen einzigen Grundsatz zurück geführt werden müsse« (GA I/2, 62), geht in seiner Elementarphilosophie vom sog. »Satz des Bewußtseins«: »*Die Vorstellung wird im Bewußtsein vom Vorgestellten und Vorstellenden unterschieden und auf beide bezogen*« (Beiträge zur Berichtigung bisheriger Mißverständnisse der Philosophen I, S. 99) als höchstes Prinzip der Philosophie aus. Dieser ist für Reinhold »der unmittelbare Ausdruck der durch sich selbst einleuchtenden Tatsache des Bewußtseins« (Über das Fundament des philosophischen Wissens, S. 103f.), so dass der oberste Grundsatz schließlich in einem Faktum bzw. einer Tatsache begründet ist. Demgegenüber betont Fichte etwa in der *Grundlage der gesammten Wissenschaftslehre* mit dem Begriff der »Tat*handlung*« als höchstem Prinzip allen Philosophierens die praktischen Konstitutionsbedingungen jeglicher theoretischen Gegenstandsbeziehung: »Wir haben den absolutersten, schlechthin unbedingten Grundsaz alles menschlichen Wissens *aufzusuchen. Beweisen*, oder *bestimmen* läßt er sich nicht, wenn er absolutester Grundsaz seyn soll. Er soll diejenige *Thathandlung* ausdrücken; die unter den empirischen Bestimmungen unseres Bewustseyns nicht vorkommt, noch vorkommen kann, sondern vielmehr allem Bewustseyn zum Grunde liegt, und allein es möglich macht« (GA I/2, 255; Hervorhebungen Fichtes). – Zum philosophischen wie persönlichen Verhältnis von Fichte und Reinhold siehe Reinhard Lauth: Fichtes und Reinholds Verhältnis vom Anfange ihrer Bekanntschaft bis zu Reinholds Beitritt zum Standpunkt der Wissenschaftslehre Anfang 1797 sowie Manfred Zahn: K.L. Reinholds Position in der Phase seiner größten Annäherung an die Wissenschaftslehre und Reinhard Lauth: Reinholds Vorwurf des Subjektivismus gegen die Wissenschaftslehre.

tem bzw. Subjekt und Objekt selbst, wie die *Wissenschaftslehre nova methodo* gleich zu Beginn deutlich macht: »Alles Vorstellen ist ein sich setzen. Vom Ich geht alles aus. Das Ich ist kein Bestandtheil der Vorstellung, sondern vom Ich geht alle Vorstellung aus. Alles mögliche Bewustsein sezt das unmittelb[are]. Bewustsein voraus und ist auser dem nicht zu begreifen.– Die Identität des Gesetzten und des Setzenden ist absolut, sie wird nicht gelernt, nicht erfahren, sie ist das was erst alles lernen und Erfahren möglich macht. Das Ich ist gar nicht Subject, sondern Subject=Object[.]«[54]

Fichte bezeichnet diese unmittelbare, »reine Anschauung des Ich als Subject=Object«[55] auch als »intellectuelle Anschauung«[56], in der »nur ein Handeln angeschaut [wird]«[57] – im Gegensatz zur sinnlichen Anschauung, in der »etwas fixirtes, ruhendes, gewöhnlich im Raume angeschaut [wird]«[58].

Zusammenfassend ist mit Fichte somit festzuhalten, dass »[a]lles Bewustsein [...] begleitet [ist] von einem unmittelbaren Selbstbewustsein, genannt, intellectuelle Anschauung, und nur in Voraussetzung dessen, denkt man. Das Bewustsein aber ist Thaetigkeit und das Selbstbewustsein insbesondere in sich zurückgehende Thaetigkeit der Intelligenz, oder reine Reflexion«[59].

Im Folgenden präzisiert Fichte den Begriff der *Tätigkeit* dahingehend, dass nicht »durch *alles* Handeln, sondern durch ein bestimmtes Handeln [...] der Begriff des Ich zu Stande gekommen [ist]«[60]. Als *bestimmtes* Handeln grenzt es sich aber – gemäß dem Reflexionsgesetz des *Omnis determinatio est negatio* – von jedem *un*bestimmten Handeln notwendig ab: Es geht vom Unbestimmten in das Bestimmte über, bedeutet also eine Einschränkung. Folglich ist für Fichte »*[a]lles Bewustsein der Selbstthätigkeit [...] ein Bewustsein unseres Einschränkens unserer Thätigkeit[;] nun*

54 GA IV/3, 346.
55 Ebd., 347.
56 Ebd.
57 Vgl. dazu auch GA IV/3, 354. – Zum Begriff der intellektuellen Anschauung in Fichtes *Wissenschaftslehre nova methodo* siehe ausführlich Jürgen Stolzenberg: Fichtes Begriff der intellektuellen Anschauung, S. 185–245.
58 GA IV/3, 347.
59 GA IV/3, 350.
60 Ebd.

kann ich mich nicht anschauen als beschränkend, ohne ein Uibergehen von der Unbestimmtheit zur Bestimmtheit zu setzen, also ohne die Unbestimmtheit mit zu setzen, und dem Bestimmten entgegenzusetzen«[61].

In den Worten der Wissenschaftslehre wird jene Unbestimmtheit – als »Gegentheil des Ich«[62] – schließlich als »NichtIch«[63] gefasst; denn: »Ein sich setzen läßt sich [nicht] verstehen[,] ohne daß ein sich nicht sezen zugleich mitgesezt werde […]; so muß man sich beim Sezen des Ich nothwendig das nicht Setzen desselben mitdenken. Die vorher als bestimmbare Thätigkeit überhaupt zu sezende Thätigkeit, wird sonach zum Behufe des Postulats gesezt als nicht ich, sie geht auf das Gegentheil des Ich. So gewiß also das Ich gesezt werden soll, so gew[iß] muß ein Nichtich mitgesezt werden.«[64]

Dabei betont Fichte, dass im Sinne des »kritische[n] Idealismus«[65] der Begriff des *Nicht-Ich* »kein Erfahrungsbegriff«[66] ist, sondern »sich nur aus der Handlung ableiten [lässt], durch die er construirt wird. Das NichtIch ist ein bloß gesetztes, etwas, das durch bloßes sein bestimmt wird[.]«[67] Dem Nicht-Ich kommt folglich der Charakter »des Seins, einer Negation«[68] der freien Tätigkeit des Ich zu, wie Fichte zusammenfassend erklärt: »Das NichtIch fängt nicht an, es ist nur verhindernd aufhaltend. Das Ich kann nicht zum Bewustsein kommen, wenn es nicht beschränkt ist; der Grund der Beschränkung liegt auser ihm, aber der Grund der Thätigkeit liegt in ihm. Ich bin ursprünglich beschränkt, auch ist in mir ursprünglich ein Mannigfaltiges von Gefühlen, dieß kann ich nicht ändern, es ist die Bedingung alles meines Seins, darüber kann ich nicht hinaus[.]«[69]

61 Ebd., 351 (Hervorhebungen Krauses).
62 Ebd., 352.
63 Ebd.
64 Ebd., 351f.
65 Ebd., 350.
66 Ebd., 352.
67 Ebd.
68 Ebd., 357.
69 Ebd., 382. – In diesem Sinne wird das Nicht-Ich zu Recht auch als »ob-iectum«, d.h. »Gegenwurf« bzw. »Gegenstand« bezeichnet. Vgl. dazu Theo Kobusch: Art. »Objekt«, S. 1026f.

Angesichts der bisherigen Ergebnisse, wonach die Tätigkeit der Reflexion »als ein Uibergehen aus dem Zustande der Ruhe und Unbestimmtheit[,] die jedoch bestimmbar ist, zu dem der Bestimmtheit«[70] begriffen wurde, wird deutlich, dass das Ich »das Vermögen haben [muß], entgegengeseztes zusammen zu setzen in demselben act des Bewustseins«[71], d.h. »synthetisch zu verfahren«[72]. Dabei ist jenes *Übergehen* von der Unbestimmtheit zur Bestimmtheit selbst *grund-los*, weil es aus bzw. in Freiheit geschieht, wie Fichte betont: »Hier giebt es keine Gründe; wird sind an der Grenze aller Gründe. Man muß nur zusehen[,] was man da erblicke. Jeder wird sehen: es giebt da kein vermittelndes. Das Ich geht über[,] weil es übergeht, es best[immt]. sich, weil es sich bestimmt, dieß Uibergehen geschieht durch einen sich selbst begründenden Act der absoluten Freiheit; es ist ein erschaffen aus nichts, ein Machen deßen[,] was nicht war, ein absolutes anfangen[.]«[73]

Folglich ist für die Wissenschaftslehre *Freiheit* »der erste Grund und die erste Bedingung alles Seyns und alles Bewustseins«[74], so dass »[d]as Ich [...] weder Intelligenz noch praktisches Vermögen [ist], s[on]d[ern] beides zugleich; wollen wir das Ich faßen[,] so müßen wir beides faßen; beide getrennt sind gar nichts[.] In das praktische Ich ist nun alles hineingelegt; Praxis und Anschauung dazu. Wir haben nun ein reelles Ich und die bloße Idee; wir müßen von Realität ausgehen, wir sehen von nun an wirklichem Handeln zu, eines wirklichen Ich. Es ist ein wirkliches Factum da, das Ich bestimmt sich selbst vermöge seines Begriffs. Es ist ihm zugeschrieben, praktisches Vermögen und Intelligenz«[75].

Für die Wissenschaftslehre steht somit zusammenfassend der »Satz der *Vermittung*«[76] im Zentrum, wonach »[a]lles Erkennen [...] stets zugleich ein Wollen-in-actu [ist]; alles Wollen-in-actu ist stets auch ein

70 GA IV/3, 357.
71 Ebd., 359.
72 Ebd.
73 Ebd., 360.
74 Siehe dazu auch ebd., 363: »Die Freiheit ist sonach der höchste Grund, und die erste Bedingung alles Seins und alles Bewustseins.«
75 Ebd., 366.
76 Reinhard Lauth: Zur grundsätzlichen Richtung der philosophischen Fichte-Forschung, S. 55.

Erkennen«[77], so dass auch – im Anschluss an Fichte[78] – von einer »ursprünglichen Duplicität« von Denken und Wollen gesprochen werden kann: »Es gibt kein Denken ohne Wollen, so wie es umgekehrt kein Wollen ohne Denken gibt. Genausowenig gibt es eine Welt der Erfahrung ohne Welt der Freiheit und umgekehrt. Mehr noch, es gibt kein Selbst ohne Welt und keine Welt ohne Selbst.«[79]

Im weiteren Verlauf der *Wissenschaftslehre nova methodo* geht Fichte in den Paragraphen 5 und 6 dann von der »ursprünglichen Gebundenheit oder Gehemmtheit der Spontaneität des endlichen Ichs«[80] aus, die in die Sphäre des Bestimmbaren als »eines ins unendlich theilbaren Mannigfaltigen«[81] gesetzt ist, aus der anschließend ab Paragraph 7 die Gegenstandswelt in Raum und Zeit abgeleitet wird[82]. Fichte entfaltet auf diese Weise sukzessive die »[p]raktischen Konstitutiva der theoretischen Konzeption des faktischen Gegenstandes«[83], wie Reinhard Lauth erklärt: »Indem Fichte grundsätzlich mit der seit der Antike vorherrschenden einseitigen Tendenz bricht, ›das Ich zur bloßen Intelligenz zu machen‹, legt er die doppelte Funktion der praktischen Momente im Wissen offen, Bestimmungsmomente des Wollens und Handelns einerseits, Konstitutivmomente objektiver Gegenständlichkeit andrerseits zu sein. Er zeigt das grundlegende Ineinandergreifen theoretischer und praktischer Faktoren im Grundakte des Behauptens.«[84]

Dabei bleibt Fichte jedoch nicht beim empirischen Denken bzw. beim empirischen, deliberativen Wollen stehen[85], da diese wiederum bedingt wären und somit nicht den »Anfang alles Bewustseins«[86] begründen könnten, wie die *Wissenschaftslehre nova methodo* erklärt: »Kein Mensch

77 Ebd.
78 GA IV/3, 475.
79 Günter Zöller: Die Einheit von Intelligenz und Wille in der *Wissenschaftslehre nova methodo*, S. 92.
80 Franz Bader: Zu Fichtes Lehre vom prädeliberativen Willen, S. 212f.
81 GA IV/3, 374.
82 Vgl. ebd., 368.
83 Franz Bader: Zu Fichtes Lehre vom prädeliberativen Willen, S. 213.
84 Reinhard Lauth: Kants Kritik der Vernunft und Fichtes ursprüngliche Einsicht, S. 146f.
85 Vgl. GA IV/3, 439f. und 467f.
86 Ebd., 438.

kann den ersten Act seines Bewustseins aufzeigen[,] weil jeder Moment, ein Uibergehen von der Unbestimmtheit zur Bestimmtheit ist, und daher immer wieder einen anderen voraussetzt.«[87]

Eine methodische Absolutsetzung des wahlfreien, übergehenden Wollens würde somit geradewegs in einen infiniten Begründungsregress führen; denn »[d]as Wollen sezt [einen] Zweckbegriff voraus, dieser wieder ein Wollen[,] dieses wieder einen Zweckbegriff und so ins unendliche[;] so giebts also keinen Anfang[,] eines treibt uns aufs andere, wie schon oben mit dem Erkenntnißbegriffe und Zweckbegriffe, dieser Zirkel ist noch tiefer als obiger«[88].

Diese skeptischen Überlegungen weisen schließlich auf den wesentlichen Umstand hin, dass der »beratschlagende und erwägende, alternativ-freie Wille«[89], der sich innerhalb der Zeit, d.h. in der Weise des Nacheinander realisiert, »in der Wahl des bestimmten Inhalts zugleich *sich* will, also *sich* bestimmt, zu wollen, und nur im Horizonte dieses Sichbestimmens, das Fichte die in sich zurückgehende Tätigkeit des Ichs nennt, einen Inhalt will«[90], wie Franz Bader hervorhebt: »Nur im reflexiven Wollen des Wollens also wird ein bestimmter Inhalt gewollt, nie wird ein Inhalt bloß und rein inhaltsbezogen gewollt. Letzterem Akte fehlte das Selbst oder Sich im Selbstbestimmen, die Bezogenheit des Willensaktes auf sich selbst, die Reflexivität; er wäre also kein Wille mehr.«[91]

Die *Wissenschaftslehre nova methodo* spricht deshalb in Paragraph 13 von einem »reinen Willen«[92], der den höchsten »Punct«[93] des reduktiven Aufstiegs darstellt, »von welchem alles andere abgeleitet wird«[94]. Dieser ist im Gegensatz zum empirischen, deliberativen Willen mit den Worten Baders »– negativ gesprochen – kein beratschlagender, kein erwägender, kein das Wollen als alternativ-freien Zweck entwerfender Wille, kein Wille also, der erst nach vorhergehender Unbestimmtheit und Bestimmbar-

87 Ebd., 363.
88 Ebd., 479f. – Vgl. dazu auch Franz Bader: Zu Fichtes Lehre vom prädeliberativen Willen, S. 217.
89 Franz Bader: Zu Fichtes Lehre vom prädeliberativen Willen, S. 214.
90 Ebd., S. 214f. (Hervorhebungen Baders).
91 Ebd., S. 215.
92 GA IV/3, 439.
93 Ebd., 447.
94 Ebd.

keit will, sondern dessen Wesen und Sein es ist – positiv gesprochen –, zu wollen und sich zu wollen; ein Wille, der schon konstitutiv will oder, wie man in der Antike sagte, von Natur aus (physei) bzw. substantiell will und sich will. – Weil dieser Wille zu seinem Selbstbestimmungsakt nicht erst über-geht, sondern dieser *ist*, bedarf er auch nicht der Zeitform zu seiner Realisierung, sondern ist ein vor- und überzeitlicher Vollzug«[95].

Dementsprechend *ist* der reine, prädeliberative Wille (als »bloße Form«[96] jedes konkreten, zeitlichen Wollens) und wird nicht, so dass er auch nicht sinnlich, d.h. verzeitet, sondern ausschließlich intellektuell angeschaut wird, wie Fichte betont: »[Das] Übergehen u[nd]. Fließen – muß daher in jenem Wollen als intellectuell angeschaut ganz und gar weg gedacht werden; es bleibt also uns blos die Anschauung unserer Bestimmtheit übrig, die da *ist* aber nicht *wird*.«[97] Denn erst »[d]urch das discursive Denken wird dieses Wollen daurend, und dadurch entsteht uns die *Zeit*, obgleich mein Wollen in keiner Zeit ist, denn es nicht bedingt«[98].

Die transzendentale Bedingung von Zeitlichem ist deshalb *als solche* selbst zeit-los[99], d.h. nicht der zeitlichen Ordnung des Nacheinander unterworfen: »Ich selbst bin nicht in der Zeit, Ich dehne mich erst durch das denken in der Zeit aus u. mache dadurch eine Zeit. Man stößt hier deswegen an, weil man sich gar nicht die Zeit denken kann ohne schon darinn zu seyn. [...] Hier ist der Punkt wo klar wird daß alles denken, also auch das denken wodurch ich mich selbst construire, das denken eines x, in welchem zu folge der Denkgesetze nun mannigfaltiges liegt, ein Zweckbegriff u[nd]. ein Handeln[,] in die Zeit fällt.«[100]

95 Franz Bader: Zu Fichtes Lehre vom prädeliberativen Willen, S. 215. – In eigentümlicher Weise beschreibt Reinhard Lauth jenes reine Wollen deshalb auch zu Recht als ein Wollen, »das sich selbst be-will« (Zur grundsätzlichen Richtung der philosophischen Fichte-Forschung, S. 58).

96 GA IV/3, 439.

97 GA IV/2, 134 (Hervorhebungen Hallesche Nachschrift).

98 Ebd., 126 (Hervorhebung Hallesche Nachschrift).

99 Vgl. Franz Bader: Zu Fichtes Lehre vom prädeliberativen Willen, S. 219ff., wo die Aporien eines ursprünglichen Willens *in* der Zeit skizziert werden.

100 GA IV/2, 187. – Bader sieht in diesem Zusammenhang auffällige Parallelen zum Begriff des *proton philon* aus Platons *Lysis* (217a–220b) sowie des *theion en hemin* bei Aristoteles (Eudemische Ethik VIII, 2, 1248a). Siehe dazu ausführlicher Franz Bader: Zu Fichtes Lehre vom prädeliberativen Willen, S. 218f.

Insofern kann nicht lediglich ein empirisches Ich sowie dessen bedingter wahlfreier Wille als ursprünglich gesetzt sein, sondern das Ich sowie der Wille in ihm »muß ursprünglich absolut, muß reine prädeliberative und überindividuelle Setzung sein«[101], wie Bader betont: »Folglich muß ein reines Ich, muß ein reiner prädeliberativer Wille als dem empirischen Ich immer schon zugrunde liegend angenommen werden; ein Wille, der die Objekte seiner Wahl weder von außerhalb seiner noch durch innere Affektion (bzw. Aufforderung) erhält und sie auch nicht erst im Übergang ergreift, sondern der sie ursprünglich und unbedingt in sich hat und selbst *ist* (und zwar formal und material unbedingt!), – und der deshalb auch nicht im entfalteten Wechsel von Form und Materie des empirischen Ichs steht.«[102]

In den Worten der *Wissenschaftslehre nova methodo* bestand die Schwierigkeit der bisherigen Überlegungen somit zusammenfassend darin, »ein Wollen zu erklären ohne Voraussetzung der Erkenntniß des Objekts desselben – ein reines wollen – das an sich da ist – also ursprünglich und Bedingung alles [empirischen] Bewußtseyns ist. Es mußte ein solches wollen möglich seyn, weil in [dem] Wollen nur als ein Empirisches betrachtet die Erkenntniß des Objekts schon mit darin lag: Empirisch wird nemlich das wollen als Übergehen vom Bestimmbaren zum Bestimmten. Daher wurde ein reines wollen postulirt, das die Erkenntniß seines Objekts nicht erst voraussetzt sondern gleich bey sich führt, dem kein Objekt gegeben ist sondern das es sich selbst giebt, das auf keine Berathschlagung sich gründet, sondern das ursprünglich u[nd] reines wollen ist – u[nd das] ohne alles unser Zuthun als empirische[n] Wesen [ein immer schon] bestimmtes wollen [ist], es ist [in seiner Erscheinung] ein Fodern [Sollen] – aus diesem wollen geht alles Empirische wollen erst hervor. Man sagt gewöhnlich ich kann nicht wollen ohne eine Erkenntniß des Objekts schon [vorweg] zu haben. Hier aber ist die Antwort: Nein sondern es giebt auch ein wollen, das sich sein Objekt selbst giebt, dem also kein Objekt voraus gegeben ist. Dies sagen wir zur Erklärung alles [empirischen] Bewußtseyns überhaupt, und Kant sagt das nehmliche zur Erklärung des Bewußtseyns unserer Pflicht«[103].

101 Franz Bader: Zu Fichtes Lehre vom prädeliberativen Willen, S. 231.

102 Ebd., S. 231f.

Fichte verbindet mit seiner Lehre vom reinen, prädeliberativen Willen somit den Anspruch, jenen »Zirkel«[104] aufgelöst zu haben[105], der sich im Verlauf der *Wissenschaftslehre nova methodo* ergeben hat: »Wie ist das Bewustsein möglich? ist unsere Hauptfrage. Alles Bewustsein ist unmittelbar Bewustsein unseres Handelns, und alles mittelbare Bewustsein ist Bedingung dieses Handelns. [...] Handeln ist nur unter Bedingung des Erkenntnißes vom Objecte möglich, letzteres aber ist nur möglich unter Bedingung des Handelns.«[106]

Um diesen *circulus vitiosus* zu beseitigen, bedarf es laut Fichte der Einsicht, dass »[a]lles innere Handeln des Geistes als solches [...] etwas voraus[sezt], worauf es gehe. Es ist ein modificiren u[nd]. dazu gehört ein modificables – Es ist ein Übergehen vom Bestimmbaren zum Bestimmten, hiezu wird ein Fixirtes erfordert, woran sich das Übergehen halte – es muß gleichsam einen leitenden Faden – eine Wand haben, woran es hingleite. Dieses Fixirte, bestehende haben wir nun gesucht«[107].

Der *Wissenschaftslehre nova methodo* zufolge muss es also etwas geben, »das Objekt der Erkenntniß und Wirksamkeit zugleich sey. – Aber diese Merkmale sind nur in einem – allem empirischen Wollen u[nd]. aller empirischen Erkenntniß vorauszusetzenden – reinen Willen vereinigt. Dieser reine Wille ist etwas blos intelligibles«[108].

Fichte nimmt dementsprechend »etwas *übersinnliches*«[109] an, »um das sinnliche Bewußtseyn darauf zu beziehen als sein Objekt. Dieses Übersinnliche soll sonach etwas objektives seyn als etwas das *gegeben* sey. Ein

103 GA IV/2, 134f. (Hinzufügungen aus Franz Bader: Zu Fichtes Lehre vom prädeliberativen Willen, S. 232).

104 GA IV/3, 436.

105 Siehe ebd., 447. – Im Gegensatz dazu hält etwa Helmut Girndt daran fest, dass die WLnm »bei dem Versuch das Verhältnis zwischen diesem [empirischen; H.M.] Bewusstsein und dem begründenden reinen Willen zu klären, in eine unaufgelöste Aporie einer idealistischen und einer realistischen Deutung [geriet]« (Die *Nova Methodo* zwischen der *Grundlage* von 1794 und der Wissenschaftslehre von 1804, S. 68). Und auch für Wilhelm Lütterfelds ist die WLnm nicht in der Lage, »die massiven Schwächen des Deduktions-Idealismus zu beheben« (Die *Wissenschaftslehre nova methodo*, S. 133).

106 GA IV/3, 435f. – Vgl. dazu Jürgen Stolzenberg: Reiner Wille, S. 634ff.

107 GA IV/2, 144.

108 Ebd., 145.

109 Ebd., 144 (Hervorhebung Hallesche Nachschrift).

gegebenes ist es lediglich nur dadurch, in wiefern es bestimmt ist. Sonach müsste das Uebersinnliche oder Intelligible ein Bestimmtes seyn. Ein solches objektives, gegebenes u[nd]: bestimmtes kann aber nur der Wille seyn, denn nur Er ist unmittelbares Objekt des Bewußtseyns – nur Er ist unmittelbare reale Thätigkeit des Ich. Sonach ist reiner Wille der Erklärungsgrund unsers Bewußtseyns«[110] – oder wie es an anderer Stelle prägnant heißt: »Aus dem reinen Wollen wird das empirische, und aus dem Objecte des reinen Wollens werden alle andere Objecte abgeleitet.«[111]

Wie aber wird nun laut *Wissenschaftslehre nova methodo* der reine Wille vom empirischen Bewusstsein gewusst[112]?

Bereits oben haben wir festgestellt, dass der reine Wille Fichte zufolge *intellektuell angeschaut* wird. Mit Fichte soll nun aber »weiter bestimmt werden: was ist diese intellectuelle Anschauung selbst? Woher entsteht sie? in sofern sie nemlich entstehen kann, denn da sie nichts sinnlichs ist, so kann man eigentlich nicht sagen sie entstehe – sondern man kann blos in der Rücksicht sagen – sie entstehe, in so fern sie einer sinnlichen Anschauung entgegen gesezt wird. *Was ist also nun diese* intell[ektuelle]. *Ansch[auung]. selbst*? Die intellectuelle Anschauung kommt nicht unmittelbar und allein vor, sondern wird in jenem Denk=Akt nur gedacht. Dieser ist aber das höchste eines endlichen Wesens. Wir kennen sie nur durch das Denken, durch Abstraction und Reflexion und [die] daraus nach den Regeln unserer Philosophie hergeleiteten Schlüße[.] Wir kennen sie nicht durch sinnliche Anschauung, sondern wir müssen uns auf das bloße denken u[nd]. philosophieren begeben. Man kann daher auch eine negative Antwort geben. Intell[ektuelle]. Ansch[auung]. ist keine sinnliche; die Form der sinnlichen Anschauung ist das Übergehen vom Bestimmbaren zum Bestimmten. Dieses Übergehen u[nd]. Fließen – muß daher in jenem Wollen intellectuell angeschaut ganz und gar weg gedacht werden; es bleibt also uns blos die Anschauung unserer Bestimmtheit übrig, die da *ist* aber nicht *wird*. Es wäre sonach ein bloßes Anschauen unserer als eines Bestimmten; so kommts uns nemlich in der sinnlichen Wahrnehmung vor; von einer übersinnlichen wissen wir nichts. Es er-

110 Ebd., 144f. (Hervorhebung Hallesche Nachschrift).

111 GA IV/3, 440.

112 Zum Folgenden siehe Franz Bader: Zu Fichtes Lehre vom prädeliberativen Willen, S. 235–241.

scheint uns als ein wollen, ein *fodern* – diese Bestimmtheit müßte sonach als *categorische Foderung*, als bestimmtes *absolutes Sollen erscheinen*, und dies wäre reiner Wille, der nicht wird, sondern schon da ist, abgesondert von allen Bedingungen des Anschauens. Dies müsste so nach das seyn, welches in jenem Denken zum Grunde läge, auf das ich in jenem Denken hinsehe[.]«[113]

Der reine Wille versinnlicht bzw. inkarniert sich somit in einem *kategorischen, unbedingten Sollen*[114], das als solches *konstitutiv* (und nicht bloß regulativ) für Wirklichkeitsbezug überhaupt ist, wie Marco Ivaldo betont: »Soll heißt Forderung, besser: Auf-forderung zur Erkenntnis und Verwirklichung der Wahrheit. Letztere fordert zu ihrer Anerkennung (in theoretischer und doxischer Hinsicht) auf, sie nötigt (determiniert) nicht. Wahrheit *soll* sein. Dementsprechend ist das Soll An-Bestimmung, um ein bedeutendes Wort von Lauth zu verwenden, und keine faktische und logisch-apodiktische Durchbestimmung (wie Fichte sagt, ist das Soll kein ›kategorisches Muß‹). Als Bestimmung einer Aufgabe, also in seiner ›Problematizität‹, ist jedoch das Soll ›konstitutives‹ Prinzip der Gesamtwirklichkeit. Das Bewußt-Sein kann überhaupt nicht sein ohne das Vernehmen der Wahrheitsaufforderung und ohne eine entsprechende Stellungnahme dazu (die ihrerseits *frei* erfolgen muß).«[115]

Insofern bedeutet die kategorische Forderung die Bestimmung einer Aufgabe, die an die Freiheit gerichtet ist und auf diese Weise eine »offene Konzeption der Wirklichkeit«[116] bewirkt. Jene »Ur-Aufforderung«[117], die im konstitutiven Sollensanspruch an uns ergeht, liegt schließlich der Vorstellung Fichtes von den Personen als »partes integrantes einer ganzen

113 GA IV/2, 134 (Hervorhebungen von H.M.).

114 Im Unterschied zu Kant, der einen kategorischen Imperativ »nur zur Erklärung des Bewustseins der Pflicht [braucht]« (GA IV/3, 440), wird der unbedingte Sollensanspruch eines kategorischen Imperativs in der Wissenschaftslehre »zur Erklärung des Bewustseins überhaupt« (ebd.) benutzt. Vgl. dazu auch GA IV/2, 136f. sowie Günter Zöller: Bestimmung zur Selbstbestimmung, S. 115.

115 Marco Ivaldo: Die konstitutive Funktion des Sollens in der Wissenschaftslehre, S. 114f.

116 Ebd., S. 122.

117 Franz Bader: Systemidee und Interpersonalitätstheorie in Fichtes Wissenschaftslehre, S. 69.

Begebenheit«[118], die »in der *Wirkung von Gegenwirkung* sich gar nicht abgesondert denken [lassen]«[119] zugrunde und begründet so eine Interpersonalitätstheorie, wie sie in den Paragraphen 14 bis 17 der *Wissenschaftslehre nova methodo* entfaltet wird[120]. Sie ist dabei aufs engste mit der oben dargelegten Systemidee der *Wissenschaftslehre nova methodo* verknüpft, wie Franz Bader betont: »Personen und Interpersonalität werden in der Wissenschaftslehre nicht einfach als Faktum vorausgesetzt und nicht bloß phänomenologisch beschrieben, sondern aus einer ichlichen Handlung im Sinne einer Konstitutions-Genese deduziert – und zwar in absoluter Einheit des transzendentalen Prinzips. [...] Der Deduktionsansatz von Fichtes Interpersonaltheorie ist eine absolut-ichliche Vernunfthandlung, aus der die Differenz von endlichen Personen, ihre Individuation überhaupt, ihre Individuation im geistigen, intelligiblen und im sinnlichen Sinne (Leiblichkeit!), ihr Gegenüber-Sein, ihre wechselseitige Beziehung im Sinne von Aufforderung und freier Antwort, sowie die Möglichkeit ihrer Synthesis als freier Verbindung ableitbar entspringen soll.«[121]

Dementsprechend heißt es auch in der *Wissenschaftslehre nova methodo*: »Ich finde mich aufgefodert zu einem freyen Handeln. Diese Auffoderung ist die versinnlichte Aufgabe sich selbst zu beschränken. Von dieser Auffoderung schließe ich auf ein sie bestimmendes Vernunftwesen außer mir, nun ist diese Auffoderung ein sinnliches Handeln, ich schließe also auf eine sinnliche Kraft des Vernunftwesens außer mir, realisire das Vernunftwesen in der Sinnenwelt.«[122]

Fichte zufolge gelangen wir insofern nur »im Medium der Selbstaufgabe«[123] zur Interpersonalität.

118 GA I/3, 344 (Hervorhebungen Fichtes).

119 Ebd.

120 Zum Folgenden siehe vor allem Franz Bader: Systemidee und Interpersonalitätstheorie in Fichtes Wissenschaftslehre sowie Edith Düsing: Sittliche Aufforderung, S. 182–190.

121 Franz Bader: Systemidee und Interpersonalitätstheorie in Fichtes Wissenschaftslehre, S. 79f.

122 GA IV/2, 255.

123 Franz Bader: Systemidee und Interpersonalitätstheorie in Fichtes Wissenschaftslehre, S. 87.

Damit ist die Aufgabe der *Wissenschaftslehre nova methodo*, »die praktischen Konstitutionsbedingungen der Objektwelt im Ich«[124] offen zu legen, an ihr vorläufiges Ende gekommen: Der kategorische Sollensanspruch – in Form des »Gesetz[es] für die Freiheit« – wurde als »absolut doxisches Grundprinzip«[125] aufgezeigt und stellt insofern die »Quelle aller Realität«[126] dar, wie Fichte es später in der Wissenschaftslehre 1811 formulieren wird: »In ihm äußert sich das, was unbedingt sein soll, und zwar was absolut wertvoll und sinnvoll ist und sich als der Ursprung der Wirklichkeit erweist. Daher ist das Soll eine Idee praktisch-doxischer Art, d.h. ein Prinzip, das nicht nur eine Wertvorstellung beinhaltet, sondern ineins damit den Anspruch erhebt, eine ihr entsprechende Wirklichkeit zu bilden. Als solches ist das Soll Bestimmungsgrund der geistig-interpersonalen und der sinnlichen Welt.«[127]

Im kategorischen Soll ist somit implizit auch Fichtes »Lehre von der Totalitätsidee und dem Vernunftzweck«[128] einbeschlossen, wie Franz Bader betont. Diese ließe sich »sub specie Interpersonlität«[129] dahingehend verstehen, dass in der ursprünglichen Aufgabe des kategorischen sinnlichen Sollens schließlich die »Totalität des absoluten Ichs zur Realisierung durch das beschränkte endliche Ich, und zwar in Ich-Ich-Gemeinschaft«[130] gefordert wird. Damit besteht aber der letzte Vernunftzweck in der »Einigung der Ich-Prinzipien in sittlicher Liebe«, die Fichte auch als sog. »Synthesis der Geisterwelt«[131] bezeichnet. Auf den letzten Seiten der *Wissenschaftslehre nova methodo* weist Fichte diesen Überlegungen einen explizit *religionsphilosophischen*[132] Sinn zu, wonach sie auf einem »Postulat[] der praktischen Philosophie an die theoretische, an die Natur welche sich

124 Franz Bader: Zu Fichtes Lehre vom prädeliberativen Willen, S. 212.

125 Marco Ivaldo: Die konstitutive Funktion des Sollens in der Wissenschaftslehre, S. 120.

126 GA II/12, 240.

127 Marco Ivaldo: Die konstitutive Funktion des Sollens in der Wissenschaftslehre, S. 121.

128 Franz Bader: Systemidee und Interpersonalitätstheorie in Fichtes Wissenschaftslehre, S. 103.

129 Ebd.

130 Ebd., S. 104.

131 GA III/5, 45.

132 Vgl. Ives Radrizzani: Die *Bestimmung des Menschen*, S. 36.

durch ein übersinnliches Gesetz dem Zweck der Moralität accomodiren soll«[133] beruht: »Dieses Postulat abzuleiten und zu erklären ist WißenschaftsLehre[.]«[134]

3.3 Zur Einordnung der *Bestimmung des Menschen* im Anschluss an die *Wissenschaftslehre nova methodo*

Wenngleich die *Bestimmung des Menschen* als populäre bzw. exoterische Schrift nicht die systematische Ausführlichkeit und Stringenz der *Wissenschaftslehre nova methodo* teilt, so ist doch der Ausgangspunkt beider Texte ein Wille zum Wissen, wie der Beginn der *Bestimmung* deutlich macht: »Ich will *wissen*. Mit derselben Sicherheit, mit welcher ich darauf rechne, daß dieser Boden mich tragen wird, wenn ich darauf trete, daß dieses Feuer mich verbrennen würde, wenn ich mich ihm näherte, will ich darauf rechnen können, was ich selbst bin, und was ich seyn werde. Und sollte man etwa dies nicht können, so will ich wenigstens das wissen, daß man es nicht kann: Und selbst diesem Ausgange der Untersuchung will ich mich unterwerfen, wenn er sich mir als Wahrheit entdeckt.«[135]

Dies wird von der *Wissenschaftslehre nova methodo* (in der Ersten Einleitung der Krause-Nachschrift) dahingehend präzisiert, dass »[e]s nicht genug [ist], daß unsre Zweifel gelöst, und daß wir zur Ruhe verwiesen sind, wir wollen auch Wißenschaft. Es ist ein Bedürfniß im Menschen nach Wissenschaft und die WißenschaftsLehre macht sich anheischig[,] dieses Bedürfniß zu befriedigen«[136].

133 GA IV/3, 522. – Insofern wird der reine Wille zum göttlichen Willen »and functions as the founder and guarantor of the intelligible order« (Günter Zöller: Fichte's transcendental philosophy, S. 109).

134 GA IV/3, 522.

135 GA I/6, 192 (Hervorhebung Fichtes).

136 GA IV/3, 326. – Ähnlich meint auch Ives Radrizzani: »Daß die Schrift [BdM; H.M.] mit dem Zweifel beginnt, entspricht vollkommen der Lehre der Nova Methodo. Schon in diesem Werk nämlich machte Fichte den Zweifel zum unterscheidenden Kennzeichen der Menschheit. Indem er die Philosophie als ein Unternehmen der Rechtfertigung der doxa bestimmte, zeigte er, daß sie einem Grundbedürfnis des Menschen entspricht; der Mensch kann sich nämlich nicht mit dem unbefangenen Glauben an die Wahrheit seines Bewußtseins bescheiden; er bedarf einer gegründeten Wahrheit« (Die *Bestimmung des Menschen*, S. 23).

Darüber hinaus fällt der analoge Aufbau beider Schriften ins Auge: Dem reduktiven Aufstieg der *Nova Methodo* vom empirischen Bewusstsein hin zu dessen intelligiblen Einheitsgrund, dem reinen Willen in Paragraph 13, entspricht in der *Bestimmung des Menschen* die aufsteigende Bewegung eines natürlichen Bewusstseins im Ersten Buch hin zum »übersinnlichen Gesetze in der übersinnlichen Welt«[137] eines »Wille[n], der rein, und blos als Wille wirkt«[138] im Dritten Buch. Dabei ist beiden Texten ihre didaktische Vorgehensweise gemein, indem sie zunächst die Aporien bzw. Begründungsregresse[139] anderer philosophischer Positionen (z.B. eines naiven Realismus oder eines bloß theoretischen Idealismus) offen legen, um so die Notwendigkeit eines letzten, intelligiblen Einheitsgrundes zu erweisen. Insofern lässt sich die Anlage der *Bestimmung des Menschen* als eines »philosophischen Psychodramas vom Zweifel über das Wissen zum Glauben«[140] auch – wenngleich in stilistisch abgeschwächter Form – für die *Nova Methodo* geltend machen.

Ferner behandeln sowohl die *Bestimmung des Menschen* als auch die *Wissenschaftslehre nova methodo* in gleicher Weise »das methodologische und metaphilosophische Thema der Alternative zwischen Dogmatismus und Idealismus«[141]. So erörtert die *Bestimmung* im Ersten Buch ausführlich die Position des Dogmatikers, der »Dinge an sich an[nimmt]«[142]: »Ich bin von Gegenständen umgeben, die ich als für sich bestehende, und gegenseitig von einander geschiedene Ganze anzusehen mich genöthigt fühle[.]«[143]

137 GA I/6, 291.

138 Ebd.

139 So findet sich etwa das Regressargument aus der BdM, dass »kein Wissen [...] sich selbst begründen und beweisen [kann]; jedes Wissen setzt ein noch Höheres voraus als seinen Grund, und dieses Aufsteigen hat kein Ende« (GA I/6, 257) fast im selben Wortlaut in der WLnm, wenn es heißt: »Das Wollen sezt [einen] Zweckbegriff voraus, dieser wieder ein Wollen[,] dieses wieder einen Zweckbegriff und so ins unendliche[;] so giebts also keinen Anfang[,] eines treibt aufs andere, wie schon oben mit dem Erkenntnißbegriffe und Zweckbegriffe« (GA IV/3, 479f.).

140 Günter Zöller: Die Einheit von Intelligenz und Wille in der *Wissenschaftslehre nova methodo*, S. 107.

141 Ebd.

142 GA IV/3, 333.

143 GA I/6, 193.

Während die *Nova Methodo* jedoch unmittelbar mit der erkenntniskritischen Fragstellung des Idealismus einsetzt: »[W]ie kommen wir dazu anzunehmen, daß noch auser unsrer Vorstellung würkliche Dinge da seien?«[144], eröffnet diese erst das Zweite Buch der *Bestimmung des Menschen*: »Du nimmst doch an, daß diese Gegenstände da, und jene dort, wirklich außer dir vorhanden sind? [...] Und woher weißt du, daß sie vorhanden sind?«[145]

Dennoch kann das Erste Buch der *Bestimmung* insgesamt als anschauliche Begründung der in der *Wissenschaftslehre nova methodo* bloß skizzierten Annahme dienen, dass »[d]er ächte Dogmatiker [...] zugleich Fatalist seyn muß«[146], wenn es z.B. zusammenfassend im Ersten Buch heißt: »Ich selbst mit allem, was ich mein nenne, bin ein Glied in dieser Kette der strengen Naturnothwendigkeit. Es war eine Zeit, – so sagen mir andere, die in dieser Zeit lebten, und ich selbst bin durch Folgerungen genöthigt, eine solche Zeit, deren ich nicht unmittelbar mir bewußt bin, anzunehmen – es war eine Zeit, in der ich noch nicht war, und ein Moment, in welchem ich entstand. [...] Ich bin nicht durch mich selbst entstanden. Es wäre die höchste Ungereimtheit anzunehmen, daß ich gewesen sey, ehe ich war, um mich selbst zum Daseyn zu bringen. Ich bin durch eine andere Kraft außer mir wirklich worden.«[147]

Über diese (weitestgehend) formalen Entsprechungen hinaus finden sich jedoch auch – besonders was das Zweite und Dritte Buch der *Bestimmung des Menschen* anbelangt – einschlägige *inhaltliche* Übereinstimmungen mit der *Wissenschaftslehre nova methodo*.

So wird der »theoretische transzendentale Idealismus«[148] bzw. Konstruktivismus der Wissenschaftslehre (»Das NichtIch ist also nichts anderes, als bloß eine andere Ansicht des Ich«[149]) beinahe wortwörtlich im Zweiten Buch der *Bestimmung* wiedergegeben, wo es zusammenfassend

144 GA IV/3, 324.
145 GA I/6, 215.
146 GA IV/3, 337.
147 GA I/6, 199.
148 Günter Zöller: Die Einheit von Intelligenz und Wille in der *Wissenschaftslehre nova methodo*, S. 109.
149 GA IV/3, 356.

heißt: »Du siehst sonach ein, daß alles Wissen lediglich ein Wissen von dir selbst ist, daß dein Bewusstseyn nie über dich selbst hinausgeht[.]«[150]

Ähnliches ließe sich auch für die »Darstellung des Gefühls«[151] geltend machen, über das es in gleicher Weise sowohl in der *Bestimmung des Menschen* als auch in der *Wissenschaftslehre nova methodo* heißt, es sei »nicht zu deduciren, oder aus einem höheren abzuleiten, denn wir stehen hier an der Grenze«; denn »[w]as Sache der Empfindung ist, läßt sich nur empfinden, nicht denken; es ist kein abgeleitetes, sondern ein schlechthin unmittelbares«[152].

Eine weitere, »gewiß auffallende Analogie [der *Bestimmung des Menschen*; H.M.] zur *Nova Methodo*«[153] besteht schließlich in der »Entdeckung des reinen Willens«[154] im Dritten Buch der *Bestimmung*, der bereits in Paragraph 13 der *Wissenschaftslehre nova methodo* der »höchste[] Erklärungsgrund des Bewußtseins war«[155]. Dort »ist ein Wollen postulirt worden, das die Erkenntniß des Objects nicht voraussezt, sondern schon bei sich führet, das sich nicht auf Berathschlagung gründet«[156]. In gleicher Weise schreibt Fichte – gleichsam »zur Einsicht des prädeliberativen Willens vortastend«[157] – im Zweiten Buch der *Bestimmung des Menschen*: »Ich will frey seyn [...] heißt: ich selbst will mich machen, zu dem, was ich seyn werde. Ich müsste sonach [...], was ich werden soll, in gewisser Rücksicht schon seyn, ehe ich es bin, um mich dazu auch nur machen zu können«[158], um letztlich im Dritten Buch einen Willen anzunehmen, »der rein, und blos als Wille wirkt, durch sich selbst, schlechthin ohne alles Wertzeug, oder sinnlichen Stoff seiner Einwirkung, der absolut durch sich selbst zugleich *That* ist und *Product*, dessen Wollen Geschehen, dessen Gebieten Hinstellen ist; in welchem sonach die Forderung der Vernunft,

150 GA I/6, 233. – Ebenso heißt es an anderer Stelle prägnant: »*In aller Wahrnehmung nimmst du lediglich deinen eignen Zustand wahr*« (GA I/6, 217; Hervorhebungen Fichtes).

151 GA IV/3, 378.

152 GA I/6, 218.

153 Ives Radrizzani: Die *Bestimmung des Menschen*, S. 34.

154 Ebd., S. 33.

155 Ebd.

156 GA IV/3, 439.

157 Franz Bader: Zu Fichtes Lehre vom prädeliberativen Willen, S. 217.

158 GA I/6, 210.

absolut frei und selbstthätig zu seyn, dargestellt ist. Ein Wille, der in sich selbst Gesetz ist, der nicht nach Launen und Einfällen, nach vorherigem Ueberlegen, Wanken und Schwanken sich bestimmt, sondern der ewig und unveränderlich bestimmt ist, und auf den man sicher und unfehlbar rechnen kann, so wie der Sterbliche sicher auf die Gesetze seiner Welt rechnet. Ein Wille, in welchem der gesetzmäßige Wille endlicher Wesen unausbleibliche Folgen hat; aber auch nur dieser ihr Wille; indem er für alles Andere unbeweglich, und alles Andere für ihn so gut als gar nicht vorhanden ist«[159].

Insofern stellt die *Bestimmung des Menschen* »im wesentlichen eine Wiederholung der von Fichte schon vorher [u.a. in der *Wissenschaftslehre nova methodo*; H.M.] entwickelten und veröffentlichten Doktrin vom Primat des Praktischen über das Theoretische«[160] dar. Die *Bestimmung* bestätigt die zentrale Einsicht der *Nova Methodo*, wonach »die praktische Vernunft [...] die Wurzel aller Vernunft [ist]«[161]: »Die Erfahrung bezieht sich auf Handeln, die Begriffe entstehen durch Handeln, und sind nur um des Handelns willen da, nur das Handeln ist absolut«[162]. Auf diese Weise wird »das praktische [...] entscheidend zur Quelle des theoretischen gemacht«, so dass »die bisher gewöhnliche Abtheilung d[er]. Philosophie in theoretische u[nd]. praktische nicht statt[findet]«[163], wie es in der *Wissenschaftslehre nova methodo* heißt; denn »[w]ir handeln nicht, weil wir erkennen, sondern wir erkennen, weil wir zu handeln bestimmt sind«[164].

Wenngleich der dafür von Fichte verwendete und an Jacobi angelehnte Schlüsselbegriff des »*Glaubens*« (der dem Dritten Buch der *Bestimmung des Menschen* seinen Titel gibt) bisweilen fideistisch bzw. dezisionistisch

159 Ebd., 292 (Hervorhebungen Fichtes).

160 Günter Zöller: Die Einheit von Intelligenz und Wille in der *Wissenschaftslehre nova methodo*, S. 111.

161 GA I/6, 265.

162 GA IV/3, 371.

163 GA IV/2, 17.

164 GA I/6, 265. – Aus diesem Grunde widersprechen wir ausdrücklich Paul Franks Ansicht, wonach die BdM »retains the distinction between theoretical and practical concerns whose overcoming he regards as one of his principal achievements« (All or nothing, S. 314, Fn. 105).

missverstanden[165] wurde, so meint dieser doch nichts anderes als einen freien »Entschluß des Willens, das Wissen gelten zu lassen«[166].

Auf diese Weise wiederholt[167] die *Bestimmung des Menschen* nicht nur die zentrale Einsicht der *Wissenschaftslehre nova methodo*, wonach jede Philosophie »etwas voraus[sezt], [...] etwas nicht [erweißt] und erklärt und erweißt aus diesem alles andre«[168], nämlich die Freiheit, sondern verweist auch auf die für die Interpersonalitätstheorie Fichtes grundlegende Aufforderungs- bzw. Aufruflehre[169]. Demnach manifestiert sich der reine Wille im »Ruf zur Pflicht«[170], wie es in der *Bestimmung* heißt: »Das reine Wollen ist der kategorische Imperativ; es wird aber hier nicht so gebraucht, sondern nur zur Erklärung des Bewustseins überhaupt.«[171]

Insofern ist in der *Bestimmung des Menschen* »[d]er Motor des Gedankengangs [...] derselbe wie im zweiten Teil der *Nova Methodo*, nur wendet Fichte im dritten Buch der *Bestimmung* ein vereinfachtes Verfahren

165 Vgl. etwa die zeitgenössischen Reaktionen, wie sie überblicksweise in GA I/6, 174–178 dargestellt werden. – Demgegenüber ließe sich im Anschluss an Günter Zöller die nahe liegende Deutung »eine[r] dezisionistischen Gründung des Wissens in letztlich willkürlichen Willensakten« (Die Einheit von Intelligenz und Wille in der *Wissenschaftslehre nova methodo*, S. 110) dahingehend kritisieren, dass »genau besehen [...] die Rolle des Willens nicht in der Bestimmung der praktischen Gesetze selbst [besteht,] sondern in der willentlichen Zustimmung zu ihnen. Das Wollen ersetzt nicht etwa das Erkennen der praktischen Gesetze, sondern vollendet dieses durch deren *An*erkennung« (ebd.).

166 GA I/6, 257.

167 Vgl. Christian Klotz: Selbstbewusstsein und praktische Identität, S. 41.

168 GA IV/3, 335.

169 Insofern stehen unsere Ausführungen im Widerspruch zu denen Edith Düsings, wonach Fichte »[a]nders als in den Jahren 1794–1799 [...] in der *Bestimmung des Menschen* theoretische und praktische Vernunft miteinander [kontrastiert], und zwar insbesondere hinsichtlich ihrer Bedeutung für die Erfassung des *alter ego*; der ›Spekulation‹ kommt nicht einmal mehr eine dienende Funktion zu, sie wird als fehlweisende Betrachtungsart beiseitegeschoben. [...] Die sittliche Einsicht aber – so lautet Fichtes neue Konzeption [in der BdM; H.M.] – entstammt zuletzt nicht mir selbst; ein ewiger göttlicher Wille verleiht sie mir« (Sittliche Aufforderung, S. 192). Düsing zufolge »gewinnt [das Interpersonalitätsthema] in der *Bestimmung des Menschen* [somit; H.M.] eine überraschende Wendung« (Ebd., S. 193). – Zur Kritik an Düsings Deutung siehe Ives Radrizzani: Die *Bestimmung des Menschen*, S. 35, Fn. 65.

170 GA I/6, 296.

171 GA IV/3, 440.

an«[172], so dass die von Fichte in der *Bestimmung des Menschen* dargelegte »praktische Ontologie [...] – in Übereinstimmung mit den Ergebnissen der Nova Methodo, wo die Ableitung der intelligiblen und der empirischen Welt sich unmittelbar auf eine praktische Grundlage stützte – durchaus transzendentaler Art [ist] und [...] keinen ›transsubjektiven Stützpunkt‹ beinhaltet«[173], wie Ives Radrizzani betont.

Zusammenfassend legen unsere bisherigen Überlegungen somit den Schluss nahe, die *Bestimmung des Menschen* mit Günter Zöller als »eine luzide Darstellung der Hauptpunkte der Jenaer Wissenschaftslehre in einer nicht-technischen Darstellung«[174] anzusehen, »die sich der literarischen Mittel von Meditation und Dialog bedient«[175]. Im Gegensatz zu anders lautenden Interpretationen[176] lässt sich die *Bestimmung des Menschen* vor dem Hintergrund der *Wissenschaftslehre nova methodo* folglich »ganz der Philosophie der Jenaer Zeit«[177] zuordnen. Ohne »daß darin weder eine Wende noch ein Umschwung stattfindet«, bedeutet die *Bestimmung des Menschen* »keine ›Bekehrung‹ zu Jacobi also, kein romantischer Mystizismus, weder ein Zuhilfenehmen eines ›transsubjektiven Stützpunkts‹, noch eine Wende vom Idealismus zum Realismus«[178].

172 Ives Radrizzani: Die *Bestimmung des Menschen*, S. 34.

173 Ebd., S. 35.

174 Günter Zöller: Die Einheit von Intelligenz und Wille in der *Wissenschaftslehre nova methodo*, S. 107. Vgl. auch Günter Zöller: Fichte's transcendental philosophy, S. 122.

175 Ebd.

176 So spricht etwa Martial Gueroult im Zusammenhang mit der BdM von einem »tournant décisif« (La destination de l'homme, S. 72) sowohl im Leben als auch im Denken Fichtes.

177 Ives Radrizzani: Die *Bestimmung des Menschen*, S. 42. – Vgl. damit übereinstimmend Alexis Philonenko: La position systématique dans la *Destination de l'homme*.

178 Ives Radrizzani: Die *Bestimmung des Menschen*, S. 42.

4 Schluss

Mit dieser abschließenden Einordnung der *Bestimmung des Menschen* in das wissenschaftliche Werk Fichtes der Jenaer Zeit gelangt die vorliegende Arbeit an ihr (vorläufiges) Ende. Sie hat sich zum Ziel gesetzt, Fichtes populärphilosophisches Werk nicht nur in ihrem historischen, d.h. geistes- und philosophiegeschichtlichen Kontext zu begreifen, sondern darüber hinaus vor allem die in der *Bestimmung des Menschen* skizzierten Theoriemodelle der Wirklichkeit vor dem Hintergrund zeitgenössischer Theorieansätze zu lesen.

Auf diese Weise konnten sowohl strukturelle als auch inhaltliche Übereinstimmungen des im Ersten Buch dargelegten Systems der Natur mit der modernen Evolutionstheorie aufgezeigt werden, deren Defizienz nicht nur im Hinblick auf die von Fichte selbst vorgeführte Antinomie der Freiheit offenkundig wurde, sondern ferner auch im Exkurs zum Leib-Seele-Problem im Hinblick auf die Aporie der Körper-Geist-Beziehung ergänzt werden konnte.

Wenngleich das im Untertitel der Arbeit beschriebene Anliegen einer *differenztheoretischen* Rekonstruktion zentraler Thesen der *Bestimmung des Menschen* nur bedingt bzw. mit Einschränkungen auf die moderne Evolutionstheorie zutreffen dürfte, so gelangt es doch bei der Deutung des Zweiten Buchs der *Bestimmung des Menschen* vor dem Hintergrund von Niklas Luhmanns erkenntnistheoretischen Konstruktivismus vollends zur Entfaltung: Die Übereinstimmungen zwischen Fichtes und Luhmanns Ausführungen reichen teilweise bis in den Wortlaut hinein, so dass sich auch die fundamentale Paradoxie der Selbstbegründung des Wahrheitsanspruches der Theorie der Wirklichkeit am Ende des Zweiten Buchs, die in die totalen Skepsis mündet, geradewegs auf Luhmanns Position übertragen lassen (sowie rückwirkend auch auf das System der Natur, resp. die moderne Evolutionstheorie, aus dem Ersten Buch).

Nach diesen kritischen Auseinandersetzungen und Abgrenzungen wird im Dritten Buch schließlich im Ausgang von der zentralen Konzeption des reinen Wollens eine affirmative Lektüre der Wissenschaftslehre

Fichtes im Dritten Buch der *Bestimmung des Menschen* anhand der Philosophie Jacques Derridas vorgestellt, die – im Unterschied zu Luhmann – als *transzendentale* Differenztheorie im Geiste Fichtes ausgewiesen wird. Da jedoch der sowohl von Fichte als auch von Derrida vorgestellte Hinweis auf die Existenz Gottes als »moralische WeltOrdnung«[1] bzw. eines »Kredits, den man nicht auf das Wissen zurückführen kann«[2] im Theodizeeproblem seine schärfste Infragestellung erfährt, wird dieses in einem letzten Exkurs auf seine Legitimität als logisches Konsistenzproblem (besonders im Hinblick auf den in ihm verhandelten Gottesbegriff) hin untersucht und im Anschluss an die bisherigen Ergebnisse zum Gottesverständnis in der Wissenschaftslehre Fichtes kritisch überwunden.

Das letzte Kapitel der vorliegenden Arbeit bringt schließlich rückblickend die Erkenntnis, dass Fichtes *Bestimmung des Menschen* als populäre Zusammenfassung zentraler Einsichten der *Wissenschaftslehre nova methodo* aus der Jenaer Zeit (1796–1799) wiederholt bzw. zusammenfasst, so dass ihr *in Verbindung mit der Wissenschaftslehre nova methodo* eine gewisse wissenschaftliche Dignität nicht abgesprochen werden kann[3].

Aus diesem Grunde lässt sich auch das schon zu Lebzeiten Fichtes vielfach belächelte und geschmähte[4] Pathos vor allem des Dritten Buchs der *Bestimmung des Menschen* nicht leichtfertig als »unsägliche[s] Gewäsche«[5] abtun, sondern ist vielmehr als eigentlicher immanenzbejahender »Tau-

1 GA I/5, 356.

2 Jacques Derrida: Glaube und Wissen, S. 33.

3 Wolfgang Janke setzt insofern die BdM zu Recht in den Kontext der Grundlegung von Fichtes Wahrheitslehre. Siehe dazu näher Wolfgang Janke: Die dreifache Vollendung des Deutschen Idealismus, S. 275–280.

4 Vgl. beispielhaft die Reaktion Jacobis, der sich über das »unsägliche[] Gewäsche, über [das] ewige[] Wiederholen, [das] unaufhörliche übersetzen aus dem idealistischen Rothwälsch in ehrliche Menschensprache, und dann wieder aus ehrlicher Menschensprache in idealistisches Rothwälsch« beklagte, »daß ich es kaum mehr aushielt. – Allein nun erst, da es losgieng mit den schönen Stellen, und philosophiert wurde mit Pauken und Trompeten, und geläutet wurde dazu mit allen Glocken und die Orgel gieng mit allen ausgezogenen Registern, Kanonendonner dazwischen und Psalmen und Hymnen, und Posaunen, Zinken und Harfen, Trommeln und Pfeifen – wahrlich, ich glaubte, ich würde toll, mir vergieng hören und sehen, und da das Buch aus war, *fand* ich mich halb ohnmächtig« (zitiert nach GA I/6, 161).

5 GA I/6, 161.

mel des Seins«[6] zu verstehen. Denn angesichts der bisherigen Überlegungen, besonders zum Dritten Buch der *Bestimmung des Menschen*, wird der eminent lebensbejahende Charakter der Wissenschaftslehre Fichtes offenkundig: Entgegen der Logik des Ressentiments im Sinne Friedrich Nietzsches[7], das von einem »*Geist der Rache*«[8] beseelt und getrieben ist und schließlich in einem »Fanatismus der Verkehrtheit«[9] mündet, »welcher sich nicht damit begnügt, selbst in seiner eigenen Person nichtswürdig zu seyn, sondern, so weit er zu reichen vermag, alles eben so nichtswürdig zu machen strebt, als er selbst ist, und den jeder Anblick eines Beßern außer ihm, innig empört, und zum Hasse aufreizt«, setzt Fichte voll auf den Triumph des Ja über das Nein[10]. So ist das Handeln dessen, der das Ressenti-

6 Insofern kann Gilles Deleuze in seinem letzten Artikel *Die Immanenz: ein Leben* (1995) sein eigenes Verständnis des Lebens als reiner Immanenz unmittelbar mit Fichtes Philosophie in Verbindung bringen, etwa wenn er schreibt: »Von der reinen Immanenz könnte man sagen, sie sei *Ein Leben* und nichts anderes. Sie ist nicht Immanenz im Leben, sondern die Immanenz, die in nichts ist, ist selbst ein Leben. Ein Leben ist die Immanenz der Immanenz, die absolute Immanenz: es ist ein vollkommenes Vermögen, vollkommene Glückseligkeit. Und in dem Maße, wie Fichte die Aporien von Subjekt und Objekt hinter sich läßt, stellt er in seiner letzten Philosophie das transzendentale Feld als *ein Leben* dar, das von keinem Sein abhängt und keinem Akt unterliegt: absolutes unmittelbares Bewußtsein, dessen Tätigkeit nicht mehr auf ein Sein verweist, sondern sich unaufhörlich in einem Leben setzt« (Ebd., S. 367). – Zu Deleuze als Leser Fichtes siehe auch Jean-Christophe Goddard: Leben und Bild.

7 Siehe Friedrich Nietzsche: Zur Genealogie der Moral, S. 270ff.

8 Friedrich Nietzsche: Also sprach Zarathustra, S. 180.

9 GA I/9, 172.

10 Gilles Deleuze bezeichnet die Geisteshaltung des Ressentiments als »Triumph des ›Nein‹ über das ›Ja‹« (Nietzsche und die Philosophie, S. 27); denn »[d]a er Vorteil, Nutzen als sein Recht erachtet, und auch, von Aktionen zu profitieren, die er nicht begeht, bricht der Mensch des Ressentiments in bitterste Vorwürfe aus, sobald einmal seine Erwartungen enttäuscht werden. Und wie sollten sie nicht, da die Frustration und die Rache gleichsam das Apriori des Ressentiments ausmachen? Deine Schuld, wenn mich niemand liebt, deine Schuld, wenn ich mein Leben verpfuscht habe, aber auch deine Schuld, wenn du das deine verpfuscht hast; dein und mein Unglück sind beides deine Schuld. Hier kommt die erschreckende [...] Macht des Ressentiments zum Tragen: Sie begnügt sich nicht damit, die Verbrechen und die Verbrecher ans Licht zu zerren, sie will Verantwortliche, Schuldige. Wir erraten, was die Kreatur des Ressentiments will: dass die anderen böse sind, sie braucht es, dass die anderen böse sind, damit sie sich selbst gut fühlen

ment überwindet »die nothwendige Erscheinung seiner Liebe; wiederum aber geht sein Handeln nothwendig nach außen, und setzt ein Außen für ihn, und setzt seinen Gedanken, daß in diesem Außen etwas wirklich werden solle. Ohne Vertilgung jener Liebe in ihm, kann weder dieses Handeln, noch dieser sein nothwendiger Gedanke beim Handeln, jemals wegfallen. So oft er auch abgewiesen werde von außen, ohne den gehofften Erfolg, wird er in sich selbst zurück getrieben, schöpfend aus der, in ihm ewig fortfließenden Quelle der Liebe, neue Lust und Liebe, und neue Mittel; und wird fortgetrieben von ihr zu einem neuen Versuche, und wenn auch dieser mislänge, abermals zu einem neuen; jedesmal voraussetzend, was bisher nicht gelungen sey, könne diesmal gelingen, oder auch das nächste mal, oder doch irgend einmal, und falls auch Ihm überhaupt nicht, doch etwa, durch seine Beihülfe, und zufolge seiner Vorarbeiten, einem folgenden Arbeiter. So wird ihm die Liebe eine ewig fortrinnende Quelle von Glauben und Hoffnung; nicht an Gott oder auf Gott: denn Gott hat er allgegenwärtig in sich lebend, und er braucht nicht erst an ihn zu glauben, und Gott giebt sich ihm ewig fort ganz, so wie er ist, und er hat darum nichts von ihm zu hoffen; sondern von Glauben an Menschen, und Hoffnung auf Menschen. Dieser unerschütterliche Glaube nun, und diese nie ermüdende Hoffnung ist es, durch welche er sich über alle die Indignation, oder den Jammer, mit denen die Betrachtung der Wirklichkeit ihn erfüllen mag, hinwegsetzen kann, sobald er will, und den sichersten Frieden, und die unzerstörbarste Ruhe, einladen kann in seine Brust, sobald er ihrer begehrt. Blicke er hinaus über die Gegenwart in die Zukunft! – und er hat ja für diesen Blick die ganze Unendlichkeit vor sich, und kann Jahrtausende über Jahrtausende, die ihm nichts kosten, daran setzen, so viele er will.«[11]

Insofern war es auch die Absicht der vorliegenden Arbeit, Fichte als Vertreter eines durch und durch *affirmativen* Denkens auszuweisen, von dem wir wissen, dass es »eine[r] gewisse[n] Heiterkeit«[12] nicht entbehrt.

Dabei hat Fichte selbst jedoch immer wieder betont, dass das in der Wissenschaftslehre vergegenwärtigte »heilige[] Ja-sagen«[13] sittlicher Liebe

kann. *Du bist böse, also bin ich gut* […]« (Ebd., S. 130).

11 GA I/9, 172f.

12 Jacques Derrida: Marx & Sons, S. 97.

13 Friedrich Nietzsche: Also sprach Zarathustra, S. 31.

niemals erzwungen werden kann, sondern vielmehr im *Hier und Jetzt*[14] von uns immer wieder neu bestätigt sowie vollzogen werden muss und insofern »ein[em] Neubeginnen, [...] ein[em] aus sich rollende[n] Rad, eine[r] erste[n] Bewegung«[15] gleicht:

»Der Eingang der W.L. ist Freiheit, darum kann sie sich nicht aufdringen; als ob jemand sie in seinem wirklichen Wissen schon hätte, und sie ihm aus demselben nur durch Analyse entwikelt werden könnte; sondern sie beruht auf einem absoluten Akte der Freiheit, auf einer neuen Schöpfung.«[16]

14 Aus diesem Grunde ist dieses Gebot der Gerechtigkeit Derrida zufolge auch »*alles andere als utopisch*« (Marx & Sons, S. 79), da es »*hier und jetzt* die Unterbrechung des gewöhnlichen Laufs der Dinge, der Zeit und der Geschichte [fordert]« (ebd.).

15 Friedrich Nietzsche: Also sprach Zarathustra, S. 31.

16 GA II/6, 212. – Siehe dazu auch Fichtes WL-1814, in der es am Ende heißt: »Wir sind jenes FreiheitsAktes im Hervorbringen der W.L. uns bewußt, wir verstehn uns drum, als Leben« (UI, S. 458).

Literaturverzeichnis

A. Werke Fichtes
B. Primäre Quellen
C. Sammelbände
D. Sekundärliteratur zu Fichte
E. Sonstige Sekundärliteratur

A. Werke Fichtes

Die Werke Fichtes werden, sofern nicht anders angegeben, nach folgender Ausgabe zitiert:

J.G. Fichte-Gesamtausgabe der Bayerischen Akademie der Wissenschaften, hrsg. v. Reinhard Lauth, Hans Jacob u. Hans Gliwitzky. Stuttgart-Bad Cannstatt 1962ff. (= GA). I (Werke-Reihe), II (Nachlaß-Reihe), III (Briefe-Reihe), IV (Kollegnachschriften-Reihe); die arabische Ziffer hinter der römischen bezeichnet die Bandzahl, gefolgt von der Seitenzahl, z.B. GA I, 6, 123.

Zusätzlich werden die folgenden Texte Fichtes mit den folgenden Abkürzungen zitiert:

StL: Die Staatslehre, oder über das Verhältniss des Urstaates zum Vernunftreiche, in Vorlesungen 1813. In: Fichtes Werke, hrsg. v. Immanuel Hermann Fichte, Bd. IV: Zur Rechts- und Sittenlehre II. Berlin 1971, S. 369–600.

TdB–1813: Die Thatsachen des Bewußtseins. Vorgetragen zu Anfang des Jahres 1813. In: Fichtes Werke, hrsg. v. Immanuel Hermann Fichte, Bd. IX: Nachgelassenes zur theoretischen Philosophie I. Berlin 1971, S. 401–574.

UI: Ultima Inquirenda. J.G. Fichtes letzte Bearbeitungen der Wissenschaftslehre Ende 1813 / Anfang 1814. Textband, hrsg. v. Reinhard Lauth. Stuttgart-Bad Cannstatt 2001.

B. Primäre Quellen

Aristoteles: Eudemische Ethik, hrsg. u. übers. v. Franz Dirlmeier. Berlin ^{4}1984.

Aristoteles: Organon I: Kategorien. In: Ders.: Philosophische Schriften in sechs Bänden, Bd. 1, übers. v. Eugen Rolfes. Hamburg 1995.

Aristoteles: Nikomachische Ethik. In: Ders.: Philosophische Schriften in sechs Bänden, Bd. 3, übers. v. Eugen Rolfes. Hamburg 1995.

Aristoteles: Metaphysik. In: Ders.: Philosophische Schriften in sechs Bänden, Bd. 5, übers. v. Hermann Bonitz. Hamburg 1995.

Darwin, Charles: Darwin's notebooks on transmutation of species part II. Second notebook (February to July 1838), hrsg. v. Sir Gavin de Beer. In: Bulletin of the British Museum (Natural history). Historical series, vol. 2, no. 2 (1960), S. 77–120.

Darwin, Charles: The notebooks on man, mind and materialism. In: Howard Gruber/Paul H. Barrett: Darwin on man. A psychological study of scientific creativity. London 1974, S. 263–328.

Darwin, Charles: Old and useless notes. In: In: Howard Gruber/Paul H. Barrett: Darwin on man. A psychological study of scientific creativity. London 1974, S. 382–413.

Darwin, Charles: Die Abstammung des Menschen. Wiesbaden 1986.

Darwin, Charles: Die Entstehung der Arten durch natürliche Zuchtwahl. Stuttgart 2005.

Derrida, Jacques: Gewalt und Metaphysik. *Essay über das Denken Emmanuel Levinas'*. In: Ders.: Die Schrift und die Differenz. Frankfurt a.M. 1976, S. 121–235.

Derrida, Jacques: Nombre de oui. In: Ders.: Psyché. Inventions de l'autre. Paris 1987, S. 639–650.

Derrida, Jacques: Grammatologie. Frankfurt a.M. [2]1988.

Derrida, Jacques: Ulysses Grammophon. In: Ders.: Ulysses Grammophon. Berlin 1988, S. 43–116.

Derrida, Jacques: Gesetzeskraft. Der »mystische Grund der Autorität«. Frankfurt a.M. 1991.

Derrida, Jacques: Glaube und Wissen. Die beiden Quellen der »Religion« an den Grenzen der bloßen Vernunft. In: Die Religion, hrsg. v. Jacques Derrida u. Gianni Vattimo. Frankfurt a.M. 2001, S. 9–106.

Derrida, Jacques: Deconstruction in a nutshell: a conversation with Jacques Derrida, hrsg. v. John D. Caputo. New York (NY) [7]2003.

Derrida, Jacques: Marx' Gespenster. Der Staat der Schuld, die Trauerarbeit und die neue Internationale. Frankfurt a.M. 2004.

Derrida, Jacques: Marx & Sons. Frankfurt a.M. 2004.

Derrida, Jacques: Schurken. Zwei Essays über die Vernunft. Frankfurt a.M. 2006.

Forberg, Karl Friedrich: Entwickelung des Begriffs der Religion. In: Philosophisches Journal einer Gesellschaft teutscher Gelehrten 8.1 (1798), S. 21–46.

Garve, Christian: Von der Popularität des Vortrages. In: Ders.: Popularphilosophische Schriften über literarische, ästhetische und gesellschaftliche Gegenstände, Bd. 2, hrsg. v. Kurt Wölfel. Stuttgart 1974, S. 1039–1066.

Greiling, Johann Christoph: Ueber die Popularität in der Philosophie. In: Philosophisches Journal einer Gesellschaft teutscher Gelehrten 8.4 (1798), S. 281–302.

Jacobi, Friedrich Heinrich: Über die Lehre des Spinoza in Briefen an den Herrn Moses Mendelssohn. In: Ders.: Werke, hrsg. v. Klaus Hammacher u. Walter Jaeschke, Bd. 1,1: Schriften zum Spinozastreit. Hamburg 1998, S. 1–268.

Jacobi, Friedrich Heinrich: David Hume über den Glauben oder Idealismus und Realismus. Ein Gespräch. In: Ders.: Werke, hrsg. v. Klaus Hammacher u. Walter

Jaeschke, Bd. 2,1: Schriften zum transzendentalen Idealismus. Hamburg 2004, S. 5–112.

Jacobi, Friedrich Heinrich: Jacobi an Fichte. In: Ders.: Werke, hrsg. v. Klaus Hammacher u. Walter Jaeschke, Bd. 2,1: Schriften zum transzendentalen Idealismus. Hamburg 2004, S. 187–258.

Kant, Immanuel: Briefwechsel, hrsg. v. Otto Schöndörfer. Hamburg 1972.

Kant, Immanuel: Prolegomena zu einer jeden künftigen Metaphysik, die als Wissenschaft wird auftreten können. In: Ders.: Werkausgabe, Bd. V: Schriften zur Metaphysik und Logik 1, hrsg. v. Wilhelm Weischedel. Frankfurt a.M. 1978, S. 113–264.

Kant, Immanuel: Grundlegung zur Metaphysik der Sitten. In: Ders.: Werkausgabe, Bd. VII: Kritik der praktischen Vernunft. Grundlegung zur Metaphysik der Sitten, hrsg. v. Wilhelm Weischedel. Frankfurt a.M. 1974, S. 7–102.

Kant, Immanuel: Kritik der praktischen Vernunft. In: Ders.: Werkausgabe, Bd. VII: Kritik der praktischen Vernunft. Grundlegung zur Metaphysik der Sitten, hrsg. v. Wilhelm Weischedel. Frankfurt a.M. 1974, S. 103–302.

Kant, Immanuel: Die Metaphysik der Sitten. In: Ders.: Werkausgabe, Bd. VIII: Die Metaphysik der Sitten, hrsg. v. Wilhelm Weischedel. Frankfurt a.M. 1977, S. 309–634.

Kant, Immanuel: Die Religion innerhalb der Grenzen der bloßen Vernunft. In: Ders.: Werkausgabe, Bd. VIII: Die Metaphysik der Sitten, hrsg. v. Wilhelm Weischedel. Frankfurt a.M. 1977, S. 649–879.

Kant, Immanuel: Kritik der Urteilskraft. In: Ders.: Werkausgabe, Bd. X, hrsg. v. Wilhelm Weischedel. Frankfurt a.M. 1977.

Kant, Immanuel: Beantwortung der Frage: Was ist Aufklärung?. In: Ders.: Werkausgabe XI: Schriften zur Anthropologie, Geschichtsphilosophie, Politik und Pädagogik 1, hrsg. v. Wilhelm Weischedel. Frankfurt a.M. 1977, S. 53–61.

Kant, Immanuel: Über das Mißlingen aller philosophischen Versuche in der Theodizee. In: Ders.: Werkausgabe XI: Schriften zur Anthropologie, Geschichtsphilosophie, Politik und Pädagogik 1, hrsg. v. Wilhelm Weischedel. Frankfurt a.M. 1977, S. 105–124.

Kant, Immanuel: Zum ewigen Frieden. Ein philosophischer Entwurf. In: Ders.: Werkausgabe XI: Schriften zur Anthropologie, Geschichtsphilosophie, Politik und Pädagogik 1, hrsg. v. Wilhelm Weischedel. Frankfurt a.M. 1977, S. 195–251.

Kant, Immanuel: Aus Sömmering: Über das Organ der Seele. In: Ders.: Werkausgabe XI: Schriften zur Anthropologie, Geschichtsphilosophie, Politik und Pädagogik 1, hrsg. v. Wilhelm Weischedel. Frankfurt a.M. 1977, S. 255–259.

Kant, Immanuel: Über Pädagogik. In: Ders.: Werkausgabe, Bd. XII: Schriften zur Anthropologie, Geschichtsphilosophie, Politik und Pädagogik 2, hrsg. v. Wilhelm Weischedel. Frankfurt a.M. 1977, S. 691–761.

Kant, Immanuel: Kritik der reinen Vernunft, hrsg. v. Raymund Schmidt. Hamburg [3]1990.

Luhmann, Niklas: Soziale Systeme. Grundriß einer allgemeinen Theorie. Frankfurt a.M. 1987.

Luhmann, Niklas: Individuum, Individualität, Individualismus. In: Ders.: Gesellschaftsstruktur und Semantik. Studien zur Wissenssoziologie der modernen Gesellschaft, Bd. 3. Frankfurt a.M. 1989, S. 149–258.
Luhmann, Niklas: Das Moderne der modernen Gesellschaft. In: Ders.: Beobachtungen der Moderne. Opladen 1992, S. 11–49.
Luhmann, Niklas: Die Wissenschaft der Gesellschaft. Frankfurt a.M. 1992.
Luhmann, Niklas: Zeichen als Form. In: Dirk Baecker (Hrsg.): Probleme der Form. Frankfurt a.M. 1993, S. 45–69.
Luhmann, Niklas: Die Ausdifferenzierung des Kunstsystems. Bern 1994.
Luhmann, Niklas: Die Kunst der Gesellschaft. Frankfurt a.M. 1997.
Luhmann, Niklas: Die Gesellschaft der Gesellschaft, 2 Bände. Frankfurt a.M. 1998.
Luhmann, Niklas: Erkenntnis als Konstruktion. In: Ders.: Aufsätze und Reden, hrsg. v. Oliver Jahraus. Stuttgart 2001, S. 218–242.
Luhmann, Niklas: Die Paradoxie der Form. In: Ders.: Aufsätze und Reden, hrsg. v. Oliver Jahraus. Stuttgart 2001, S. 243–261.
Luhmann, Niklas: Dekonstruktion als Beobachtung zweiter Ordnung. In: Ders.: Aufsätze und Reden, hrsg. v. Oliver Jahraus. Stuttgart 2001, S. 262–296.
Luhmann, Niklas: The paradox of observing systems. In: Ders.: Theories of distinction. Redescribing the descriptions of modernity, hrsg. v. William Rasch. Stanford (CA) 2002, S. 79–93.
Luhmann, Niklas: Das Erkenntnisprogramm des Konstruktivismus und die unbekannt bleibende Realität. In: Ders.: Soziologische Aufklärung 5: Konstruktivistische Perspektiven. Wiesbaden ^{3}2005, S. 31–57.

C. Sammelbände

Fuchs, Erich (Hrsg.): J.G. Fichte im Gespräch. Berichte der Zeitgenossen, Bd. 1: 1762–1798. Stuttgart- Bad Cannstatt 1978.
Fuchs, Erich (Hrsg.): J.G. Fichte im Gespräch. Berichte der Zeitgenossen, Bd. 2: 1798–1800. Stuttgart- Bad Cannstatt 1980.
Röhr, Werner (Hrsg.): Appellation an das Publikum …: Dokumente zum Atheismusstreit um Fichte, Forberg, Niethammer Jena 1798/99. Leipzig ^{2}1991.

D. Sekundärliteratur zu Fichte

Ameriks, Karl: Kant and the fate of autonomy. Problems in the appropriation of the critical philosophy. Cambridge 2000.
Asmuth, Christoph: Das Begreifen des Unbegreiflichen. Philosophie und Religion bei Johann Gottlieb Fichte 1800–1806. Stuttgart-Bad Cannstatt 1999.
Bader, Franz: Zu Fichtes Lehre des prädeliberativen Willen. In: Albert Mues (Hrsg.): Transzendentalphilosophie als System. Die Auseinandersetzung zwischen 1794 und 1806. Hamburg 1989, S. 212–241.
Bader, Franz: Systemidee und Interpersonalitätstheorie in Fichtes Wissenschaftslehre. In: Der transzendental-philosophische Zugang zur Wirklichkeit. Beiträge aus der

aktuellen Fichte-Forschung, hrsg. v. Erich Fuchs, Marco Ivaldo u. Giovanni Moretto. Stuttgart-Bad Cannstatt 2001, S. 65–106.

Baumanns, Peter: J.G. Fichte. Kritische Gesamtdarstellung seiner Philosophie. Freiburg i.Br. 1990.

Breazeale, Daniel: Editor's introduction. In: Fichte: Foundations of Transcendental Philosophy (*Wissenschaftslehre*) *Nova Methodo* (*1796/1799*), übers. u. hrsg. v. Daniel Breazeale. Ithaca (NY) 1992, S. 1–49.

Danz, Christian: Das Bild als Bild. Aspekte der Phänomenologie Fichtes und ihre religionstheoretischen Konsequenzen. In: Fichte-Studien 18 (2000), S. 1–17.

De Pascale, Carla: »Die Vernunft ist praktisch«. Fichtes Ethik und Rechtslehre im System. Berlin 2003.

Düsing, Edith: Sittliche Aufforderung. Fichtes Theorie der Interpersonalität in der *WL nova methodo* und in der *Bestimmung des Menschen*. In: Transzendentalphilosophie als System. Die Auseinandersetzung zwischen 1794 und 1806, hrsg. v. Albert Mues. Hamburg 1989, S. 174–197.

Fischer, Kuno: J.G. Fichte und seine Vorgänger. In: Ders.: Geschichte der neuern Philosophie, Bd. 5. Heidelberg ²1890.

Franks, Paul W.: All or nothing. Systematicity, transcendental arguments, and skepticism in German Idealism. Cambridge (MA) 2005.

Fuchs, Erich: Wirklichkeit als Aufgabe. Die doxischen Konstitutiva der theoretischen Konzeption des faktischen Gegenstandes in J.G. Fichtes »Grundlage der gesammten Wissenschaftslehre« von 1794/95. Diss. München 1973.

Fuchs, Erich: Einleitung. In: Johann Gottlieb Fichte: Wissenschaftslehre nova methodo: Kollegnachschrift K. Chr. Fr. Krause 1798/99, hrsg. v. Erich Fuchs. Hamburg ²1994, S. IX-XXXIV.

Girndt, Helmut: Die *Nova Methodo* zwischen der *Grundlage* von 1794 und der Wissenschaftslehre von 1804. In: Fichte-Studien 16 (1999), S. 57–68.

Goddard, Jean-Christophe: Leben und Bild. Gilles Deleuze als Leser Fichtes. In: Recht – Moral – Selbst. Gedenkschrift für Wolfgang H. Schrader, hrsg. v. Marion Heinz u. Klaus Hammacher. Hildesheim 2004, S. 253–267.

Gueroult, Martial: La destination de l'homme. In: Ders.: Études sur Fichte. Hildesheim 1974, S. 72–95.

Heimsoeth, Heinz: Fichtes Systementwicklung in seinen Jenenser Vorlesungen. In: Blätter für Deutsche Philosophie 13 (1939/40), S. 156–172.

Hyppolite, Jean: Préface à la »Destination de l'homme« de Fichte. In: Ders.: Figures de la pensée philosophique, Bd. 1. Paris 1971, S. 53–72.

Ivaldo, Marco: Das Problem des Bösen bei Fichte. In: Fichte-Studien 3 (1991), S. 154–169.

Ivaldo, Marco: Die konstitutive Funktion des Sollens in der Wissenschaftslehre. In: Der transzendental-philosophische Zugang zur Wirklichkeit. Beiträge aus der aktuellen Fichte-Forschung, hrsg. v. Erich Fuchs, Marco Ivaldo u. Giovanni Moretto. Stuttgart-Bad Cannstatt 2001, S. 107- 128.

Ivaldo, Marco: Fichtes Vorsehungsgedanke. In: Fichte und die Aufklärung, hrsg. v. Carla De Pascale, Erich Fuchs, Marco Ivaldo u. Günter Zöller. Hildesheim 2004, S. 147–165.

Ivaldo, Marco: »Das Wort wird Fleisch«. Sittliche Inkarnation in Fichtes später Sittenlehre. In: Fichtes praktische Philosophie. Eine systematische Einführung, hrsg. v. Hans Georg von Manz u. Günter Zöller. Hildesheim 2006, S. 175–198.

Jacobs, Wilhelm G.: Johann Gottlieb Fichte. Reinbek b. Hamburg [3]1998.

Janke, Wolfgang: Die dreifache Vollendung des Deutschen Idealismus: Schelling, Hegel und Fichtes ungeschriebene Lehre. Amsterdam; New York 2009.

Klotz, Christian: Selbstbewußtsein und praktische Identität. Eine Untersuchung über Fichtes Wissenschaftslehre nova methodo. Frankfurt a.M. 2002.

Landau, Peter: Der rechtsgeschichtliche Kontext des Atheismusstreits. In: Fichtes Entlassung. Der Atheismusstreit vor 200 Jahren, hrsg. v. Klaus-M. Kodalle u. Martin Ohst. Würzburg 1999, S. 15–30.

Lauth, Reinhard: J.G. Fichtes Gesamtidee der Philosophie. In: Philosophisches Jahrbuch 71 (1963/1964), S. 253–285.

Lauth, Reinhard: Der Begriff der Geschichte nach Fichte. In: Philosophisches Jahrbuch 72 (1964/1965), S. 353–384.

Lauth, Reinhard: Fichtes und Reinholds Verhältnis vom Anfange ihrer Bekanntschaft bis zu Reinholds Beitritt zum Standpunkt der Wissenschaftslehre Anfang 1797. In: Ders. (Hrsg.): Philosophie aus einem Prinzip: Karl Leonhard Reinhold. Sieben Beiträge nebst einem Briefekatalog aus Anlaß seines 150. Todestages. Bonn 1974, S. 129–159.

Lauth, Reinhard: Reinholds Vorwurf des Subjektivismus gegen die Wissenschaftslehre. In: Ders. (Hrsg.): Philosophie aus einem Prinzip: Karl Leonhard Reinhold. Sieben Beiträge nebst einem Briefekatalog aus Anlaß seines 150. Todestages. Bonn 1974, S. 225–276.

Lauth, Reinhard: Der systematische Ort von Fichtes Geschichtskonzeption in seinem System. In: Annalen der internationalen Gesellschaft für dialektische Philosophie – Societas Hegeliana 1 (1983), S. 100–105.

Lauth, Reinhard: Die transzendentale Naturlehre Fichtes nach Prinzipien der Wissenschaftslehre. Hamburg 1984.

Lauth, Reinhard: Fichtes Sicht der Philosophie Spinozas. In: Ders.: Transzendentale Entwicklungslinien von Descartes bis zu Marx und Dostojewski. Hamburg 1989, S. 24–43.

Lauth, Reinhard: Kants Kritik der Vernunft und Fichtes ursprüngliche Einsicht. In: Ders.: Transzendentale Entwicklungslinien von Descartes bis zu Marx und Dostojewski. Hamburg 1989, S. 140–154.

Lauth, Reinhard: Das Problem der Interpersonalität bei J.G. Fichte. In: Ders.: Transzendentale Entwicklungslinien von Descartes bis zu Marx und Dostojewski. Hamburg 1989, S. 180–195.

Lauth, Reinhard: Fichtes Verhältnis zu Jacobi unter besonderer Berücksichtigung der Rolle Friedrich Schlegels in dieser Sache. In: Ders.: Transzendentale Entwicklungslinien von Descartes bis zu Marx und Dostojewski. Hamburg 1989, S. 266–296.

Lauth, Reinhard: Kann Schellings Philosophie von 1804 als System bestehen? Fichtes Kritik. In: Ders.: Vernünftige Durchdringung der Wirklichkeit: Fichte und sein Umkreis. Neuried 1994, S. 265–300.

Lauth, Reinhard: Einleitung. In: Johann Gottlieb Fichte: Die späten wissenschaftlichen Vorlesungen II. Wissenschaftslehre 1811, Über das Wesen der Philosophie 1811, Von den Thatsachen des Bewußtseyns 1811, hrsg. v. Hans Georg von Manz, Erich Fuchs, Reinhard Lauth u. Ives Radrizzani. Stuttgart-Bad Cannstatt 2003, S. XV–LVIII.

Lauth, Reinhard: Zur grundsätzlichen Richtung der philosophischen Fichte-Forschung. In: Günter Zöller/Hans-Georg von Manz (Hg.): Fichtes letzte Darstellungen der Wissenschaftslehre. Beiträge zum Fünften Internationalen Fichte-Kongreß »Johann Gottlieb Fichte. Das Spätwerk (1810–1814) und das Lebenswerk« in München vom 14. bis 21. Oktober 2003. Teil I. Amsterdam 2006, S. 49–62.

Lauth, Reinhard: Der entscheidende Punkt der praktischen Konzeption Fichtes. In: Fichtes praktische Philosophie. Eine systematische Einführung, hrsg. v. Hans Georg von Manz u. Günter Zöller. Hildesheim 2006, S. 215–244.

Lütterfelds, Wilhelm: Die *Wissenschaftslehre nova methodo* – Eine frühe Identitätsvariante des Idealismus?. In: Fichte-Studien 16 (1999), S. 115–133.

Oesterreich, Peter L./Traub, Hartmut: Der ganze Fichte. Die populäre, wissenschaftliche und metaphilosophische Erschließung der Welt. Stuttgart 2006.

Ohst, Martin: Der theologie- und kirchengeschichtliche Hintergrund. In: Fichtes Entlassung. Der Atheismusstreit vor 200 Jahren, hrsg. v. Klaus-M. Kodalle u. Martin Ohst. Würzburg 1999, S. 31–48.

Philonenko, Alexis: La position systématique dans la *Destination de l'homme*. In: Transzendentalphilosophie als System. Die Auseinandersetzung zwischen 1794 und 1806, hrsg. v. Albert Mues. Hamburg 1989, S. 331–344.

Radrizzani, Ives: Vers la fondation de l'intersubjectivité chez Fichte. Des principes à la Nova Methodo. Paris 1993.

Radrizzani, Ives: Die *Bestimmung des Menschen*: der Wendepunkt zur Spätphilosophie?. In: Fichte-Studien 17 (2000), S. 19–42.

Rickert, Heinrich: Fichtes Atheismusstreit und die Kantische Philosophie. Eine Säkularbetrachtung. In: Kritizismus. Eine Sammlung von Beiträgen aus der Welt des Neu-Kantianismus, hrsg. v. Fr. Myrho. Berlin 1925, S.11–54.

Schottky, Richard: Internationale Beziehungen als ethisches und juridisches roblem bei Fichte. In: Der transzendentale Gedanke. Die gegenwärtige Darstellung der Philosophie Fichtes, hrsg. v. Klaus Hammacher. Hamburg 1981, S. 250–275.

Stolzenberg, Jürgen: Fichtes Begriff der intellektuellen Anschauung. Die Entwicklung in den Wissenschaftslehren von 1793/94 bis 1801/02. Stuttgart 1986.

Stolzenberg, Jürgen: Reiner Wille: ein Grundbegriff der Philosophie Fichtes. In: Revue Internationale de Philosophie Nr. 206 (4/1988), S. 617–639.

Traub, Hartmut: Johann Gottlieb Fichtes Populärphilosophie 1804–1806. Stuttgart-Bad Cannstatt 1992.

Verweyen, Hansjürgen: Recht und Sittlichkeit in J.G. Fichtes Gesellschaftslehre. Freiburg i.Br. 1975.

Verweyen, Hansjürgen: Einleitung. In: Johann Gottlieb Fichte: Die Bestimmung des Menschen, hrsg. v. Horst D. Brandt. Hamburg 2000, S. IX-XXXVII.

Wagner, Falk: Der Gedanke der Persönlichkeit Gottes bei Fichte und Hegel. Gütersloh 1971.

Widmann, Joachim: Johann Gottlieb Fichte: Einführung in seine Philosophie. Berlin 1982.

Willms, Bernard: Die totale Freiheit. Fichtes politische Philosophie. Köln 1967.

Zahn, Manfred: K.L. Reinholds Position in der Phase seiner größten Annäherung an die Wissenschaftslehre. In: Reinhard Lauth (Hrsg.): Philosophie aus einem Prinzip: Karl Leonhard Reinhold. Sieben Beiträge nebst einem Briefekatalog aus Anlaß seines 150. Todestages. Bonn 1974, S. 160–201.

Zehnpfennig, Barbara: Reflexion und Metareflexion bei Platon und Fichte. Ein Strukturvergleich des Platonischen »Charmides« und Fichtes »Bestimmung des Menschen«. Freiburg i.Br. 1987.

Zöller, Günter: Bestimmung zur Selbstbestimmung: Fichtes Theorie des Willens. In: Fichte-Studien 7 (1995), S. 101–118.

Zöller, Günter: »Das Element aller Gewissheit« – Jacobi, Kant und Fichte über den Glauben. In: Klaus Hammacher (Hrsg.): Fichte und Jacobi. Tagung der Internationalen J.G. Fichte-Gesellschaft (25./26. Oktober 1996) in München in der *Carl-Friedrich von Siemens-Stiftung*. Amsterdam 1998, S. 21–41.

Zöller, Günter: Geist oder Gespenst? Fichtes Noumenalismus in der *Wissenschaftslehre nova methodo*. In: Fichte-Studien 12 (1997), S. 297–306.

Zöller, Günter: Die Individualität des Ich in Fichtes zweiter Jenaer Wissenschaftslehre (1796–99). In: Revue Internationale de Philosophie Nr. 206 (4/1998), S. 641–663.

Zöller, Günter: Die Einheit von Intelligenz und Wille in der *Wissenschaftslehre nova methodo*. In: Fichte-Studien 16 (1999), S. 91–114.

Zöller, Günter: Fichte's transcendental philosophy: the original duplicity of intelligence and will. Cambridge 2002.

Zöller, Günter: Setzen hält Leib und Seele zusammen. Fichtes transzendentale Somatologie und das System der Vernunft. In: Kant und der Frühidealismus, hrsg. v. Jürgen Stolzenberg. Hamburg 2007, S. 129–151.

Zöller, Günter: Ex aliquo nihil. Fichtes Antikreationismus. In: Der Eine oder der Andere. »Gott« in der klassischen deutschen Philosophie und im Denken der Gegenwart, hrsg. v. Christoph Asmuth u. Kazimir Drilo, Tübingen 2010, S. 47–54.

E. Sonstige Sekundärliteratur

Agamben, Giorgio: Die Sprache und der Tod. Ein Seminar über den Ort der Negativität. Frankfurt a.M. 2007.

Arnold, Heinz Ludwig/Detering, Heinrich: Grundzüge der Literaturwissenschaft. München [7]2005.

Augustinus: Enchiridion de fide et caritate. Handbüchlein über Glaube, Hoffnung und Liebe. Lateinisch/deutsch, hrsg. v. Joseph Barbel. Darmstadt 1960.

Augustinus: Bekenntnisse. Lateinisch und deutsch, hrsg. v. Joseph Bernhardt. Frankfurt a.M. 1987.

Bader, Franz: Die Ursprünge der Transzendentalphilosophie bei Descartes. Erster Band: Genese und Systematik der Methodenreflexion. Bonn 1979.

Baecker, Dirk: Die Universität als Algorithmus. Formen des Umgangs mit der Paradoxie der Erziehung. In: Berliner Debatte INITIAL 10 (1999), S. 63–75.

Baraldi, Claudio/Corsi, Giancarlo/Esposito, Elena: GLU. Glossar zu Niklas Luhmanns Theorie sozialer Systeme. Frankfurt a.M. 1997.

Beckett, Samuel: Company. In: Ders.: Nohow on: three novels. New York (NY) 1996, S. 1–46.

Benveniste, Emile: Kategorien des Denkens und Kategorien der Sprache. In: Ders.: Probleme der allgemeinen Sprachwissenschaft. Frankfurt a.M. 1977, S. 77–90.

Berlin, Isaiah: Der Igel und der Fuchs. In: Ders.: Russische Denker. Frankfurt a.M. 1995, S. 51–123.

Bhagwati, Jagdish: Free trade today. Princeton 2002.

Billicsich, Friedrich: Das Problem des Übels in der Philosophie des Abendlandes. II. Band: Von Eckehart bis Hegel. Wien 1952.

Böhr, Christoph: Philosophie für die Welt. Die Popularphilosophie der deutschen Spätaufklärung im Zeitalter Kants. Stuttgart-Bad Cannstatt 2003.

Bredekamp, Horst: Darwins Korallen: die frühen Evolutionsdiagramme und die Tradition der Naturgeschichte. Berlin 2005.

Brendel, Elke: Allwissenheit und »offenes Philosophieren«. In: Erkenntnis 54 (2001), S. 7–16.

Brüntrup, Godehard: Das Leib-Seele-Problem: eine Einführung. Stuttgart 1996.

Bunge, Mario: Das Leib-Seele-Problem: ein psychobiologischer Versuch. Tübingen 1984.

Cantor, Georg: Gesammelte Abhandlungen mathematischen und philosophischen Inhalts, hrsg. v. Ernst Zermelo. Hildesheim 1962.

Caputo, John D.: Jacques Derrida (1930–2004). In: Journal for Cultural and Religious Theory, vol. 6, no. 1 (2004), S. 6–9.

Cassirer, Ernst: Heinrich von Kleist und die Kantische Philosophie. In: Ders.: Gesammelte Werke, hrsg. v. Birgit Recki. Bd. 9: Aufsätze und kleine Schriften (1902–1921). Hamburg 2001, S. 389–435.

Certeau, Michel de: La fable mystique, XVIe-XVIIe siècle. Paris 1982.

Chalmers, David J.: Consciousness and its place in nature. In: Ders. (Hrsg.): Philosophy of mind: classical and contemporary readings. Oxford 2002, S. 247–272.

Churchland, Paul: Scientific realism and the plasticity of mind. Cambridge (MA) 1979.

Crick, Francis: Was die Seele wirklich ist. Die naturwissenschaftliche Erforschung des Bewußtseins. München 1994.

Dalferth, Ingolf U.: Die Wirklichkeit des Möglichen. Hermeneutische Religionsphilosophie. Tübingen 2003.

Davidson, Donald: Geistige Ereignisse. In: Ders.: Handlung und Ereignis. Frankfurt a.M. 1985, S. 291–320.

Descartes, René: Correspondance. Janvier 1640 – Juin 1643. In: Oeuvres de Descartes, hrsg. v. Charles Adam u. Paul Tannery. Bd. III. Paris 1988.

Deleuze, Gilles: Nietzsche und die Philosophie. Frankfurt a.M. 1985.

Deleuze, Gilles: Die Immanenz: ein Leben. In: Ders.: Schizophrenie und Gesellschaft. Texte und Gespräche von 1975 bis 1995, hrsg. v. Daniel Lapoujade. Frankfurt a.M. 2005, S. 365–370.

Didi-Huberman, Georges: Fra Angelico. Unähnlichkeit und Figuration. München 1995.

Dijksterhuis, Eduard J.: Die Mechanisierung des Weltbildes. Berlin 1956.

Dionysius Areopagita: Von den Namen zum Unnennbaren, hrsg. v. Endre von Ivánka. Einsiedeln [4]2002.

Dobzhansky, Theodosius: Biology, molecular and organismic. In: American Zoologist 4.1 (1964), S. 443–452.

Engelmann, Peter (Hrsg.) : Philosophien. Gespräche mit Michel Foucault, Kostas Axelos, Jacques Derrida, Vincent Descombes, André Glucksmann, Emmanuel Lévinas, Jean-François Lyotard, Jacques Rancière, Paul Ricœur und Michel Serres. Graz 1985.

Engels, Eve-Marie: Erkenntnis als Anpassung? Eine Studie zur evolutionären Erkenntnistheorie. Frankfurt a.M. 1989.

Feldmeier, Reinhard: Theodizee? Biblische Überlegungen zu einem unbiblischen Unterfangen. In: Berliner Theologische Zeitschrift 1 (2001), S. 24–38.

Findlay, John N.: Plato und der Platonismus. Eine Einführung. Königstein i.T. 1981.

Freud, Sigmund: Vorlesungen zur Einführung in die Psychoanalyse. In: Ders.: Studienausgabe, Bd I: Vorlesungen zur Einführung in die Psychoanalyse Und Neue Folge, hrsg. v. Alexander Mitscherlich, Angela Richards u. James Strachey. Frankfurt a.M. [11]1989, S. 34–445.

Gesang, Bernward: Angeklagt: Gott: Über den Versuch, vom Leiden in der Welt auf die Wahrheit des Atheismus zu schließen. Tübingen 1997.

Ghiselin, Michael T.: The triumph of the Darwinian method. Berkeley (CA) 1969.

Goethe, Johann Wolfgang von: Faust. Der Tragödie erster und zweiter Teil, Urfaust, hrsg. v. Erich Trunz. München 2007.

Goller, Hans: Erleben, Erinnern, Handeln. Eine Einführung in die Psychologie und ihre philosophischen Grenzfragen. Stuttgart 2009.

Grice, H. Paul: Logik und Konversation. In: Handlung, Kommunikation, Bedeutung, hrsg. v. Georg Meggle. Frankfurt a.M. 1979, S. 243–265.

Grim, Patrick: Logic and limits of knowledge and truth. In: Noûs 22 (1981), S. 341–367.

Grim, Patrick: The incomplete universe: totality, knowledge, and truth. Cambridge (MA) 1991.

Gulyga, Arseni: Die klassische deutsche Philosophie. Ein Abriß. Leipzig 1990.

Haeffner, Gerd: Philosophische Anthropologie. Stuttgart [3]2000.

Hamacher, Werner: Lectio. *De Mans Imperativ*. In: Ders.: Entferntes Verstehen. Studien zu Philosophie und Literatur von Kant bis Celan. Frankfurt a.M. 1998, S. 151–194.

Hammacher, Klaus: Jacobis Brief »An Fichte« (1799). In: Transzendentalphilosophie und Spekulation. Der Streit um die Gestalt einer Ersten Philosophie (1799–1807), hrsg. v. Walter Jaeschke. Hamburg 1993, S. 72–84.

Hegel, Georg Wilhelm Friedrich: Jenaer Systementwürfe III. Naturphilosophie und Philosophie des Geistes, hrsg. v. Rolf-Peter Horstmann. Hamburg 1987.

Heidegger, Martin: Identität und Differenz. Frankfurt a.M. 2002.

Hempel, Carl Gustav: The logical analysis of psychology. In: Ders.: Selected philosophical essays, hrsg. v. Richard Jeffrey. Cambridge 2000, S. 165–180.

Höffe, Otfried: Immanuel Kant. München [4]1996.
Höffe, Otfried: Aristoteles. München [2]1999.
Hösle, Vittorio/Illies, Christian: Der Darwinismus als Metaphysik. In: Vittorio Hösle: Die Philosophie und die Wissenschaften. München 1999, S. 46–73.
Hösle, Vittorio: Der philosophische Dialog. Eine Poetik und Hermeneutik. München 2006.
Hofmannsthal, Hugo von: Ein Brief. In: Ders.: Sämtliche Werke, Bd. XXXI: Erfundene Gespräche und Briefe, hrsg. v. Ellen Ritter. Frankfurt a.M. 1991, S. 45–55.
Holzhey, Helmut: Art. »Popularphilosophie«. In: Historisches Wörterbuch der Philosophie, hrsg. v. Joachim Ritter u. Karlfried Grüner, Bd. 7. Darmstadt 1989, Sp. 1093–1100.
Hull, David L.: Darwin and his critics. Cambridge (MA) 1973.
Husserl, Edmund: Ideen zu einer reinen Phänomenologie und phänomenologischen Philosophie. Erster Band: Allgemeine Einführung in die reine Phänomenologie (Husserliana III/1). Den Haag 1976.
Huxley, Thomas Henry: On the hypothesis that animals are automata, and its history. In: Ders.: Collected essays, Bd. 1. London 1893, S. 199–250.
Irrgang, Bernhard: Lehrbuch der Evolutionären Erkenntnistheorie. München [2]2001.
Jacobs, Wilhelm G.: Die Entscheidung zum Bösen oder Guten im einzelnen Menschen. In: F.W.J. Schelling: Über das Wesen der menschlichen Freiheit, hrsg. v. Otfried Höffe u. Annemarie Pieper. Berlin 1995, S. 125–148.
James, William: The principles of psychology. Bd. 1. Cambridge (MA) 1981.
Janich, Peter: Kein neues Menschenbild: zur Sprache der Hirnforschung. Frankfurt a.M. 2009.
Kafka, Franz: Die Sorge des Hausvaters. In: Ders.: Die Erzählungen und andere ausgewählte Prosa, hrsg. v. Roger Hermes. Frankfurt a.M. 2006, S. 343–344.
Kammerlander, Ilse: Johanna Fichte: ein Frauenschicksal der deutschen Klassik. Stuttgart 1969.
Kierkegaard, Sören: Philosophische Brocken, hrsg. v. Liselotte Richter. Reinbek b. Hamburg 1967.
Kim, Jaegwon: Philosophie des Geistes. Wien 1998.
Kim, Jaegwon: Supervenience. In: A companion to the philosophy of mind, hrsg. v. Samuel Guttenplan. Oxford 2002, S. 575–584.
Kisser, Thomas: Wie kann eine allgemeine Theorie der Wirklichkeit ihre eigene Wahrheit zeigen? Bemerkungen und Fragen zu Struktur und Funktion der Kunst in Schellings System des transzendentalen Idealismus. In: Fichte-Studien 25 (2005), S. 133–150.
Kluge, Friedrich: Etymologisches Wörterbuch der deutschen Sprache, bearb. v. Elmar Seebold. Berlin [24]2002.
Kobusch, Theo: Art. »Objekt«. In: Historisches Wörterbuch der Philosophie, hrsg. v. Joachim Ritter u. Karlfried Grüner, Bd. 6. Darmstadt 1984, Sp. 1026- 1052.
Kołakowski, Leszek: Der Priester und der Narr. In: Ders.: Narr und Priester. Ein philosophisches Lesebuch, hrsg. v. Gesine Schwan. Frankfurt a.M. 1987, S. 9–44.
Kreiner, Armin: Gott im Leid. Zur Stichhaltigkeit der Theodizee-Argumente. Freiburg i.Br. [3]2005.

Lactantius: De ira dei/Vom Zorne Gottes. Lateinisch und deutsch, hrsg. u. übers. v. H. Kraft u. A. Wlosok. Darmstadt 1957.
Lamarck, Jean Baptiste: Zoologische Philosophie. Leipzig 1909.
Lauth, Reinhard: Die Frage nach dem Sinn des Daseins. München 1953.
Lauth, Reinhard: Von der Notwendigkeit einer transzendenten [sic!] Begründung der Pädagogik. In: Gestalt und Wirklichkeit. Festgabe für Ferdinand Weinhandl, hrsg. v. Robert Mühlher u. Johann Fischl. Berlin 1967, S.305–316.
Lauth, Reinhard: Ethik in ihrer Grundlage aus Prinzipien entfaltet. Stuttgart 1969.
Lauth, Reinhard: Die Konstitution der Zeit im Bewußtsein. Hamburg 1981.
Lauth, Reinhard: Zur derzeitigen weltgeschichtlichen Situation im Lichte transzendentaler Erkenntnisse. In: Ders.: Vernünftige Durchdringung der Wirklichkeit: Fichte und sein Umkreis. Neuried 1994, S. 569–577.
Lauth, Reinhard: Descartes' Konzeption des Systems der Philosophie. Stuttgart-Bad Cannstatt 1998.
Lauth, Reinhard: Begriff, Begründung und Rechtfertigung der Philosophie. München 2002.
Leibniz, Gottfried Wilhelm: In der Vernunft begründete Prinzipien der Natur und Gnade. In: Ders.: Philosophische Schriften, Bd. I: Kleine Schriften zur Metaphysik, hrsg. u. übers. v. Hans Heinz Holz. Darmstadt 1965, S. 415–439.
Leibniz, Gottfried Wilhelm: Die Prinzipien der Philosophie oder die Monadologie. In: Ders.: Philosophische Schriften, Bd. I: Kleine Schriften zur Metaphysik, hrsg. u. übers. v. Hans Heinz Holz. Darmstadt 1965, S. 439–483.
Leibniz, Gottfried Wilhelm: Confessio philosophi. Ein Dialog. Lateinisch/Deutsch, hrsg. v. Otto Saame. Frankfurt a.M. 1967.
Leibniz, Gottfried Wilhelm: Die Theodizee von der Güte Gottes, die Freiheit des Menschen und dem Ursprung des Übels. In: Ders.: Philosophische Schriften, Bd. II, hrsg. u. übers. v. Herbert Herring. Darmstadt 1985
Levinas, Emmanuel: Totalität und Unendlichkeit. Versuch über die Exteriorität. Freiburg i.Br. 1987.
Levine, Joseph: Purple haze: the puzzle of consciousness. Oxford 2001.
Lovejoy, Arthur O.: The great chain of being. A study on the history of an idea. Cambridge (MA) [15]1982.
Lütterfelds, Wilhelm: Das neurobiologische Repräsentationsmodell des Subjekts und die idealistische Theorie des Selbstbewußtseins – Eine unversöhnliche Theoriekonkurrenz?. In: Fichte-Studien, Bd. 18 (2000), S.217–231.
Mach, Ernst: Die Analyse der Empfindungen. Darmstadt [9]1991.
Mackie, John Leslie: Das Wunder des Theismus. Argumente für und gegen die Existenz Gottes. Stuttgart 1985.
Magritte, René: Sämtliche Schriften, hrsg. v. André Blavier. München 1981.
Malebranche, Nicolas: Abhandlung von der Natur und der Gnade, übers. u. hrsg. v. Stefan Ehrenberg. Hamburg 1993.
Malthus, Thomas R.: An essay on the principle of population, hrsg. v. Geoffrey Gilbert. Oxford 2008.
Man, Paul de: Shelleys Entstellung. In: Ders.: Die Ideologie des Ästhetischen. Frankfurt a.M. 1993, S. 147–182.

Mandelartz, Michael: Von der Tugendlehre zur Lasterschule. Die sogenannte »Kantkrise« und Fichtes »Wissenschaftslehre«. In: Kleist-Jahrbuch 2006, S. 120–136.
Mandelstam, Ossip: Gedichte, a. d. Russ. v. Paul Celan. Frankfurt a.M. [7]2004.
Mayr, Ernst: Die Entwicklung der biologischen Gedankenwelt: Vielfalt, Evolution und Vererbung. Berlin 1984.
Mayr, Ernst: Das ist Biologie: die Wissenschaft des Lebens. Heidelberg 1998.
Mayr, Ernst: Konzepte der Biologie. Stuttgart 2005.
Mayr, Ernst: Das ist Evolution. München [2]2005.
McGinn Colin: Can we solve the mind-body problem?. In: Ders.: The problem of consciousness. Oxford 1991, S. 1–22.
McGinn, Colin: Consciousness and content. In: Ders.: The problem of consciousness. Oxford 1991, S. 23–43.
McGinn, Colin: Consciousness and the natural order. In: Ders.: The problem of consciousness. Oxford 1991, S. 44–88.
McGinn, Colin: Solving the philosophical mind-body problem. In: Ders.: Consciousness and its objects. Oxford 2004, S. 56–76.
Monod, Jacques: Zufall und Notwendigkeit. Philosophische Fragen der modernen Biologie. München 1975.
Münster, Harald: Deconstructing god – On the logical and conceptual clarification of the problem of evil. In: An anthology of philosophical studies, hrsg. v. Patricia Hanna. Athen 2008, S. 359–370.
Münster, Harald: *Oui-dire* und reines Wollen – Derrida mit Fichte lesen. In: Fichte-Studien 36 (2011), S. 61–75.
Münster, Harald: Berühren verboten! – Leib-Seele-Problem und das Narzissparadoxon. Erscheint in: Fichte-Studien.
Nagel, Thomas: Wie ist es, eine Fledermaus zu sein?. In: Analytische Philosophie des Geistes, hrsg. v. Peter Bieri. Bodenheim [2]1993, S. 261–275.
Nagel, Thomas: The view from nowhere. Oxford 1989.
Natorp, Paul: Platos Ideenlehre. Eine Einführung in den Idealismus. Hamburg 1994.
Natorp, Paul: Philosophische Systematik. Hamburg 2000.
Neiman, Susan: Das Böse denken. Eine andere Geschichte der Philosophie. Frankfurt a.M. 2004.
Nietzsche, Friedrich: Also sprach Zarathustra. Ein Buch für Alle und Keinen. In: Ders.: Sämtliche Werke. Kritische Studienausgabe in 15 Bänden, hrsg. v. Giorgio Colli u. Mazzino Montinari, Bd. 4. München [11]2007.
Nietzsche, Friedrich: Zur Genealogie der Moral. Eine Streitschrift. In: Ders.: Sämtliche Werke. Kritische Studienausgabe in 15 Bänden, hrsg. v. Giorgio Colli u. Mazzino Montinari, Bd. 5. München [9]2007, S. 245–412.
Nikolaus von Kues: Philosophisch-theologische Werke, Lateinisch-deutsch, 4 Bde, hrsg. v. Karl Bormann. Hamburg 2002.
Nikolaus von Kues: De docta ignorantia/Die belehrte Unwissenheit. In: Ders.: Philosophisch-theologische Werke, Bd 1.
Nikolaus von Kues: Idiota de spaientia/Der Laie über die Weisheit. In: Ders.: Philosophisch-theologische Werke, Bd 2.

Novalis: Blüthenstaub. In: Ders.: Schriften. Die Werke Friedrich von Hardenbergs, hrsg. v. Paul Kluckhohn u. Richard Samuel, Zweiter Band: Das philosophische Werk I. Darmstadt ^{3}1981, S. 413–470.

Ovid: Metamorphosen. übers. v. Erich Rösch. München 1997.

Paley, William: Natural theology: evidence of the existence and attributes of the deity, collected from the appearances of nature, hrsg. v. Matthew D. Eddy u. David Knight. Oxford 2006.

Pauen, Michael: Grundprobleme der Philosophie des Geistes. Eine Einführung. Frankfurt a.M. ^{2}2001.

Planck, Max: Positivismus und reale Außenwelt. In: Ders.: Vom Wesen der Willensfreiheit und andere Vorträge. Frankfurt a.M. 1991, S. 118–140.

Planck, Max: Vom Wesen der Willensfreiheit. In: Ders.: Vom Wesen der Willensfreiheit und andere Vorträge. Frankfurt a.M. 1991, S. 151–171.

Plantinga, Alvin: The free will defence. In: Philosophy in America, hrsg. v. M. Black. London 1965, S. 204–220.

Platon: Apologie des Sokrates. In: Ders.: Sämtliche Werke, Bd. 1, hrsg. v. Ursula Wolf u. übers. v. Friedrich Schleiermacher. Reinbek b. Hamburg ^{28}2002.

Platon: Laches. In: Ders.: Sämtliche Werke, Bd. 1, hrsg. v. Ursula Wolf u. übers. v. Friedrich Schleiermacher. Reinbek b. Hamburg ^{28}2002.

Platon: Menon. In: Ders.: Sämtliche Werke, Bd. 1, hrsg. v. Ursula Wolf u. übers. v. Friedrich Schleiermacher. Reinbek b. Hamburg ^{28}2002.

Platon: Phaidon. In: Ders.: Sämtliche Werke, Bd. 2, hrsg. v. Ursula Wolf u. übers. v. Friedrich Schleiermacher. Reinbek b. Hamburg ^{28}2002.

Platon: Politeia. In: Ders.: Sämtliche Werke, Bd. 2, hrsg. v. Ursula Wolf u. übers. v. Friedrich Schleiermacher. Reinbek b. Hamburg ^{28}2002.

Platon: Theaitetos. In: Ders.: Sämtliche Werke, Bd. 3, hrsg. v. Ursula Wolf u. übers. v. Friedrich Schleiermacher. Reinbek b. Hamburg ^{28}2002.

Plotin: Plotins Schriften, Bd. 1: Die Schriften 1–21 der chronologischen Reihenfolge, a: Text und Übersetzung. Griechisch/deutsch, hrsg. u. übers. v. Richard Harder. Hamburg 1956.

Popper, Karl Raimund/ Eccles, John Carew: Das Ich und sein Gehirn. München 1982.

Putnam, Hilary: Philosophy and our mental life. In: Ders.: Mind, language and reality. Philosophical papers, Bd. 2, Cambridge (MA) 1979, S. 291–303.

Quine, Willard van Orman: The ways of paradox. In: Ders.: The ways of paradox and other essays. Cambridge (MA) 1966, S. 1–18.

Quintilian: Institutionis oratoriae libri. Ausbildung des Redners, hrsg. u. übers. v. H. Rahn. Darmstadt 1975.

Rasch, William: The self-positing society. In: Niklas Luhmann: Theories of distinction. Redescribing the descriptions of modernity, hrsg. v. William Rasch. Stanford (CA) 2002, S. 1–30.

Read, David: Beckett's search for unseeable and unmakeable: *Company* and *Ill Seen Ill Said*. In: Modern Fiction Studies 29.1 (1983), S. 111–125.

Reinhold, Karl Leonhard: Über das Fundament des philosophischen Wissens nebst einigen Erläuterungen über die Theorie des Vorstellungsvermögens. Hamburg 1978.

Reinhold, Karl Leonhard: Beiträge zur Berichtigung bisheriger Mißverständnisse der Philosophen. Erster Band, das Fundament der Elementarphilosophie betreffend. Hamburg 2003.

Rombach, Heinrich: Substanz, System, Struktur. Die Ontologie des Funktionalismus und der philosophische Hintergrund der modernen Wissenschaft, 2 Bände. Freiburg i.Br. [2]1981.

Rombach, Heinrich: Die Gegenwart der Philosophie. Die Grundprobleme der abendländischen Philosophie und der gegenwärtige Stand des philosophischen Fragens. Freiburg i.Br. [3]1988.

Rombach, Heinrich: Strukturanthropologie: »Der menschliche Mensch«. Freiburg i.Br. [2]1993.

Rosenzweig, Franz: Der Stern der Erlösung. Frankfurt a.M. 1988.

Ryle, Gilbert: Der Begriff des Geistes. Stuttgart 1997.

Ryklin, Michail: Dekonstruktion und Destruktion. Gespräche mit Jacques Derrida, Félix Guattari, Jean Baudrillard, Philippe Lacoue-Labarthe, Jean-Luc Nancy, Paul Virilio, Richard Rorty, Slavoj Žižek, Susan Buck-Morss und Boris Groys. Zürich 2006.

Saussure, Ferdinand de: Grundfragen der allgemeinen Sprachwissenschaft. Berlin [2]1967.

Schelling, Friedrich Wilhelm Joseph von: Briefe und Dokumente, Bd. 2: 1775–1803, Zusatzband, hrsg. v. Horst Fuhrmans. Bonn 1973.

Schurr, Johannes: Transzendentale Theorie der Bildung: Grundlinien einer Kritik der pädagogischen Vernunft, 2 Bände. Passau 1982, 1987.

Shakespeare, William: Hamlet, hrsg. v. Ann Thompson u. Neil Taylor. London 2006.

Singer, Wolf: Vom Gehirn zum Bewußtsein. In: Ders.: Der Beobachter im Gehirn. Essays zur Hirnforschung. Frankfurt a.M. 2002, S. 60–76.

Singer, Wolf: Verschaltungen legen uns fest: Wir sollten aufhören, von Freiheit zu sprechen. In: Hirnforschung und Willensfreiheit. Zur Deutung der neuesten Experimente, hrsg. v. Christian Geyer. Frankfurt a.M. 2004, S. 30–65.

Spaemann, Robert/Löw, Reinhard: Die Frage Wozu? Geschichte und Wiederentdeckung des teleologischen Denkens. München [3]1991.

Spencer Brown, George: Laws of form. New York (NY) [2]1979.

Spinoza, Baruch de: Briefwechsel. In: Ders.: Sämtliche Werke in sieben Bänden und einem Ergänzungsband, hrsg. v. Carl Gebhardt, Bd. 6. Hamburg [3]1986.

Spinoza, Baruch de: Ethik in geometrischer Ordnung dargestellt. Lateinisch/deutsch, übers. u. hrsg. v. Wolfgang Bartuschat. Hamburg 1999.

Swinburne, Richard: The problem of evil. In: Reason and religion, hrsg. v. S. C. Brown. Ithaca 1977, S. 81–102; S. 129–133.

Thomas von Aquin: Summe der Theologie. Erster Band: Gott und Schöpfung, hrsg. v. Joseph Bernhart. Leipzig 1934.

Tyndall, John: Fragments of science for unscientific people: a series of detached essays, lectures, and reviews. London 1871.

Usener, Hermann: Epicurea. Stuttgart 1966.

Vollmer, Gerhard: Was können wir wissen?, Bd. 1: Die Natur der Erkenntnis. Beiträge zur Evolutionären Erkenntnistheorie. Stuttgart 1985.

Walther, Manfred: Metaphysik als Anti-Theologie. Die Philosophie Spinozas im Zusammenhang der religionsphilosophischen Problematik. Hamburg 1971.

Wierenga, Edward: The nature of god: an inquiry into divine attributes. Ithaca (NY) 1989.

Zimmermann, Walter: Evolution. Die Geschichte ihrer Probleme und Erkenntnisse. Freiburg i.Br. [2]1953.

Zöller, Günter: Theoretische Gegenstandsbeziehung bei Kant: zur systematischen Bedeutung der Termini »objektive Realität« und »objektive Gültigkeit« in der »Kritik der reinen Vernunft«. Berlin 1984.

Zwierlein, Eduard: Blaise Pascal. Eine Einführung. Wiesbaden 2005.

Abkürzungsverzeichnis

GA	(z. B. GA I/2, 340) J. G. Fichte-Gesamtausgabe der Bayerischen Akademie der Wissenschaften (Reihe, Band, Seite)
SW	(z. B. SW X, 254) J. G. Fichte sämmtliche/nachgelassene Werke Hrsg. von I. H. Fichte, Bonn/Berlin (I–XI)
StA-1/SWV-1	Fichte, Johann Gottlieb: Die späten wissenschaftlichen Vorlesungen I, 1809–1811. Hrsg. von Hans Georg von Manz, Erich Fuchs, Reinhard Lauth und Ives Radrizzani. Stuttgart-Bad Cannstatt: Frommann-Holzboog, 2000
StA-2/SWV-2	Fichte, Johann Gottlieb: Die spaten wissenschaftlichen Vorlesungen II. Wissenschaftslehre 1811. Uber das Wesen der Philosophie 1811.Von den Thatsachen des Bewustseyns 1811. Hrsg. von Hans Georg von Manz, Erich Fuchs, Reinhard Lauth und Ives Radrizzani. Stuttgart-Bad Cannstatt: Frommann-Holzboog, 2003

AzsL	Die Anweisung zum seeligen Leben 1806
BdG	Vorlesungen über die Bestimmung des Gelehrten 1794
BdG-1811	Über die Bestimmung des Gelehrten 1811
BdM	Die Bestimmung des Menschen 1800
Beiträge	Beiträge zur Berichtigung der Urtheile des Publikums usw. 1793/94
BWL	Ueber den Begriff der Wissenschaftslehre 1794
Diarium-I	Diarium ab Marz 1813
Diarium-II	Diarium August/September 1813
Diarium-III	Diarium Oktober 1813/Januar 1814
ErE	Erste Einleitung in die Wissenschaftslehre 1797
GB	Über Geist und Buchstab in der Philosophie
GNR	Grundlage des Naturrechts 1796
GdgZ	Die Grundzüge des gegenwärtigen Zeitalters 1806
GEWL	Grundriß des Eigenthümlichen der Wissenschaftslehre 1795
GWL	Grundlage der gesammten Wissenschaftslehre 1794/95
GHS	Der geschlossene Handelsstaat 1800
Principien	Die Principien der Gottes-, Sitten- und Rechtslehre 1805
RL-1812	Rechtslehre 1812
Reden	Reden an die deutsche Nation 1808
SL	Das System der Sittenlehre 1798
SL-1812	Sittenlehre 1812
StL	Die Staatslehre, oder über das Verhältnis des Urstaates zum Vernunftreiche 1813

TdB	Die Thatsachen des Bewustseins
TL I	Transzendentale Logik April bis August 1812
TL II	Transzendentale Logik Oktober bis Dezember 1812
UI	Ultima Inquirenda. J. G. Fichtes letzte Bearbeitungen der Wissenschaftslehre Ende 1813 / Anfang 1814, hrsg. von Reinhard Lauth. Stuttgart-Bad Cannstatt, 2001
UM	Ueber Macchiavell 1807
VnD	Versuch einer neuen Darstellung der Wissenschaftslehre (1798)
WdG	Über das Wesen des Gelehrten, und seine Erscheinungen im Gebiete der Freiheit 1805
WL	Wissenschaftslehre
WL-1801/02	Wissenschaftslehre 1801/02
WL-1804-I/II/III	Wissenschaftslehre von 1804, Erste, zweite, dritte Vorlesungsreihe
WLnm	Wissenschaftslehre nova methodo 1796–1799
WLnm-K	Wissenschaftslehre nova methodo 1798/1799, Nachschrift K. C. F. Krause
ZdDf	Zurückforderung der Denkfreiheit 1793
ZV	Züricher Vorlesungen über den Begriff der Wissenschaftslehre
ZwE	Zweite Einleitung in die Wissenschaftslehre 1797
FG	Fichte im Gespräch. Hrsg. v. E. Fuchs
GMS	Kant: Grundlegung zur Metaphysik der Sitten
KdU	Kant: Kritik der Urteilskraft
KpV	Kant: Kritik der praktischen Vernunft
KrV	Kant: Kritik der reinen Vernunft
MpVT	Kant: Über das Mißlingen aller philosophischen Versuche in der Theodicee
MS	Kant: Metaphysik der Sitten
RGV	Kant: Die Religion innerhalb der Grenzen der bloßen Vernunft